彩图7-7　左右颠倒

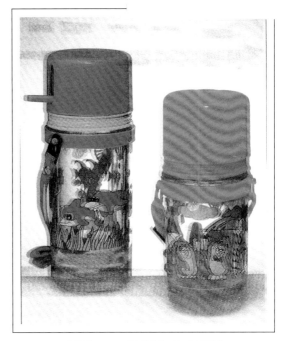

彩图7-8　脏版和套印不准

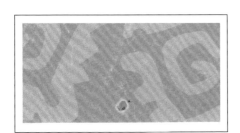

彩图7-9　斑点墨皮

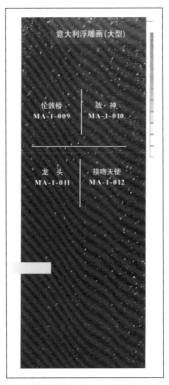

彩图7-10　掉粉

彩图7-11　剥纸

彩图7-12　色差

彩图7-13　破损引发的断笔缺画

《全国高职高专印刷与包装类专业教材》
编写委员会名单

主任： 姚海根

委员：（按汉语拼音顺序排列）

程杰铭　上海出版印刷高等专科学校

胡宗惠　武汉信息传播职业技术学院

邵幼明　杭州电子科技大学新闻出版职业技术学院

吴　鹏　安徽新闻出版职业技术学院

严　格　江西新闻出版职业技术学院

姚海根　上海出版印刷高等专科学校

余　勇　四川工商职业技术学院

全国高职高专印刷与包装类专业教材

平版胶印工艺

赵伟立　李文育　编著
黄祖兴　主审

化学工业出版社

·北京·

本书是全国高职高专印刷与包装类专业教材之一。根据《全国高职高专印刷与包装类专业教材》编写委员会讨论和决定的要求，教材叙述按照平版胶印工艺流程的路径展开，具有适当的前瞻性和深入浅出的描述以及较强的可操作性。本书系统地阐述了平版胶印工艺技术，内容包括平版胶印基本原理、印刷压力、包衬、图文转换技术、油墨和润湿液的传递、承印物的传递和转移以及计算机集成印刷等。书中还列举了三十八个印刷弊病及其解决方案，介绍了影响印刷页面图文逼真再现的主要因素及检测方法。

　　本书图文并茂，内容翔实，既可作为印刷院校的教材，也可作为印刷从业人员的参考读物。

图书在版编目(CIP)数据

平版胶印工艺/赵伟立，李文育编著 . —北京：化学工业出版社，2007.7（2019.2 重印）
全国高职高专印刷与包装类专业教材
ISBN 978-7-122-00405-5

Ⅰ. 平…　Ⅱ. ①赵…②李…　Ⅲ. 胶版印刷-高等学校：技术学院-教材　Ⅳ. TS827

中国版本图书馆 CIP 数据核字（2007）第 068064 号

责任编辑：王向军　傅聪智　　　　　　　装帧设计：郑小红
责任校对：顾淑云

出版发行：化学工业出版社（北京市东城区青年湖南街 13 号　邮政编码 100011）
印　　装：三河市延风印装有限公司
787mm×1092mm　1/16　印张 11¼　彩插 3　字数 267 千字　2019 年 2 月北京第 1 版第 6 次印刷

购书咨询：010-64518888　　售后服务：010-64518899
网　　址：http://www.cip.com.cn
凡购买本书，如有缺损质量问题，本社销售中心负责调换。

定　　价：29.00 元　　　　　　　　　　　　　　　　版权所有　违者必究

出版说明

　　为进一步推动全国教育管理体制和教学改革，使人才培养更加适应社会主义建设需要，自 20 世纪 90 年代以来，中央提倡大力发展职业技术教育，尤其是专科层次的职业技术教育即高等职业技术教育。据此，全国印刷包装类高职高专教育形成三种局面：一是专业的印刷包装本科院校开办高职、高专教育；二是综合性的高等职业技术学院相继开办印刷包装专业院系；三是部分专业的印刷包装中等职业技术学校升格为高等职业技术学院。但印刷包装专业高职高专层次的教育一直未形成自身的规范化教材，或是各校使用自编教材，或是使用本科教材。

　　应各印刷包装类高职高专院校的要求，我们组织了上海出版印刷高等专科学校、武汉信息传播职业技术学院、江西新闻出版职业技术学院、安徽新闻出版职业技术学院、杭州电子科技大学新闻出版职业技术学院、四川工商职业技术学院等六所专业院校在上海举行了教学研讨会。在会上，大家本着高等职业技术教育应定位于培养适应生产、管理、服务第一线需要的德、智、体、美各方面全面发展的技术应用型人才的原则，专业设置上必须紧密结合地方经济和社会发展需要，根据市场对各类人才的需求和学校的办学条件，有针对性地调整和设置专业。在课程体系和教学内容方面则要突出职业技术特点，注意实践技能的培养，加强针对性和实用性，基础知识和基本理论以必需够用为度，以讲清概念、强化应用为教学特点。在此基础上，更是对教材建设问题做了详细研讨，确定了十一本教材，各编写单位及人员之间进行了充分的讨论与沟通。本套教材的特点如下。

　　1. 教材内容的广度和深度与实际要求紧密联系，以收录现行适用、成熟规范的现代技术和管理知识为主。因此，其实践性、应用性较强。突出了职业技能特点。

　　2. 教材编写人员有着丰富的教学经验和实践经验，从而有效地克服了内容脱离实际工作的弊端。

　　3. 实行主审制，每种教材均邀请精通该专业业务的专家担任主审，以确保业务内容准确无误。

　　4. 按模块化组织教材体系，各教材之间相互衔接较好。对于不同的衔接内容在会上已做划分，使得整套教材能圆满地完成专业教学任务。还可根据不同的培养目标和地区特点，以及市场需求变化供相近专业选用，甚至适应不同层次的教学之需。本套教材可供高职高专学生学习之用，同时也适用于同一岗位群的在职员工培训之用。

　　对本系列教材的不妥之处，希望各使用院校的每位教师提出意见和建议，以便于及时修订并继续开发新教材以促进其与时俱进、臻于完善。

化学工业出版社

2006 年 1 月

前　言

本教材和《全国高职高专印刷与包装类专业教材》编写委员会及其成员单位撰写的其他教材一样，要体现这样一个客观事实和这样一个重要的理念：历史悠久的印刷媒体是一个系统工程，是一个集工艺、设备、材料、管理和相关基础科学于一体的大工程。在计算机技术、数码技术、网络技术、成像技术、光电机液气驱动技术和材料科学、感知科学等的推动下，印刷的发展正如 1998 年 4 月全国印刷专业课题讨论会上确定的指导我们进入 21 世纪的发展方针所阐述的那样："印前数字、网络化；印刷多色、高效化；印后多样、自动化；器材高质、系列化"，印刷及其相关产业前途无限光明。

印版是一种同时具有图文部分和非图文部分两种表面于一体的物体，图文部分吸附和传递印迹油墨，非图文部分不吸附、不传递油墨，它是平版胶印、凸版印刷、凹版印刷、孔版印刷和静电印刷的生产要素之一。使用平版印版是平版胶印区别于其他印刷方式的关键，平版印版的图文表面和非图文表面高低相差（高差）甚微，一般只有 3～8 微米（μm），手摸印版通常感觉不出高低的差别，故被称之为平版印版，简称平版。

平版印版上的图文和非图文几乎处于同一平面，要做到只有图文表面吸附和传递油墨，非图文表面不吸附和传递油墨，就不能光靠物理的方法和途径，还必须借助化学的方法和途径，才能达到平版胶印的工艺要求。例如，先水后墨就是有水平版胶印的模式；无水平版胶印就无此规定，因为无水平版的图文表面是着墨的高能表面，而非图文表面是拒墨的低能表面，和前者恰恰相反。

为了提升平版印版耐印力，提高图文像素转印质量和套印精度，几乎所有的平版印刷都采用了间接印刷的方案（见彩图 1-2），因此它又被称为平版胶印，甚至被称为"胶印"。由于"胶印"仅表示间接印刷（见印刷术语的注释），显然将平版胶印简称为"胶印"是不太确切的，因为凸版印刷、凹版印刷和孔版印刷也有采用间接印刷的印刷机械和印刷工艺。

平版胶印属于有版印刷中静态印版印刷的一种，因为其印版一旦制作完成，它的图文内容就静态化了，无法实现可变数据印刷，因此它归属模拟印刷的范畴。

平版胶印分为有水平版胶印和无水平版胶印两大类。20 世纪 50 年代初无水平版胶印开始研发，花费了近五十年的时间，才使无水平版胶印技术成熟和真正意义上的商品化。就发展趋势来看，无水平版胶印将最终取代有水平版胶印（因为它舍弃了有水平版胶印特有的水墨平衡和油墨乳化的两难），然而，它将继续采用间接转印——"胶印"的方案，印刷出质量更好的平版胶印产品。为了叙述方便，本教材把有水平版胶印略写为平版胶印，而无水平版胶印则予指明。

就图文像素质量而言，平版胶印是最好的印刷方式之一，因而至今仍具有旺盛的生命力。更由于这种印刷方式适应性极强，不断地接纳新技术、新材料、新设备、新工艺、新理念，从而使平版胶印与时俱进、保持活力。

平版胶印和其他门类印刷一样，必须有被复制的对象——原稿。没有原稿是无法进行印前、印刷和印后加工的。印刷是一种平面复制技术，因此，平版胶印过程也可称为采用平版印版的平面复制过程。

本教材第三章和第七章的第三节由李文育撰写，其余由赵伟立撰写。书中带＊的供教学中选择使用。由于笔者水平和能力有限，殷切期望广大读者随时向笔者提出宝贵意见，以便及时改正。谢谢！

同时，也谢谢化学工业出版社和印刷高职高专教材编写委员会及其成员单位给予笔者抛砖引玉的机会。

赵伟立的电子信箱是 Zhao_wl@yahoo.com.cn。

编者

2007 年 6 月

目　录

第一章　绪论 ……………………………………………… 1

　第一节　印刷的分类及其特点 ………………………… 1

　　一、印刷的分类及依据 ………………………………… 1

　　二、分类的意义及作用 ………………………………… 2

　第二节　印刷的现状和发展趋势 ……………………… 3

　　一、现状 ………………………………………………… 3

　　二、发展趋势 …………………………………………… 3

　第三节　平版胶印的流程和基本原理 ………………… 4

　　一、平版胶印的流程 …………………………………… 4

　　二、平版印版的晒制和检查 …………………………… 5

　　三、印刷物料的检测和准备 …………………………… 6

　　四、平版胶印的基本原理 ……………………………… 7

　第四节　平版胶印工艺概述 …………………………… 10

　　一、平版胶印工艺的范畴和任务 ……………………… 10

　　二、平版胶印在有版印刷中的特性和共性 …………… 12

第二章　压力与包衬 ……………………………………… 14

　第一节　印刷压力的基本概念 ………………………… 14

　　一、印刷压力的定义和作用 …………………………… 14

　　二、印刷压力的表示方法 ……………………………… 14

　　三、影响印刷压强的相关因素 ………………………… 16

　第二节　印刷压力的测定和计算 ……………………… 24

　　一、测量仪器和设备 …………………………………… 24

　　二、测量法和计算公式 ………………………………… 25

　第三节　包衬的作用和变形特点 ……………………… 31

　　一、衬垫和包衬的关系与作用 ………………………… 31

　　二、橡皮布等包衬的变形特点 ………………………… 31

　　三、橡皮布的类型和可压缩性 ………………………… 35

　第四节　速差、滑移和压缩量的分配＊ ……………… 36

　　一、产生速差、滑移的原因 …………………………… 37

　　二、速差、滑移的负面作用 …………………………… 37

　　三、压缩量分配的原则和方法 ………………………… 38

　第五节　滚筒包衬的确定 ……………………………… 39

　　一、滚筒包衬的确定 …………………………………… 39

　　二、实施滚筒包衬的步骤 ……………………………… 40

　　三、包衬材料的技术参数和使用要求 ………………… 41

　　四、包衬及压缩量计算示例 …………………………… 43

第三章　印刷页面图文的传递与转移 …………… 46

第一节　图文的类别与特点 ………… 46

一、点阵图 ……………… 46

二、矢量图 ……………… 47

第二节　图文转换技术 ………… 47

一、数字化图文处理技术 ………… 47

二、RIP 处理技术 ………… 49

三、加网技术 ………… 51

四、CTP 成像技术 ………… 55

第三节　印刷页面图文传递与转移规律 ……… 57

一、印刷页面图文传递与转移的途径 ………… 57

二、不同复制阶段图文传递与转移的规律与
要求 ………… 59

第四章　油墨和润湿液的传递与变化 …………… 65

第一节　油墨的传递过程及变化 ………… 65

一、油墨流变性能的变化和要求 ………… 65

二、油墨呈色性能的变化和要求 ………… 71

三、油墨干燥性能的变化和要求 ………… 72

第二节　润湿液的传递过程及变化 ………… 74

一、润湿液的传递和转移 ………… 75

二、润湿液的类别和主要技术指标 ………… 76

三、决定润湿液 pH 值的因素 ………… 81

四、亲水胶体的作用与特性 ………… 81

五、水墨平衡 ………… 82

第三节　油墨传递和转移的量化描述 ………… 83

一、油墨传递到印版时的量化描述 ………… 83

二、叠印的量化描述 ………… 86

三、W·F 油墨转移方程简述 * ………… 88

第四节　油墨和润湿液的管理和控制 ………… 90

一、油墨流变性的管理和控制 ………… 90

二、油墨色彩的管理和控制 ………… 92

三、油墨干燥类别的选择和注意事项 ………… 96

四、印迹牢度的检测与控制 ………… 99

五、传水、传墨表面的清洁和检查 ………… 99

第五章　承印物的传递与变化 …………… 102

第一节　印刷过程中承印物的传递 ………… 102

一、承印物的传递过程和关键环节 ………… 102

二、承印物在传递过程中易发问题 ………… 102

第二节　承印物的管理和监控 ………… 107

一、承印物的几何尺寸和外观形状 ………… 107

二、承印物的含水量和机械强度 …………… 107

三、成品、半成品和吸墨纸、校版纸的收理

和堆垛 …………………………………… 108

第三节　套印准确的概念与套印的监控 ……… 108

一、套印准确的概念 ……………………… 108

二、套印不准的表现形式 ………………… 108

三、引发套印不准的主要因素 …………… 108

四、套印的监控和适时调整 ……………… 110

五、印版装拉和图文尺寸的变化 ………… 110

六、滚筒衬垫增减与图文周向尺寸的变化 …… 115

七、橡皮布形变与印迹图寸的变化 ……… 119

八、纸张剥离张力与形变 ………………… 122

九、咬牙咬力和咬牙交接对套印的影响 …… 123

十、纸张伸缩与套印准确的关系 ………… 125

十一、纸张的调湿处理 …………………… 129

十二、车间温湿度的控制 ………………… 132

第六章　计算机集成印刷概述 ………………… 136

第一节　印刷物料的匹配与检测 ……………… 136

一、承印物的匹配与检测 ………………… 136

二、油墨的匹配与检测 …………………… 137

三、润湿液的匹配与检测 ………………… 137

第二节　印刷质量检测与控制 ………………… 137

一、印刷质量的主观评价与控制 ………… 137

二、印刷质量的客观评价与控制 ………… 138

第三节　印刷工序的衔接和参数 ……………… 138

一、印刷与印前的衔接和参数 …………… 139

二、印刷与印后的衔接和参数 …………… 139

三、衔接与参数的格式和传输 …………… 139

四、PPF 应用举例 ………………………… 142

第七章　印刷弊病的分析与排除 ……………… 147

第一节　思路与推理 …………………………… 147

一、思路与推理的依据 …………………… 147

二、思路与推理的流程 …………………… 147

第二节　案例分析 ……………………………… 148

一、套印不准 ……………………………… 148

二、透印 …………………………………… 149

三、背面沾脏 ……………………………… 149

四、打空滚 ………………………………… 150

五、重影 …………………………………… 150

六、弓皱 …………………………………… 151

七、水迹 ……………………………………… 151

八、油迹 ……………………………………… 151

九、条痕 ……………………………………… 151

十、粉化 ……………………………………… 152

十一、印颠倒 ………………………………… 152

十二、脏版 …………………………………… 152

十三、掉版（花版） ………………………… 153

十四、鬼影 …………………………………… 153

十五、吸墨纸未干 …………………………… 153

十六、斑点墨皮 ……………………………… 153

十七、拉毛 …………………………………… 154

十八、掉粉 …………………………………… 154

十九、剥纸 …………………………………… 155

二十、色差 …………………………………… 155

二十一、漏印 ………………………………… 155

二十二、不干 ………………………………… 156

二十三、糊版 ………………………………… 156

二十四、折角 ………………………………… 156

二十五、破损 ………………………………… 156

二十六、瞎眼字 ……………………………… 156

二十七、断笔缺画 …………………………… 157

二十八、倒顺毛 ……………………………… 157

二十九、堆墨 ………………………………… 157

三十、擦脏 …………………………………… 157

三十一、拼版错 ……………………………… 157

三十二、规格不准 …………………………… 158

三十三、印半张 ……………………………… 158

三十四、静电 ………………………………… 158

三十五、甩角 ………………………………… 158

三十六、印不上 ……………………………… 159

三十七、装版错 ……………………………… 159

三十八、飞墨 ………………………………… 159

第三节　印刷页面图文的逼真再现及检测 …… 159

一、影响页面图文色调准确再现的要素 …… 159

二、印刷生产中影响网点扩大的因素 ……… 162

三、保证图文色调准确再现的工具、手段 … 164

参考文献 ………………………………………… 167

第一章 绪论

第一节 印刷的分类及其特点

一、印刷的分类及依据

（1）有版印刷 所谓印版是指用于传递油墨等一类载色体到承印物上的图文的载体。在连续印刷的过程中，如果这个载体在每一个印刷周期完成之后图文即消失，进入下一个印刷周期，要再确立图文和非图文的这种印版（载体）称之为动态印版，例如静电印刷的光导鼓；反之，印版在连续印刷的过程中，在一个印刷周期完成之后图文并不消失，这就是静态印版。使用静态印版的印刷便称为静态印版印刷或者模拟印刷或者目前习惯称之为传统印刷。动态印版印刷能作可变数据印刷，使它成为数码印刷的一大分支。

有版印刷又分为静态印版印刷和动态印版印刷。

① 静态印版印刷

a. 凸版印刷：见彩图 1-1。图文表面明显高于非图文表面，高差约为 $0.5\sim1mm$。这个高差要使印刷时，只有图文表面与油墨接触，也只有图文表面与承印物表面接触、存在印刷压强。凸版印版又分为刚性凸版和柔性凸版，刚性凸版印刷时印版的变形微乎其微，可以忽略不计。柔性凸版印刷时，印版必然发生压缩变形，压力撤除后变形迅速消失。显然柔性凸版的高差要大于刚性凸版的高差，才能使只有图文表面与油墨接触，只有图文表面与承印物表面接触、存在印刷压强的工艺要求得到实现。

b. 平版胶印：见彩图 1-2。由于平版印版的图文表面和非图文表面高差只有 $3\sim8\mu m$，印刷时不分图文表面和非图文表面均与墨辊接触、然后又都和橡皮布接触存在印刷压力，因此，只能通过物理与化学的方法，才能使图文表面被油墨润湿，非图文表面不被油墨所润湿的工艺要求得以实现。

对于无水平版胶印来说，由于图文表面的表面能高于无水平版胶印油墨的表面能，非图文表面的表面能远低于无水平版胶印油墨的表面能，因此能够满足上述印刷工艺的要求。

对于有水平版胶印来说，由于非图文表面的表面能远远高于非极性印刷油墨的表面能和极性性质润湿液的表面能，是"先入为主"的润湿性质。因此，印刷时必须先借助极性性质润湿液的保护性覆盖，然后着墨，由润湿液保护覆盖的非图文表面就不着墨，而非极性性质的图文表面的表面能大于非极性性质油墨的表面能、却小于极性性质润湿液的表面能，因此它具有良好的选择性吸附能力——亲油疏水。所以，"先水后墨"是有水平版胶印的工艺原则。

c. 凹版印刷：见彩图 1-3。凹版印版的图文表面总低于非图文表面，高差一般为 $25\sim35\mu m$，最深达到 $65\mu m$ 左右。半浸在墨槽的凹版不分图文和非图文全被油墨浸湿，然而一旦由刮墨刀刮过，只有非图文表面的油墨被去除干净，凹下去的图文表面油墨仍然存在，实现非图文表面不传递油墨，图文表面传递油墨的凹版印刷工艺要求。

d. 孔版印刷：丝网印刷是最常见的孔版印刷，见彩图 1-4。丝网印刷版材通常是网孔有序排列、抗溶剂性好、耐磨性高、具有一定弹性的薄层材料。丝网印刷时，刮墨板将油墨加压于丝网版，由于非图文表面的网孔被感光硬化的胶膜遮盖，油墨无法通过；而图文表面的网孔畅通，油墨能顺利通过，完成了孔版印刷图文墨层的转移。

② 动态印版印刷

静电印刷：见图 1-1。动态印版实质是一个表面覆有光导材料的滚筒，印刷时，它必须首先在暗环境中（呈现绝缘体性质）充上静电，然后由 RIP 控制的激光光束使其表面曝光，激光曝光到的表面（成为导体）静电消失，未曝光的区域仍然存在静电电荷，就是称之为静电潜影的图文区域，然后通过静电吸附作用，将墨粉吸附其上，再转印到承印物表面，经热定影处理，完成图文信息在承印物上的成像，然后在光导鼓表面作消除残余静电和墨粉的清理工作。进入下一个印刷周期时，重复上述过程，充电→曝光→静电潜影转墨粉→热定影→清理，周而复始，只是每一个印刷周期的图文信息完全可以根据需要重复或者更新。

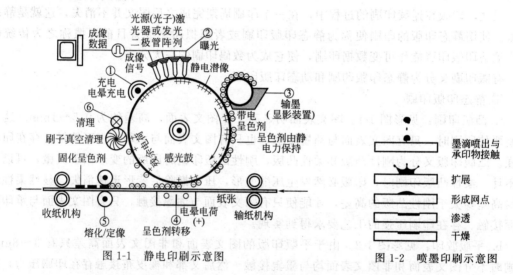

图 1-1　静电印刷示意图　　　　　　图 1-2　喷墨印刷示意图

（2）无版印刷　喷墨印刷：见图 1-2。由喷嘴喷射出来的微小墨滴直接在承印物上构成所要复制图文的印刷方法，喷墨印刷是真正意义上的无版印刷。根据喷射墨滴的去向，分为按需喷墨和连续喷墨两种形式。早期的喷墨印刷是连续喷墨方式，其中并不构成图文的墨滴在接触承印物之前由偏转电极将其偏转引入回收渠道；现在主流形式的喷墨印刷几乎都采用了按需喷墨的形式，喷嘴只对图文所在的表面喷墨，对非图文表面不喷墨。

二、分类的意义及作用

如今，印刷已经成为多门类印刷技术的总称，不同的印刷方式各有所长，也各有所短，为了满足客户的需要，为了提高防伪功能或者为了获得某些特殊的印刷效果（高保真印刷，调频印刷，高分辨率印刷——高网线印刷，七色、八色印刷，连续调印刷等），甚至在一种印刷品上采用多种印刷方式已经屡见不鲜，只有熟悉和掌握各种印刷方式的特点，才能扬长避短，取得事半功倍的效果。有时，通过分析某个印刷品的印刷作业流程，并以此作为降低成本，提高质量，减少能耗，增进环保，改进工艺的依据；有时也需要探讨某个印刷品为了达到这样的效果，可采用哪些印刷方式？工序该如何安排的？实际效果又是如何的，哪种方案更好等。

六种印刷方式诞生年代，如表 1-1 所列。

表 1-1 六种印刷方式诞生简表

印刷方式		发明年代	发明(国)人
凸版印刷	泥活字版	1041～1048 年	中国 毕昇
	柔性凸版	20 世纪初	法国 C. A. Holweg
平版胶印		1798 年	A. Serefelder
凹版印刷		1452 年	意大利
孔版印刷(镂孔花版印染)		605～616 年	中国
静电印刷		1937 年	美国 Chester Carlson
喷墨印刷		1878 年	英国 Reyleigh

第二节 印刷的现状和发展趋势

一、现状

在各国新闻、出版、包装装潢以及银行、邮电、测绘、文教、科研和机要部门的印刷企业里，以往主要的印刷方法是平版胶印、凸版印刷、凹版印刷和孔版印刷，只是各印刷企业由于所经营的产品不同，使这四种印刷方法所占的比例略有上下。近二十多年来，称之为数码印刷的静电印刷和喷墨印刷有了飞速的发展，那么，今后将会有怎样的变化呢? 国情不同，变化也有差异。Mile Bruno 和 Mangin 的分析 (表 1-2) 对各种印刷方式所占比例进行了比较。

表 1-2 各种印刷方式所占的比例 %

印刷方法	1991 年	1994 年	2000 年	2025 年	印刷方法	1991 年	1994 年	2000 年	2025 年
平版胶印印刷	47	46	42	35～25	凹版印刷	19	18	17	15～25
数码、微压印刷	3	7	13	25～18	刚性凸版印刷	11	8	6	4
柔性凸版印刷	17	18	19	20～25	孔版印刷	3	3	3	3

二、发展趋势

表 1-2 能较好地反映工业发达国家印刷的变化趋势。从发展趋势来看，平版胶印所占有的比例将有下降，但其总量起落不大。因为随着人类文明程度的不断提升，全球印刷总量（包含各种印刷）在增长。这和平版胶印既适用于印刷图文并茂的书刊画册，又善于印刷层次丰富、色调柔和、套印要求精确的彩色图像，而且成本也低有关。但是，到目前为止，平版胶印印刷还摆脱不了为了保护非图文部分而不得不使用的润湿液，结果是印迹墨层偏薄、色彩不纯，在还原原稿的深度上给人以不足之感。同时，平版胶印印版的耐印力不及凹版和凸版，在大批量印刷过程中，换版次数以及所消耗的停机时间偏多，这些都限制了平版胶印的发展，甚至造成下降的趋势，除非无水平版胶印有新的突破。在我国，平版胶印处于方兴未艾的时期，这和我国人民物质、文化和生活水平的提高，对彩色印刷品需求剧增是分不开的。

随着商品经济的发展，凹版印刷在各国将有程度不同的发展。这是因为凹版印刷在货币、证券、债券等需严防伪造的产品印制中，有它的独到之处，加上凹版印版的制作，在电子雕刻的推动下，缩短了工时，减少了环境污染，降低了成本，使凹版印刷不仅在大批量（数百万印）的印件中，而且在中等印数（50 万～100 万印）的印件中，凭借它的墨色表现力强、印迹墨层厚实、色调丰富的优势，也有了立足之地。同时，由于凹版印刷使用挥发性溶剂油墨，所以还可以在玻璃纸、塑料薄膜以及金属箔上进行印刷。

对于凸版印刷来说，其中的柔性凸版印刷将有较大幅度的增长，印数可达 50 万印甚至更多。这与柔性凸版的平整度改善、解像力的提高、耐印力的增加、成本降低以及柔性凸版印刷机价格低、装版方便并省时（可预装版）、对承印物的适应性强等优点是分不开的。而刚性凸版印刷的比例将有巨大的衰减。

孔版印刷在今后将有小幅度的增长，这是因为孔版印刷的墨层厚实，不仅可以在平面上，还可以在曲面上进行印刷，其承印物种类之广、幅面之大，印迹的耐晒性之好，是其他印刷丰富无法相比的（例如，户外广告印刷、电路板印刷等）。而且采用孔版上光工艺不仅可以整体上光，也可以局部上光；即可以是上高光，或者上亚光，或者是涂布上具有磨蚀艺术效果的花纹膜层。但是，它印速不快、印版耐印力不高、复制套印准确度高的多色产品比较困难和色调表现力狭窄等，这些均限制了孔版印刷的发展。

值得一提的是喷墨印刷和静电印刷为主流形式的数码印刷，首先是喷墨印刷，它利用电磁场控制喷嘴连续喷射出来的高速而细微的墨滴流，或者按需喷射的细微 1 皮升（1pL）墨滴，直接在承印物表面喷绘出精美的图文来。由于它不需要印版，通过接口电路与电子计算机相连并受其控制，实现了从输入到输出的快速、准确、无需感光材料的全数字化的复制印刷，其发展趋势是令人神往的。这种非接触式、微压力的无版印刷方法，早期主要用来印刷邮件贴头，物品编号中需要变化的中、外字母和数字等。而现在，已能喷印出写真级的彩色图像或喷绘出富有感召力的巨幅的户外广告。由于喷墨印刷的像素大多采用调频点的几何形状，通过多色（四色或者四色以上）喷绘，也不会出现莫尔条纹。

静电印刷的机理是建立在图文部分有静电潜影，非图文部分的光导半导体材料因受到一定能量光的照射，而无法积聚静电电荷，使光导鼓表面感应生成能吸附热固性墨粉的静电潜影（图文部分）和无法吸附热固性墨粉的非图文部分。静电印刷不仅能复制黑白图文，也能复制彩色图像。随着电子技术和材料科学的不断发展，喷墨印刷和静电印刷将有更大的发展，尤其是在按需印刷、个性化印刷、卫星网络传送（多点）近距离就地（现场）印刷等等快印业领域。

同时，数码技术、卫星网络技术、计算机信息处理技术和多种多样成像技术的拓展，也使传统的模拟印刷有了新的生命力。因此，模拟印刷和数码印刷并存的前景是印刷发展的未来。

第三节　平版胶印的流程和基本原理

一、平版胶印的流程

图 1-3 为平版胶印过程中，原稿的模拟信息被复制加工时的传统工艺流程简图。

图 1-4 是数码技术在平版胶印过程中不断被采用和扩展的情景流程，显然这是技术进步的潮流，是必然受到客户青睐和市场首选的潮流，由此，平版复制（印刷）本身也有了飞速的发展。

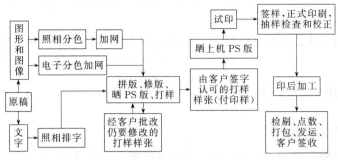

图 1-3 模拟信息在平版胶印中的流转简图

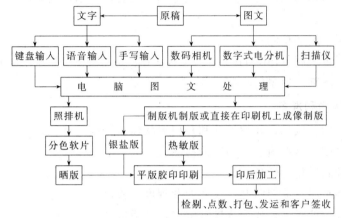

图 1-4 数码技术在平版胶印中的应用、扩展和地位

二、平版印版的晒制和检查

1. 晒版

（1）清洁晒版设备、分色软片和周边环境，阴图 PS 版用阴图分色软片晒版，阳图 PS 版用阳图分色软片晒版；

（2）按规定在分色软片和 PS 版上打定位孔（均打在咬口边），PS 版的规格尺寸要和所选定的印刷机的规格尺寸相匹配；

（3）将分色软片放置在待晒的 PS 版上，必须药膜面对药膜面，放入真空晒版机内，并用定位板将分色软片和 PS 版定位固定；

（4）抽真空使分色软片与 PS 版紧密贴合，确定最佳曝光时间和补白光程序；

（5）曝光、显影、涂布保护胶（如果大批量印刷，PS 版显影后还需涂布烘烤专用保护胶，烘烤 PS 版后，再涂布具有增强图文吸墨性的保护胶）；

（6）注明所对应的印件名称和色别，然后存放在干燥、通风、避光、无腐蚀性物质的环境中。

2. 检查

（1）检查印版的色别和规格尺寸（例如，版口尺寸，图文在轴线位置是否居中或者有别的要求等等），如果版口尺寸偏差较大，可在此时借助十字线套准的放大镜对准，补打装版定位孔；

（2）借助晒版测控条和放大镜，检查印版的深浅和像素质量；

（3）检查印版的规线、角线、裁切线、折页线、色标、梯尺和测控条是否残缺或失效；

（4）文字是否有断笔缺画和瞎眼字；

（5）印版是否有脏点，网点区域是否有缺损和"白斑"等等。以此决定是修正还是重新晒版。

三、印刷物料的检测和准备

1. 油墨的检测和准备

（1）油墨的类型，色别，干性，光泽和流变性能的确认或检查；

（2）油墨和承印物的匹配程度的（呈色范围，黏着性和承印物表层结合牢度大小的程度等等）检测；

（3）印迹墨层牢度的检测；

（4）印迹墨层重金属（Pb，Hg，As，Cr，Cd，Sb，Ba 和 Se 等）含量的检测；

（5）印迹墨层溶剂残留量的检测。

2. 承印物的检测和准备

（1）规格、类别、数量、几何尺寸和几何形状偏差范围的确认；

（2）定量、紧度、色度值、均匀度的检测；

（3）作业适性和质量适性的确认；

（4）丝缕性和吸湿、放湿时几何尺寸变化程度的检测；

（5）表面强度、伸长率、屈服强度等的确认和适应性；

（6）承印物中杂物、碎片、结块、撕裂、窟窿、折角、褶皱、粘连、静电、颠倒等的清除；

（7）含水量和平整度等的情况。

3. 润湿液的检测和准备

（1）类别（普通类、低级醇类、非离子表面活性剂类等）、品牌的确认；

（2）导电率、pH 值、表面张力的检测和变化情况；

（3）色度值、沉淀量、泡沫量和硬度的检测；

（4）和印刷油墨匹配程度的确认（对印迹色度、干性和乳化值的影响）；

（5）液温、循环、补给状况和润湿系统清洁程度等的确认。

4. 印版的检测和准备

（1）印版正反面的清洁和平整情况；

（2）印版色别和印刷机色组、色序一致性的确认；

（3）印版着墨性能良好与否的检查；

（4）印版阶调层次的检查；

（5）印版脏点、胶片和胶带痕迹的清除；

（6）印版规格和图文的检查等等。

5. 橡皮布的检测和准备

（1）类型（气垫型还是实心型），品牌和几何尺寸及形状（矩形程度）的确认；

（2）厚度及均匀程度的检查；

（3）方向性和伸长率的检查；

（4）吸墨性、可压缩性、硬度及均匀程度的检查；

（5）表面平滑和细洁状况的确认；

（6）相应清洗剂的要求和配置等等。

四、平版胶印的基本原理

实质上是表面化学润湿、吸附和选择性吸附及极性理论的延伸结果。为了叙述方便和表达清晰，分为有水平版胶印原理和无水平版胶印原理两个部分。

1. 基本概念与知识

（1）**非极性分子** 分子立体几何构型对称，正负电荷重心重合，电子云分布均匀，偶极矩为零。例如：苯、四氯化碳、汽油、火油等是典型的非极性分子，标记为 ⬭。

（2）**极性分子** 分子立体几何构型不对称，正负电荷重心不重合，电子云分布不均匀，偶极矩不为零。例如：水等是典型的极性分子，标记为 ⊖─⊕。

（3）**偶极矩**大小是衡量分子极性强弱的重要指标，偶极矩越大、分子极性越强 例如：四氯化碳的偶极矩是 0 德拜（D），水的偶极矩是 1.85 德拜（D），氯化钾的偶极矩是 10.27 德拜（D）。

（4）**两亲分子** 由极性基团和非极性基团组成的分子。例如：乙醇、异丙醇等表面活性物质以及 2080（聚氧乙烯-聚氧丙烯醚）、6501（烷基二乙醇酰胺）等表面活性剂，标记为 $\underline{\text{非极性端}}$⃝极性端。

（5）**分子间力** 又称为范德华力，是一种近程力，当分子间相距 0.1～0.5nm 时才起作用。表现为：取向力、诱导力、色散力和氢键。分子间力是客观存在，毛细吸附现象就是分子间力的宏观表现。

（6）**取向力** 极性分子之间的力。例如：水的取向力是 36.3kJ/mol。

（7）**诱导力** 存在于极性分子之间以及极性分子与非极性分子之间的力。例如：水的诱导力是 1.92kJ/mol。

（8）**色散力** 存在于非极性分子之间、极性分子之间以及极性分子与非极性分子之间的力，水的色散力是 9.00kJ/mol。

（9）**氢键** 是范德华力中最强的分子间力，是由分子中的氢原子和电负性大的其他原子结合而引起的有方向性的力。例如：乙醇和水之间等。

（10）**极性基团** 例如：羟基（—OH），羧基（—COOH），羰基（ $\rangle C = O$ ），氨基（—NH$_2$），醛基（—CH =O）等。

（11）**非极性基团** 例如：烃基（—R）等。

（12）**分子间力的不平衡** 这是物体表面分子与物体内部分子的重要差别所在，后者分子间力是平衡的，前者分子间力是不平衡的，表现为物体表面存在着界面张力和表面剩余自由能。如彩图 1-5 所示，两种物质表面分子之间的力称为附着力（Adhesive forces），同种物质内部分子之间力称为内聚力（Cohesive forces）。

（13）**界面张力** 固（Solid）、液（Liquid）、气（Gas）表面之间存在的张力。例如，S-G，L-G 之间称为表面张力；L$_1$-L$_2$，S-L 之间称为界面张力。它们都是与表面相切地力图收缩其表面的力。例如：液体都具有自动收缩其表面成为球状的趋势，单位是 N/m。

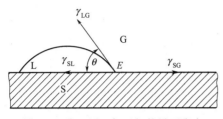

图 1-5 液、固、气三相的界面张力

（14）表面剩余自由能（简称表面能） 是指单位表面积上的分子比相同数量的内部分子过剩的自由能，单位是 J/m^2。表面张力与表面过剩自由能是描述物体表面分子及内部分子力场不均衡程度的物理量。

（15）高能表面和低能表面 表面化学约定物体表面张力超过 0.1N/m 的称之为高能表面；反之，称为低能表面。低能物质有强烈地被吸附到高能表面的趋势，而且是自发进行的。

（16）接触角 如图 1-5 所示，这是某种液体滴在一个平滑而水平的固体表面的情况，当液滴达到平衡状态时，在固、液、气三相交界处，由"L-S"界面，经过液体内部，到达"L-G"表面的夹角称为接触角，以 θ 表示。$\theta > 90°$ 不润湿；$\theta \leqslant 5°$ 为铺展，$90° > \theta > 5°$ 是润湿。

由此得到托马斯·杨（Thomas Young）润湿方程：

$$\gamma_{SL} + \gamma_{LG} \cdot \cos\theta - \gamma_{SG} = 0$$

（17）沾湿 液体与固体接触，将"气-液"界面与"气-固"界面转变为"液-固"界面的过程。例如：润湿液不应沾湿平版的图文表面，油墨不应沾湿平版的非图文表面等。

（18）浸湿 固体浸没在液体中，"气-固"界面转变为"液-固"界面的过程。例如：水斗辊应该被润湿液浸湿，油墨应该浸湿墨斗辊等。

（19）铺展 液体在固体表面上扩展，"液-固"界面取代"气-固"界面的过程。例如：润湿液应该在平版非图文表面铺展。

（20）前进接触角 θ_A，后退接触角 θ_R 和接触角滞后 表面不平和表面不均匀（包括表面被污染）是造成接触角滞后的主要因素。例如：把同样的水滴在两块玻璃上。第一块玻璃非常干净，如图 1-6(a) 所示，水将自由地展开，接触角为零，如果把玻璃倾斜起来，水会顺利地由高向低处流去。第二块玻璃表面被污染，附有灰尘或脏物，就变得既不均匀、又不平滑，水在其上接触角必然大于零度；倾斜第二块玻璃，水滴将变成图 1-6(b) 那样。其中，$\theta_A > \theta_R$，θ_A 称为前进接触角，θ_R 称为后退接触角，两者之差称之为接触角滞后。平版印刷中，不论是传墨表面还是传水表面，不希望呈现接触角滞后的情况。由此，这些表面的清洁、匀质是十分重要的。

（21）毛细吸附现象 含有细微缝隙（毛细管）的固体表面接触液体发生的现象，如图 1-7 所示，毛细管内壁能被该液体润湿的，液柱则升高，见（b）分图；反之，则降低，见（a）分图。

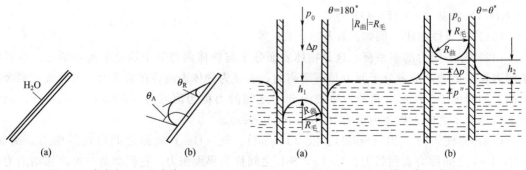

图 1-6 玻璃表面上的水滴　　　　图 1-7 毛细吸附现象示意图

适当粗化传水（着水）或传墨（着墨）的固体表面，使其具有一定的毛细结构，将有利于传递和附着足够的润湿液或油墨，因为扩大了比表面积意味具有了更强的表面吸附能力。例如：软质水辊和软质墨辊表面，橡皮布的表面以及纸张表面等。

（22）润湿笔（达因笔）　是一种视觉效果相当直观的测试工具，利用接触角作为鉴定判据，检验固体表面能否被液体润湿。这是由若干支笔组成的一套（笔画粗均约 3mm）工具笔。例如：其蓝墨水笔的表面张力依次是 22、25、28、31、34、37、40 和 43mN/m 等。如果用 34mN/m 的笔在待印纸张画出一条 3mm 线条，如果在 5 秒内，线条既不扩大，也不缩小，说明以表面张力 34mN/m 的油墨能在此纸面顺利转印（前提是印刷压强和墨量正常）。如果，用此笔在某塑料表面画线，结果在 5 秒内，线条收缩、呈现细小的墨水滴，这说明以表面张力 34mN/m 的油墨在此塑料表面印不上（尽管此时印刷压强和墨量是正常），此时，必须选用表面张力低一些的笔作测试，例如选用 28mN/m 的笔，画在塑料表面的线条，既不扩大、也不收缩，说明以表面张力 28mN/m 的油墨在此塑料表面能顺利转印。

2. 有水平版胶印的基本原理

有水平版印版的图文表面是低表面能的非极性有机膜层（40erg/cm^2 上下，1erg＝10^{-7}J，下同），表面能高于非极性性质为主的有水平版胶印油墨，却低于极性性质为主的润湿液的表面张力 50mN/m 左右，因此它具有良好的选择性吸附的能力，只吸附油墨、不被润湿液所润湿，即所谓亲油疏水的吸附性质，满足了印刷工艺流程对图文表面的要求；

有水平版印版（PS 版）的非图文表面是高能膜层的三氧化二铝（700erg/cm^2），表面能远远高于非极性性质为主的有水平版胶印油墨 36mN/m 上下和极性性质为主的润湿液的表面张力，因此它不具有亲油疏水或者亲水疏油的能力，而是典型的"先入为主"的表面性质。因此，印刷时 PS 版必须先着水后着墨，非图文表面先由润湿液铺展覆盖保护起来，然后和着墨辊接触，才不会被油墨所润湿（不脏版），满足了印刷工艺对非图文表面的要求，见彩图 1-6 和彩图 1-7。

另一方面，润湿液是极性性质为主的液体，油墨是非极性性质为主的浆状胶体物质，有润湿液的非图文表面不会被油墨所润湿，有油墨的图文表面不被润湿液所润湿，但是，两者之间会发生乳化，可是只要实现水墨平衡，力求尽可能小的乳化值，就能顺利而优质地印刷。

所以，像素显现色彩阶调，油水不相溶解，先水后墨，水墨平衡和尽可能小的乳化，保持图文区域着墨、非图文区域不着墨，间接印刷及理想压力就是有水平版胶印原理的八个组成部分。

3. 无水平版胶印的基本原理

无水平版印版图文区域的表面能高于无水平版胶印油墨的表面能，因此它具有良好的吸附油墨的性能；无水平版印版的非图文区域是低能膜层，表面能远远低于无水平版胶印油墨，具有不被油墨所润湿的能力，印刷时无需润湿液，直接和着墨辊接触，只有图文表面吸附油墨，非图文表面不会被油墨所润湿（不脏版），满足了印刷工艺流程的要

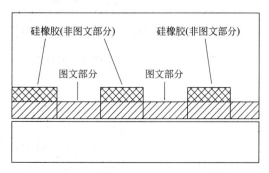

图 1-8　无水平版印版示意图

求。印刷时，只要图文、非图文和油墨三者之间的表面能保持上述的量值关系，低能表面的机械强度足以抗衡印刷时无水平版所遭受的表面摩擦，无水平版就能继续印刷，见上图1-8。

像素构建色彩阶调，间接印刷，理想压力，保持图文区域着墨、非图文区域不着墨就是无水平版胶印原理的四个组成部分。

第四节 平版胶印工艺概述

一、平版胶印工艺的范畴和任务

1. 平版胶印工艺的范畴

所谓平版胶印工艺是指使用平版印版印刷的作业流程，是平版胶印复制过程中的印前、印刷（印中）、印后加工三部分的中间部分的工艺过程。

平版印版分为有水平版和无水平版两大类。

（1）有水平版 石版，手工版，珂罗版，蛋白版，PVA 树脂平凹版，多层金属版，纸基氧化锌版和预涂感光平版（PS 版）等。其中，PS 版已成为平版胶印首选的平版印版。

（2）无水平版 图文表面略高于非图文表面——平凸版的热敏烧蚀型无水平版和图文表面略低于非图文表面——平凹版的热敏烧蚀型无水平版。

2. 平版工艺的任务

采用平版印版和平版胶印设备在承印物上获得质量合乎客户要求的平版胶印产品，努力使整个印刷工艺流程逐步向着数字化、规范化和标准化的方向发展，探讨和阐述平版胶印工艺过程中的客观规律和基本原理，并以此指导印刷生产实际，这就是平版胶印工艺的任务。

平版胶印工艺有三个层面的内容：平版胶印工艺流程、平版胶印操作过程和平版胶印工艺控制环节。

（1）平版胶印工艺流程 通常可用工艺流程图的形式来表达，由于课程分工的原因，《平版胶印工艺》所讨论的范围是，原稿→印前→印刷（印中）→印后这个系统的中段，即平版胶印印刷的工艺流程，见图1-9。

（2）平版胶印操作要点

① 开印前的操作

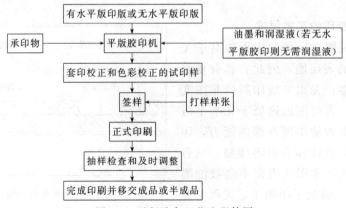

图 1-9 平版胶印工艺流程简图

a. 工艺流转单的阅读、理解、确认和落实（规格，色别、色数、色序，版数，印数、先推后拉还是先拉后推等等）；

b. 油墨确认、传送和按需分配；

c. 承印物确认、抖松、堆齐和试输纸，包括吸墨纸准备和干、湿分置；

d. 印刷设备的调整和试运行；

e. 润湿液的调配、确认和循环输送；

f. 印版的获取、检查、确认和规范安装；

g. 橡皮布的检查、确认和清洁；

h. 水、墨辊的放置、检查和清洁；

i. 润滑的检查、确认和添加；

j. 工具和辅料（PS版洁版膏、橡皮布清洗剂等）的确认和到位。

② 印刷中的的操作

a. 停机装纸或者不停机装纸；

b. 勤掏墨斗及时了解墨斗中油墨状态（数量，色泽，下墨情况，干燥性快慢，输墨装置清洁程度，墨斗刀片和墨斗辊的间隙状况等）；

c. 润湿液循环输送状况（是否有水管堵塞或者结露水滴下的情况）和水墨平衡状况等；

d. 关注印刷设备运行时的声音、振动、关键部位的润滑和发热情况等；

e. 停机换收纸台或者不停机换收纸台；

f. 对照签样样张，勤抽样检查色泽、阶调层次、套准程度，及时发现和排除印刷弊病；

g. 适时清洗橡皮布、印版、压印滚筒和水、墨辊等；

h. 成品、半成品、吸墨纸（过版纸）、校版纸、白纸和原辅材料的规范堆放和标记；留出规定数量的送样样张并放置在指定的地方；

i. 工具和辅料（扳手、弯钉、刮板，PS版洁版膏，橡皮布清洗剂等）的使用和归位等；

j. 检查生产场地的环境状况（温湿度，地面和踏板的清洁、防滑情况等等）。

③ 印刷完毕的操作

a. 将印刷机看样台上使用完毕的工艺流转单和付印样及时归档存放；

b. 取出剩余油墨，妥善存放在指定的容器和场所；

c. 成品、半成品和废次品的数量确认、规范堆放（包括看样台上的样张不能混杂和颠倒）并移交后续部门，包括废片（根据客户要求而定）；

d. 印刷设备（定位机构、版夹机构和墨斗开度遥控机构等）的归零复位和检查，例如，紧固件的固紧情况，咬牙张闭的灵活程度等；

e. 橡皮布、印版、压印滚筒和输墨、输水表面的规范清洗；

f. 印版的检查、拆装或者再保存，放置在指定的场所；

g. 橡皮布的检查，表面是否有损伤，老化或者大、小度印件的痕迹所造成的表面传墨性能不合要求等问题；确认是否能继续使用或者交换使用或者报废换用新橡皮布；

h. 水、墨辊圆度，直径大小、接触贴合和清洁、老化、动静平衡、空间平行程度等的检查；

i. 润滑的检查和确认（回流油的色泽和沉淀情况等等），并按时、按品种，定量添加或者更换；

j. 印刷设备的调整和保养，为下一个印件的印刷作准备。例如，相关数据信息的确认和传送等等。

（3）平版胶印工艺控制环节

所谓印刷工艺的控制环节，实质是指印刷工艺流程中的关键区域。

① 规范操作中的"三勤"、"三平"和"三小"要求。

a．"三勤"（勤抽样检查、勤掏墨斗和勤洗橡皮布）是及时察觉印刷弊病的重要环节，既有靠操作人员凭经验目测发现的途径，也有借助印刷质量适时监控器在线检测印刷质量的方案（例如，CPC24 对整个印张作高分辨率的扫描采样，并和标准样张的数据作对比分析，及时作出色彩调整等）；

b．"三平"（滚筒平，墨辊平和水辊平）是平版胶印设备能否进入正常印刷状态的重要前提，尤其是设备运行一段时间后需要对印刷设备作必要的检测和确认（滚枕间隙、水平度、离让值、压缩量、压印线、超滚枕量等）。

c．"三小"（水小，墨小和压力小）即做减法实现水墨平衡和理想压力。既有操作人员凭经验目测发现的，也可借助印刷质量适时监控器测控水墨平衡和印刷压强。

② 色彩逼真还原所需的承印物和油墨呈色范围的匹配和控制，像素转移时阶调层次和清晰度的控制等。

③ 套印过程中，承印物平整度和几何尺寸变化的控制，输纸过程平稳度的监控，定位和交接过程精准度的监控，咬牙咬力抗衡剥离张力状况的控制等。

④ 印刷机运行参数预设、显示、控制以及故障自动报警、提示、诊断装置（例如，CP2000 和 PECOM 等）运行状况，通过计算机网络技术，进而把印前、印刷、印后和管理联系在一起，实现 CIP4 为内容的全过程的数字化、规范化和标准化的生产和管理。

二、平版胶印在有版印刷中的特性和共性

1. 特性

（1）为了提高平版印版的耐印力和套准精度，几乎所有的平版胶印都采用了间接印刷的方案。因此，它们被称之为平版胶印。

（2）为了使几乎处于同一印版平面的图文表面和非图文表面具有截然相反的吸附性质，这两种表面的润湿性质必须有明显的不同。

（3）由于高速印刷的需要，平版胶印几乎都采用了圆压圆的压印形式，为了减少压印区域的表面摩擦，确保像素的高质量以及套印准确的要求，对压双方的包衬数据及性质必须有相应的要求和规定（例如，滑移、速差和摩擦尽可能小，可压缩性好等）。

（4）平版胶印时，不论图文或者非图文都承受印刷压强，所以平版胶印对承印物的要求比凸版印刷的要求高（例如，平整度、表面强度、含水量及均匀程度等）。

（5）到目前为止，平版胶印的像素质量仍然在现有印刷方式中名列前茅；从印刷速度、印刷幅面、印刷成本等方面整体考虑，平版胶印综合效益也是较好的。

2. 共性

（1）平版印版和其他印版共同之处是都要求图文部分吸附和传递油墨，非图文部分不吸附和传递油墨。要达到此目的，平版胶印原理比其他印刷来得复杂。

（2）平版胶印和其他有版印刷一样，必须有适合各自印刷方式的印刷压强，即都有各自的理想压强的上、下限范围。

（3）都有套印准确和色泽逼真再现的共同的质量要求。

（4）生产过程均越来越要求节能、环保（可回收再生使用）和无污染（无光污染和噪声污染）、无公害（没有有害的废弃物——水、气、渣等等）。

（5）和其他印刷方式一样，数码软件技术、网络技术、计算机技术和新材料在平版胶印工艺流程中被应用得越来越广泛。同时，也使得平版胶印工艺本身获得突飞猛进的发展，工艺流程更显简单、快捷和绿色；印刷质量更精良、更稳定；印刷设备越发智能、便捷和网络化；工艺、材料、设备和生产技术管理的匹配程度更加科学与和谐；印刷品的产发运和人气指数更加快速、经济和人性化、个性化。

第二章 压力与包衬

压力和压强有联系又有区别，从物理学的角度来说，压力是指垂直作用于物体表面的力，单位是牛顿（N）；压强是指垂直作用于物体单位面积内的力，单位是帕斯卡（Pa，1 Pa＝1N/m²），简称帕。

第一节 印刷压力的基本概念

一、印刷压力的定义和作用

（1）定义 油墨由印版向印张转移时，对压双方（压印体）相互之间法线方向作用的力，以符号 P 表示。由于压印体的不同，印刷压力通常有，P_{PI}、P_{PB}、P_{BI} 和 P_{BB} 之区别。其中，右下角符号分别表示对压双方的身份：P（Plate）印版，B（Blanket）橡皮布，I（Impression）印张。

（2）作用 使对压双方充分接触，弥补压印体表面的微观不平度，令分子间力起作用，使印迹墨层顺利地由印版转移到印张表面。

二、印刷压力的表示方法

1. 总压力 F

压印区域所承受的法线方向作用力的合力。对于对压双方来说，它们各自所承受的总压力，是大小相等、方向相反的作用力或者反作用力，单位都是 N。

2. 点压强 P_d

P_d 为压印区域任意一点（$\Delta S \rightarrow 0$）的印刷压力之分布，单位是 Pa。

$$P_d = \lim_{\Delta S \rightarrow 0} \frac{F_{\Delta S}}{\Delta S} \tag{2-1}$$

式中 ΔS——压印区域内任意一点所占的微小面积，m²；

$F_{\Delta S}$——该微小面积所承受的正压力，N。

3. 线压力 P_L

对于平版印刷来说，由于图文区域和非图文区域均承受印刷压力，又由于压印区域的有效接触长度 L 一般远远大于压印线（和进纸方向一致的压印区域的压印宽度），因此近似认为压印体之间是线接触，总压力均匀分布在有效接触长度 L 上，故有线压力 P_L 概念的引出，其单位是 N/m。

$$P_L = \frac{F}{L} \tag{2-2}$$

式中 F——压印区域所承受的总压力，N；

L——压印区域的有效接触长度，它和印张的输送方向一致，对于圆压圆或者圆压平的压印状态来说，是压印区域轴向的直线距离，m。

4. 面压力（平均压强）P_m

认为印刷压力在整个压印区域内是均匀分布的，从而引出面压力的概念，故有：

$$P_m = \frac{F}{LC} \tag{2-3}$$

式中　P_m——面压力，Pa；

　　　C——压印线宽度，简称压印线，m；

　　　L——压印区域的有效接触长度，它和印张的输送方向一致，对于圆压圆或者圆压平的压印状态来说，是压印区域轴向的直线距离，m。

5. 最高印刷压强 P_{max}

在压印线内，最大压缩量 λ_{max} 所在的区域就是最高印刷压强 P_{max} 所在的点位，因此它也是特定点的点压强。

$$P_{max}^{n} = E\varepsilon_{max} = E\frac{\lambda_{max}}{h} \tag{2-4}$$

式中　h——发生压缩变形一方的包衬总厚度，m；

　　　E——发生压缩变形一方的包衬弹性模量，Pa；

　　λ_{max}——发生压缩变形一方的最大压缩量，m；

　　ε_{max}——发生最大压缩变形处的最大相对变形量，是一个比值，没有单位；

　　　n——一个系数，定义域为 $1 \geqslant n > (1/3)$。

6. 压缩量 λ

通常它是指压印区域内某一个对压点双方包衬压缩变形量的代数和。由于压印体一般是一软（弹性模量小）一硬（弹性模量大）配置的，两者弹性模量是数量级的差异，因此认为此时的压缩量就是弹性模量相当小的一方的压缩量，而另外一方的压缩由于微乎其微而被忽略不计。在没有特别说明的情况下，压缩量 λ 就是指最大压缩量 λ_{max}，单位是 mm 或 m。

7. 压印线（压印宽度，压印线宽度）

它是指压印区域内和印张输送方向一致的直线距离，单位是 mm 或 m。在平压平场合压印线以符号 B 表示，圆压平时用符号 b 表示，圆压圆时以符号 C 标记。在圆压圆和圆压平的压印场合，压印线和最大压缩量 λ_{max} 之间存在一定的数量关系。

例如圆压平的平版胶印打样机：$b_{PB} = 2\sqrt{2R_B'' \lambda_{PBmax}}$ （2-5）

式中　R_B''——橡皮布滚筒包衬后的自由半径，mm；

　　　b_{PB}——印刷时，印版和橡皮布之间的压印线，mm；

　　λ_{PBmax}——该圆压平平版胶印打样机印刷时，版台上的印版和橡皮布滚筒包衬后自由半径之间的最大压缩量，mm。

又如，圆压圆的平版胶印机：$C_{PB} = 2\sqrt{\dfrac{2R_P'' R_B''}{R_P'' + R_B''}\lambda_{PBmax}}$ （2-6）

式中　R_P''——印版滚筒包衬后的自由半径，mm；

　　　R_B''——橡皮布滚筒包衬后的自由半径，mm；

　　　C_{PB}——印版和橡皮布之间的压印线，mm；

　　λ_{PBmax}——印版滚筒包衬和橡皮布滚筒包衬之间的最大压缩量，mm。

印刷压力的上述七种表示方式，在平压平、圆压平以及圆压圆的压印状态时其图形如图 2-1、图 2-2 和图 2-3 所示。

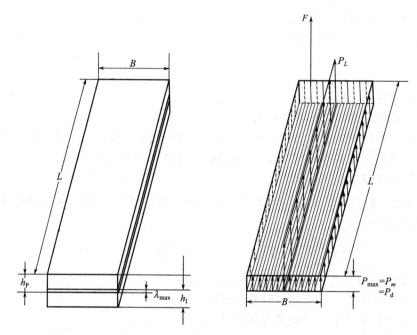

图 2-1　平压平印刷压力示意图

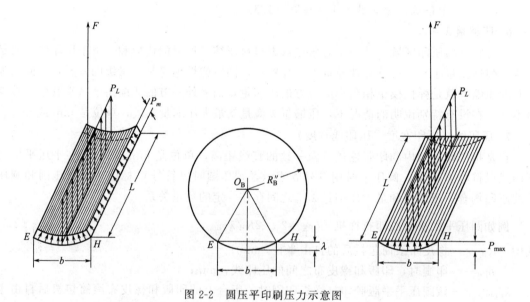

图 2-2　圆压平印刷压力示意图

三、影响印刷压强的相关因素

1. 印刷压强 P 和油墨转移率 K 的关系

（1）油墨转移率的定义

在其他条件不变（印刷速度和油墨黏度等均为恒量）的理想前提之下，印刷压强 P 和油墨转移率 K 存在着十分重要的关系，是引出理想压强概念的切入点。

当直接印刷时，油墨转移率 K_{PIZ} 被定义为：

$$K_{PIZ} = \frac{M_I}{M_P} \times 100\% \tag{2-7}$$

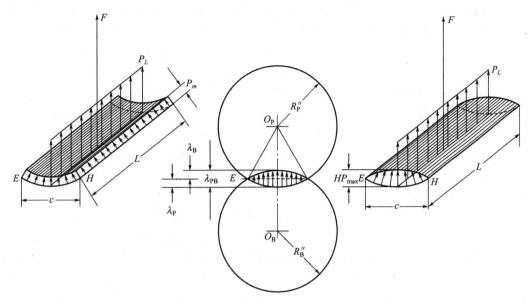

图 2-3 圆压圆印刷压力示意图

式中 K_{PIZ}——直接印刷时，印版油墨向印张直接转移的油墨转移率，%；

  M_P——印版（满版实地）上原有的墨量，g/m^2 或者 μm；

  M_1——该印版转印到印张上的墨量，g/m^2 或者 μm。

当间接印刷时，油墨转移率 K_{PIJ} 被定义为两个阶段油墨转移率的乘积：

$$K_{PBJ} = \frac{M_B}{M_P} \times 100\% \qquad (2-8)$$

$$K_{BIJ} = \frac{M_I}{M_B} \times 100\% \qquad (2-9)$$

式中 M_P——印版（这印版是满版实地）上原有的墨量，g/m^2 或者 μm；

  M_B——该印版转印到橡皮布上的墨量，g/m^2 或者 μm；

  M_I——此橡皮布转印到印张上的墨量，g/m^2 或者 μm；

  K_{PBJ}——间接印刷时，印版油墨向橡皮布转印的油墨转移率，%；

  K_{BIJ}——间接印刷时，橡皮布上的油墨向印张转印的油墨转移率，%。

间接印刷最终的油墨转移率 $K_{PIJ} = K_{PBJ} \times K_{BIJ}$ 是两个均小于 1 大于 0 的小数之乘积，因此通常 $K_{PIJ} = K_{PBJ} \times K_{BIJ} < K_{PIZ}$。

由此可见，间接印刷的油墨转移率通常小于直接印刷的油墨转移率。

（2）$K\text{-}P$ 图和理想压强

在其他条件不变的前提下，仅仅改变印刷压强 P（自变量）的大小，那么作为印刷压强 P 的函数是油墨转移率 K，其 $K\text{-}P$ 关系如图 2-4 所示。图中的纵坐标为油墨转移率 K，横坐标表示印刷压强 P，此图是凸版印刷时印刷压强 P 和油墨转移率 K 之间关系的示意图。

① 由虚线表示的 AB 段，被称之为"油墨转

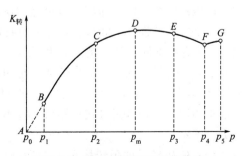

图 2-4 理想压强与 $K\text{-}P$ 的关系

移率不确定段"、"印刷压强严重不足段"或者"墨量不足段"。在此段印刷压强的变化范围是 $P_0 \sim P_1$，但是相应的油墨转移率 K 却表现为不相关散布，无法以明确的实线描绘，只能用不确定的虚线来表示，这正是由于此刻印刷压强的严重不足，使纸张厚度微量不一的随机分布成为左右油墨转移率 K 随机变化。此时印迹根本无法辨认，印刷所得全是废品。

② BC 段：印刷压强在 $P_1 \sim P_2$ 之间变化，从 B 点开始，油墨转移率 K 随着 P 的增大而显著地增加，油墨转移率 K 与印刷压强 P 基本成正比关系，这是由于压缩变形增大使图文区域的微观不平度得以逐渐弥补，接触面积逐渐增大的缘故。此段称为油墨"按比例转移段"，而压强 $P_1 \sim P_2$ 称为"按比例转移的压强"，此段在印刷品上表现为印迹墨层厚度不均匀，部分印迹仍出现"空虚"现象，印迹的轮廓虽然已经成形，但是同色密度偏差大，印刷质量还是不合格，如图 2-5(a) 所示。

③ CDE 段：压强在 $P_2 \sim P_3$ 之间变化时，油墨转移率 K 几乎不随压强的增大而变化，转移率 K 基本不变，意味着前后印张印迹密度十分接近，印刷质量合格稳定，图文像素失真小，如图 2-5(b) 所示。因此，CDE 段属于正常的印刷压强范围，就是实际印刷时的"理想压强"区段。C 点为达到正常印刷质量的最小印刷压强（理想压强的下限值 P_2）；D 点是油墨转移率 K_{max} 时的印刷压强 P_m 对应点；E 点对应理想压强上限值 P_3。印刷时，应该将印刷压强控制在 $P_2 \sim P_3$ 之间，这就是理想压强的区域，此时尽管印刷压强有变化，但是油墨转移率波动很小，表现为墨色均匀，图文像素失真小。

④ EF 段：压强在 $P_3 \sim P_4$ 之间变化，油墨转移率 K 随压强增大而降低。这是由于过了 E 点之后，印刷压强过大，油墨从印张表层的毛细结构中被挤压出来，造成油墨转移率 K 下降，印迹向非图文扩展，如图 2-5(c) 所示，图文像素失真严重，产品质量下降。

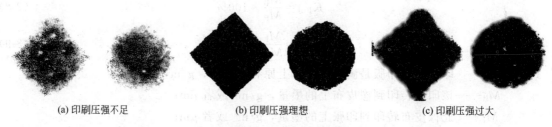

(a) 印刷压强不足　　　　　　(b) 印刷压强理想　　　　　　(c) 印刷压强过大

图 2-5　不同印刷压强所印得的像素

⑤ FG 段：压强在 $P_4 \sim P_5$ 之间变化，对于凸版印刷来说，油墨转移率略有回升，这是因为印刷压强过大，迫使凸版图文侧面也与承印物接触，而转移油墨使印迹严重失真，"边缘效应"更加明显，印刷质量更差。但对于平版胶印来说，油墨转移率 K 几乎不变，这是由于平版胶印，不分图文和非图文全都存在印刷压强的缘故，但此时图文像素失真越加严重，印版耐印力下降，印刷质量也是劣质的，同时设备磨损越发严重。

图 2-4 的实验曲线也基本符合平版胶印的印刷压强 P 与油墨转移率 K 之间的关系，只是 FG 段有所不同，是一条近似水平线。

实际情况是，油墨的流变性能、承印物的吸收性和表面平滑度 B_s 以及印刷速度 V 等对油墨转移率 K 也有很大影响。图 2-4 仅讨论油墨转移率 K 和印刷压强 P 之间的对应关系，其前提当然是其他因素已被控制成恒定不变的量。如果上述因素也考虑的话，则如图 2-6 中的分图所示。

(a) K-P-V 是油墨转移率 K 与印刷压强 P 及印刷速度 V 之间的关系曲线；

(b) K-P-B_s 是油墨转移率 K 与印刷压强 P 及纸张平滑度 B_s 之间的关系曲线；

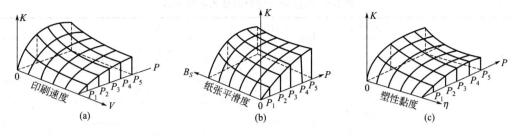

图 2-6　K、P、V、Bs、η 关系示意图

（c）K-P-η 是油墨转移率 K 与印刷压强 P 及印墨塑性黏度之间的关系曲线。

2. 印刷压强 P 和承印物平滑度 Bs 的关系

要在纸张表面获得清晰的印迹，所需的印刷压强 P 和纸张的平滑度 Bs 有着密切的关系。纸张越是平整光滑和均匀，克服印刷表面不平度所需的压缩量相对于表面粗糙不平的纸张越小。表 2-1 是在单张纸平版胶印机上进行试验所测得的实验数据，取印版滚筒和橡皮布滚筒之间的线压力 P_{LBI} 为 49N/cm，印刷速度 V 为 4000r/h，印刷几种不同平滑度的纸张，获得最佳印刷品时，压印滚筒和橡皮布滚筒之间的线压力 P_{LBI} 与纸张平滑度 Bs 之间的对应关系。

表 2-1　线压力 P_{LBI} 和纸张平滑度 Bs 之间的关系

纸张种类	别克平滑度 Bs/s	线压力 P_{LBI}/（N/cm）	纸张种类	别克平滑度 Bs/s	线压力 P_{LBI}/（N/cm）
超高光涂料纸	2472	43.12	非涂料纸	17	119.56
涂料纸	518	76.44	水彩画用纸	3	217.6
一般纸张	51	108.78			

由上表可见，平滑度低的纸张需要的线压力 P_{LBI} 约为平滑度高的纸张的 5 倍，所以橡皮布滚筒和压印滚筒之间的印刷压强必须根据印刷纸张表面实际的平滑度来加以调整。

3. 印刷压强和压缩量 λ 及包衬性质的关系

随着印刷压强 P 的增加，不论何种性质的包衬，其压缩变形量 λ 亦增加，而且对应关系都是非线性的，只不过在变形值 λ 相同的情况下，硬包衬比软包衬所承受的压强要大。由此可见，压缩量 λ 只能间接表示印刷压强的大小，在相同包衬性质（相同弹性模数）的前提下，用压缩量 λ 来反映和对比印刷压强的大小才有可比性。如图 2-7 及表 2-2 所示。

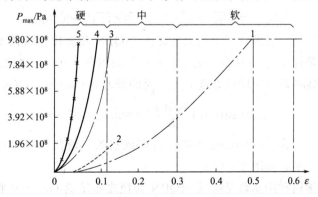

图 2-7　不同衬垫材料的 P_{max}—ε 曲线

表 2-2 某些包衬材料的技术参数 P_{LBl}

曲线编号	包衬组成	包衬厚度/mm	E/Pa	N
1	毛 毡	2	1.62×10^6	0.45
2	橡皮布＋毛毡	4.2	3.04×10^6	＞(1/3)
3	双层橡皮布	3.6	5.10×10^6	0.415
4	单层橡皮布	1.8	1.08×10^7	0.6
5	卡 纸	0.8	2.16×10^7	0.52

4. 印刷压强 P、印刷速度 V 与油墨转移率 K 的关系

20 世纪 50 年代，由 W. Eschenbach 等人从实验证实，当印刷速度在某个范围之内，印刷压强几乎不受印刷速度的影响，通过测定压强分布，从而求出平版胶印机印刷压强的分布状态，并对印刷速度、包衬种类、线压力、最高印刷压强、接触时间等相互之间的关系作进一步的研究，其结果如表 2-3 所示。从该表可发现同一种包衬材料，当印刷速度处于 500～6000r/h 时，所测得的最高印刷压强、平均压强和线压力几乎都不变，证实了上述的观点。表 2-3 中接触时间（s），就是像素转印时间 t_Z。

$$t_Z = T(\alpha_c / 360°) \tag{2-10}$$

式中 T——印刷周期，即该色组印刷一张所需的时间，s；

α_c——压印线 C 所对应的圆心角。

但是，现代单张纸平版胶印机通常的印刷速度为 8000～15000r/h，都高于表 2-3 的数值，印刷速度增加时，从所印印张表面可观察到印迹变浅（印迹密度变小的现象），似乎有印刷压强减小的情况。在其他条件相同的前提下，以不同印刷速度（8000～15000r/h）所印得的印张用彩色反射密度计测得的密度值是不相同的，印刷速度高其印迹密度小，反之则大。这是因为印刷速度提高时，像素转移到印张表面的时间变得十分短暂，造成转移到印张上的墨量随之减少（即油墨转移率 K 降低）的缘故。这时观察印张变浅的印迹，似乎有印刷压强 P 减轻之嫌。其实，由于印刷速度提高而使像素转移时间 t_Z 变短是造成印迹密度下降的第一位原因。

[例题 2-1] 有两台以相同印刷速度工作的对开单张平版胶印机，印刷时橡皮布滚筒与压印滚筒之间的压缩量 $\lambda_{BI1} = \lambda_{BI2} = 0.15$mm。若第一台印刷机的三滚筒自由半径 $R_1'' = R_{P1}'' = R_{B1}'' = R_{I1}'' = 150$mm，如图 2-8 所示，则压印线宽度 C_{BI1} 为：

$$C_{BI1} = 2\sqrt{R_1'' \lambda_{BI1}} = 2\sqrt{150 \times 0.15} \approx 9.5\text{mm}$$

第一台印刷机滚筒（表面）利用系数是优弧 MQPN 和橡皮布滚筒 O_{B1} 自由半径 R_{B1}'' 圆周长的比值，或者是钝角 $\angle MO_{B1}N$（滚筒包角）与圆周角（360°）之比值；

则对应的图文像素转移角（压印线宽度 C_{BI1} 所对的圆心角）$\alpha_{Z1} = \angle QO_{B1}P$ 为：

$$\alpha_{Z1} = 2\arcsin\left(\frac{0.5C_{BI1}}{R_1''}\right) \approx 3.624307494°$$

$R_2'' = R_{P2}'' = R_{B2}'' = R_{I2}'' = 300$mm 为第二台印刷机的三滚筒自由半径，此印刷机滚筒利用系数是第一台的一半，如图 2-9 所示。

第二台印刷机滚筒利用系数是劣弧 MQPN 和橡皮布滚筒 O_{B2} 自由半径 R_{B2}'' 圆周长的比值，或者是钝角 $\angle MO_{B2}N$（滚筒包角）与圆周角之比值；

表 2-3 印刷速度与印刷压力之间关系

印刷速度	类别	软性包衬				中性包衬				硬性包衬		
1r/h	最高压强/Pa	3.33×10^5	6.66×10^5	9.51×10^5	1.31×10^6	6.57×10^5	1.05×10^6	1.26×10^6	1.52×10^6	1.01×10^6	1.58×10^6	2.04×10^6
	平均压强/Pa	2.06×10^5	4.51×10^5	6.47×10^5	8.23×10^5	4.12×10^5	6.47×10^5	8.04×10^5	9.8×10^5	6.37×10^5	9.90×10^5	1.34×10^6
	线压力/(N/cm)	7.84	29.40	51.94	73.50	17.64	33.32	49.00	63.70	27.44	49.98	71.54
	接触时间/s	14.9	24.8	30.5	34.4	16.0	19.5	13.3	24.8	16.8	19.1	20.4
500r/h	最高压强/Pa	4.12×10^5	7.64×10^5	1.24×10^6	1.66×10^6	8.33×10^5	1.31×10^6	1.66×10^6	2.00×10^6	1.25×10^6	1.98×10^6	2.57×10^6
	平均压强/Pa	2.65×10^5	5.59×10^5	8.72×10^5	1.05×10^6	5.00×10^5	8.62×10^5	1.12×10^6	1.30×10^6	7.84×10^5	1.27×10^6	1.62×10^6
	线压力/(N/cm)	11.76	39.20	79.38	103.88	24.50	49.98	78.40	98	39.20	73.5	101.92
	接触时间/s	0.0329	0.0543	0.0695	0.0757	0.0370	0.0439	0.0533	0.0574	0.0382	0.0439	0.0482
2000r/h	最高压强/Pa	4.12×10^5	7.94×10^5	1.27×10^6	1.68×10^6	8.72×10^5	1.37×10^6	1.72×10^6	2.03×10^6	1.34×10^6	2.11×10^6	2.67×10^6
	平均压强/Pa	2.74×10^5	5.49×10^5	8.62×10^5	1.07×10^6	5.39×10^5	9.21×10^5	1.17×10^6	1.33×10^6	8.33×10^5	1.31×10^6	1.77×10^6
	线压力/(N/cm)	10.78	37.24	73.50	96.04	22.54	48.02	71.54	86.26	37.24	67.62	96.04
	接触时间/s	0.0073	0.0130	0.0164	0.0172	0.0080	0.0099	0.0117	0.0122	0.0081	0.0098	0.0108
4000r/h	最高压强/Pa	4.21×10^5	8.13×10^5	1.31×10^6	1.72×10^6	9.21×10^5	1.45×10^6	1.78×10^6	2.09×10^6	1.44×10^6	2.15×10^6	2.72×10^6
	平均压强/Pa	3.04×10^5	5.78×10^5	8.72×10^5	1.15×10^6	6.08×10^5	9.60×10^5	1.21×10^6	1.39×10^6	9.51×10^5	1.40×10^6	1.90×10^6
	线压力/(N/cm)	11.76	37.24	74.48	102.90	25.48	49.98	76.44	91.14	41.16	71.54	100.94
	接触时间/s	0.0035	0.0062	0.0081	0.0086	0.0040	0.0040	0.0049	0.0060	0.0041	0.0049	0.0052
6000r/h	最高压强/Pa	4.31×10^5	8.53×10^5	1.34×10^6	1.74×10^6	8.82×10^5	1.38×10^6	1.79×10^6	2.01×10^6	1.36×10^6	2.18×10^6	2.74×10^6
	平均压强/Pa	2.84×10^5	6.17×10^5	8.92×10^5	1.16×10^6	6.27×10^5	9.60×10^5	1.23×10^6	1.44×10^6	9.31×10^5	1.47×10^6	1.86×10^6
	线压力/(N/cm)	10.78	40.18	73.50	98.98	25.48	48.02	75.46	91.14	40.18	70.56	98.98
	接触时间/s	0.0024	0.0042	0.0052	0.0055	0.0025	0.0032	0.0039	0.0040	0.0027	0.0031	0.0034

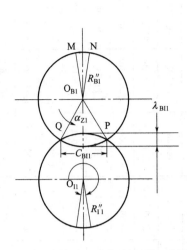

图 2-8 滚筒利用系数 94.4%（滚筒
包角 340°）的对压滚筒

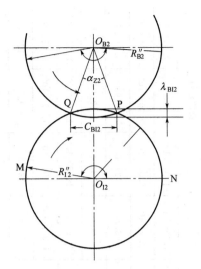

图 2-9 滚筒利用系数 47.2%（滚筒
包角 170°）的对压滚筒

则压印线 C_{BI2} 为：

$$C_{BI2}=2\sqrt{R_2''\lambda_{BI2}}=2\sqrt{300\times0.15}\approx13.42\text{mm}。$$

对应的图文像素转移角 $\alpha_{Z2}=\angle QO_{B2}P$ 为：

$$\alpha_{Z2}=2\arcsin\left(\frac{0.5C_{BI2}}{R_2''}\right)\approx2.562558733°$$

当单张纸平版胶印机的印刷速度分别为 3600r/h、7200r/h、10800r/h 和 14400r/h，其对应的工作周期 T 分别是 1s、0.5s、0.33s 和 0.25s，而相应的图文像素转移时间 t_Z 更小。

根据上例，略加整理即得表 2-4 中所示数据，

表中：$t_Z=T\dfrac{\alpha_Z}{360°}$；$T=\dfrac{1}{N}$。

表 2-4(a)　　印刷速度 V 与图文像素转移时间 t_Z 对应关系一览表

印刷速度(V/r/h)	3600	7200	10800	14400
印刷周期 T/s	1	0.5	0.33	0.25
t_{Z1}/s	0.010006752	0.00503376	0.00335584	0.00251688
t_{Z2}/s	0.007118218	0.003559109	0.002372739	0.001779554

由表 2-4(a) 可知：印刷速度 V 提高会使图文像素转移时间 t_Z 剧减，必然导致印迹密度下降。由表中的 t_{Z1} 和 t_{Z2} 对比可知：在其他印刷条件相同的前提下，滚筒利用系数愈低，t_Z 愈小。因此，为了使高速印刷机 t_Z 下降趋缓，提高滚筒利用系数是印刷机制造厂商改善高速印刷机印刷适性的首选措施，对于卷筒纸印刷机来说更是如此，因为通常卷筒纸印刷机的印刷速度要比单张纸印刷机高得多。

总而言之，图文像素转移时间剧减是高速印刷时印迹密度下降的首位因素，因此提高滚筒利用系数成为高速印刷机的重要特征之一。例如，低速机 J2101 滚筒利用系数约为 40%；中速机 J4102 和 J2108 的滚筒利用系数分别为 69.4% 和 75%；高速卷筒纸平版胶印机 JJ204

滚筒利用系数达到 98％，甚至也有滚筒利用系数为 100％（达到极限）的套筒式滚筒结构（滚筒无空挡）的高速卷筒纸平版胶印机。

除此之外，倍径压印滚筒已经成为高速印刷机的又一重要特征。因为倍径压印滚筒不仅由于它的曲率半径大、曲率小，对厚纸印刷十分有利，使厚纸不至于过度弯曲，收纸容易平整，更能使图文像素转移良好。因此，采用倍径压印滚筒的高速平版胶印机越来越多。

[**例题 2-2**]　某平版胶印机采用了三倍径的压印滚筒，已知：$R_{B3}^{''} = 150\text{mm}$，$R_{I3}^{''} = 450\text{mm}$，$\lambda_{BI1} = \lambda_{BI2} = \lambda_{BI3} = 0.15\text{mm}$。如图 2-10 所示，则压印线 C_{BI3} 为：

$$C_{BI3} = \sqrt{\frac{2R_{I3}^{''}R_{B3}^{''}\lambda_{BI3}}{R_{B3}^{''}+R_{I3}^{''}}} = 2\sqrt{\frac{2\times450\times150\times0.15}{150+450}} \approx 11.61895004\text{mm}$$

则图文像素由橡皮布向承印物转移的转角 α_{Z3} 为：

$$\alpha_{Z3} = 2\sin^{-1}\left(\frac{0.5C_{BI3}}{R_{B3}^{''}}\right) \approx 4.439222275°$$

同样可得表 2-4(b)

表 2-4(b)　　印刷速度 V 与图文像素转移时间 t_{Z3} 一览表

印刷速度/(r/h)	3600	7200	10800	14400
t_{Z3}/s	0.012331172	0.006165586	0.00411039	0.003082793

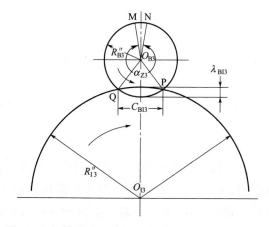

图 2-10　三倍径压印滚筒 O_{I3} 和橡皮布滚筒 O_{B3} 对压

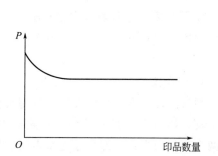

图 2-11　印刷压强与印品数量的关系

5. 印刷压强 P 和包衬塑性变形 λ_S 的关系

在印刷过程中，随着印刷数量的累加，包衬材料中的塑性变形 λ_S 的累积，实际印刷压强将有所减少，如图 2-11 所示。为使印刷压强恢复理想，软包衬在橡皮布下需要补加的衬垫一般为 0.2mm 左右；中性包衬需补加 0.1mm 上下；硬包衬只需补加 0.03mm 左右。如果都是全新的包衬材料，对于软包衬通常连续印刷 4000 张上下需要及时补加衬垫；对于硬包衬大约连续印刷 1000 张左右需要补加衬垫；中性包衬介于上述两者之间。究竟印刷到多少数量需要补加衬垫？行之有效的方法是通过勤抽样检查来确定，一旦发现印迹逐渐发空、发虚应该即刻补加衬垫。

第二节　印刷压力的测定和计算

一、测量仪器和设备

1. 水平仪

测量机器底盘、滚筒、墨辊和水辊的水平。通常为框形水平仪，如图 2-12 所示，精度 0.02mm/m，为标准精度级。纵向和横向水平程度的确认和调整是印刷机安装、使用及印刷包衬和印刷压强调节的基础。

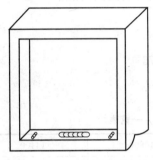

图 2-12　水平仪外形示意图

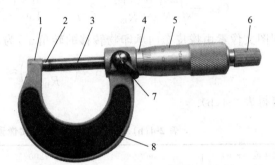

图 2-13　外径千分尺示意图

1—尺架；2—测砧；3—测微螺杆；4—固定套管；5—微分管；
6—测力装置；7—锁紧装置；8—绝热装置

2. 螺旋测微仪（外径千分尺，分厘卡）

测量包衬材料厚度及厚薄均匀程度，最小读数至少 0.01mm，如图 2-13 所示。

3. 百分表、千分表和磁性表座

测量圆度的重要工具，如图 2-14 所示。要挑选量程和精度符合测量要求的百分表或者千分表。

4. 筒径仪

测量滚枕高度（缩径量）以及超滚枕量的重要仪器，是精确测量滚筒包衬实际厚度的重要工具，如图 2-15 所示，（a）在测橡皮布表面的高程，（b）在测橡皮布滚筒滚枕的高程，这两个高程的高差，即为橡皮布表面的超滚枕量（超肩铁量 ΔR_B）。如图 2-16 所示，要挑选量程和精度符合测量要求的百分表或者千分表，筒径仪底座必须和包衬表面保持良好的贴合状态，筒径仪移动时应该是水平状态。

5. 塞尺（厚薄规）

测量筒体间隙或者滚枕间隙，如图 2-17 所示。测量时要确保是否有足够的测量空间，并确保被测钢片不至于折叠受损或者钢片表面表面沾有垃圾、杂物等，以免造成测量误差超允许值。

6. 熔断丝（保险丝）

是轧取滚枕间隙和筒体间隙的必要耗材。根据滚枕间隙和筒体间隙大致数值，选用直径略大于被测间隙的熔断丝（大 0.5mm 即可）进行测量，必须防止熔断丝跌落印刷机内或不知去向。就测量精度和方便而言，借助熔断丝轧取滚枕间隙和筒体间隙的方法优于塞尺法。

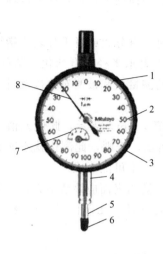

(a) 百分表

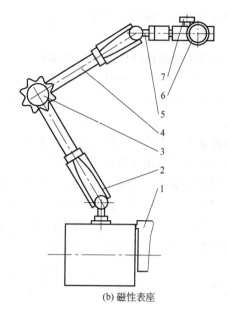

(b) 磁性表座

1—表体；2—刻度盘；3—表圈；4—套筒；5—测量杆；
6—测量头；7—转数指示盘；8—长指针

1—磁路通断旋钮；2、4、5—转动件；3—转动件锁紧旋钮；
6—表具锁紧旋钮；7—表具角度调节旋钮

图 2-14 百分表和磁性表座示意图

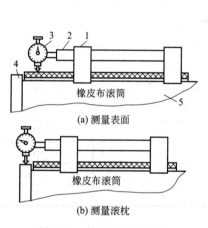

(a) 测量表面

(b) 测量滚枕

图 2-15 使用中的筒径仪

图 2-16 筒径仪的外形图

7. 专用薄纸（厚度约为 0.005mm）

轧取合压状态时接触滚枕之间接触程度的必要耗材，使轧印痕迹的宽度符合印刷机使用说明书的规定数值，使印版滚筒滚枕和橡皮布滚筒滚枕之间合压时的接触程度合乎规定。

二、测量法和计算公式

使用上述仪器和工具对压印装置关键部件进行测量和计算是了解和掌握压力印刷工作状态的

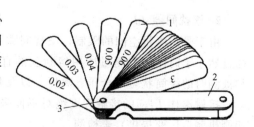

图 2-17 塞尺的外形示意图
1—塞片；2—保护套夹；3—铆钉

重要窗口和途径，做到心知肚明—心知度明，凡事预则立、不预则废，正是这个道理。

1. 圆度测量

通常指滚筒筒体圆度或者滚筒滚枕圆度的测量。测量时，百分表或者千分表长指针顺时针转动表示半径增大；逆时针转动表示半径减小；不摆动则表示半径没有变化，圆度极好。但是，必须排除表的测量头根本没和被测对象接触或者表的测量头和被测对象接触过度而顶死的情况。

滚枕或者筒体的不圆度程度，一般以上下偏差的绝对值（mm）表示，此偏差值不能造成实际印刷压强变化超越理想压强上下限的范围如图 2-4 所示，否则，此滚枕就不能成为压力包衬的测量基准；筒体不圆度程度超标，就会造成理想压强不可能形成。

圆度测量是滚筒包衬测量和间隙确认的基础。测量前，被测表面应该清洁无污。测量时务必关注被测对象是（P、B、I）的滚枕还是筒体，以及测量时的几何位置（靠身、朝外）和几何状态（合压还是离压）等，如表 2-5 所列。

表 2-5 滚筒基本参数及包衬数据归类一览表之一

被测项目 \ 被测对象			印版滚筒 P	橡皮布滚筒 B	压印滚筒 I
圆度 YD	靠	min	YD_{PKmin}	YD_{BKmin}	YD_{IKmin}
		max	YD_{PKmax}	YD_{BKmax}	YD_{IKmax}
	朝	min	YD_{PCmin}	YD_{BCmin}	YD_{ICmin}
		max	YD_{PCmax}	YD_{BCmax}	YD_{ICmax}
滚枕高度 J	靠		J_{PK}	J_{BK}	J_{IK}
	朝		J_{PC}	J_{BC}	J_{IC}
超滚枕量 ΔR	靠		ΔR_{PK}	ΔR_{BK}	ΔR_{IK}
	朝		ΔR_{PC}	ΔR_{BC}	ΔR_{IC}
滚枕半径 R（说明书）			R_{P}	R_{B}	R_{I}
筒体半径 R'（说明书）			$R_{P'}$	$R_{B'}$	$R_{I'}$
包衬总厚度 h	起始	靠	H_{PKQ}	H_{BKQ}	H_{IKQ}
		朝	H_{PCQ}	H_{BCQ}	H_{ICQ}
	实际	靠	H_{PKS}	H_{BKS}	H_{IKS}
		朝	H_{PCS}	H_{BCS}	H_{ICS}

注：1. 靠—靠身—K。
2. 朝—朝外—C。
3. 起—起始—Q。
4. 实—实际—S。

2. 滚枕间隙 JJ

由于受到测量空间的限制，滚枕间隙 JJ 的测量通常采用轧熔断丝法，所用熔断丝的直径显然小于筒体间隙测量所用熔断丝的直径，测量时务必关注被测对象（P-B、B-I、B-B）和被测时的滚筒状态（合压、离压）以及几何位置（靠身、朝外）等，如表 2-6 所示。

接触滚枕 JJ_{PB} 的接触程度绝对不能采用轧熔断丝的方法，只能以专用标准薄纸（由该印刷机制造厂商提供）来检测。

3. 滚枕高度（缩径量）J

既可以采用计算法、也可以使用测量法获得。

表 2-6　滚筒基本参数及包衬数据归类一览表之二

被测项目 \ 被测对象		P-B	B-I	B-B
压缩量 λ	靠	λ_{PBk}	λ_{BIk}	λ_{BBk}
	朝	λ_{PBC}	λ_{BIC}	λ_{BBC}
离压中心距 A_L	靠	A_{PBkL}	A_{BIkL}	A_{BBkL}
	朝	A_{PBCL}	A_{BICL}	A_{BBCL}
合压中心距 A_h	靠	A_{PBkh}	A_{BIkh}	A_{BBkh}
	朝	A_{PBCh}	A_{BICh}	A_{BBCh}
离压滚枕间隙 JJ_L	靠	JJ_{PBkL}	JJ_{BIkL}	JJ_{BBkL}
	朝	JJ_{PBCL}	JJ_{BICL}	JJ_{BBCL}
合压滚枕间隙 JJ_h	靠	JJ_{PBkh}	JJ_{BIkh}	JJ_{BBkh}
	朝	JJ_{PBCh}	JJ_{BICh}	JJ_{BBCh}
离压筒体间隙 H_L	靠	H_{PBkL}	H_{BIkL}	H_{BBkL}
	中	H_{PBZL}	H_{BIZL}	H_{BBZL}
	朝	H_{PBCL}	H_{BICL}	H_{BBCL}
合压筒体间隙 H_h	靠	H_{PBkh}	H_{BIkh}	H_{BBkh}
	中	H_{PBZh}	H_{BIZh}	H_{BBZh}
	朝	H_{PBCh}	H_{BICh}	H_{BBCh}
离让值 L	靠	L_{PBk}	L_{BIk}	L_{BBk}
	朝	L_{PBC}	L_{BIC}	L_{BBC}
压印线 C	靠	C_{PBk}	C_{BIk}	C_{BBk}
	朝	C_{PBC}	C_{BIC}	C_{BBC}

注：1. 靠—靠身—K。

2. 中—中间—Z。

3. 朝—朝外—C。

4. 离—离压—L。

5. 合—合压—h。

（1）计算法：例如，$J_P = R_P - R_P'$ 等，没有靠身和朝外之分。其中：滚枕半径 R 和筒体半径 R' 均可从机器使用说明书的滚筒基本参数栏目获得。

（2）测量法：通过筒径仪测量获得，如表 2-5 所示。

4. 筒体间隙 H

采用熔断丝法测量，如表 2-6 所示。也可以采用计算法得知：例如，$H_{PB} = A_{PBh} - (R_P' + R_B') = J_P + J_B + JJ_{PB}$。

5. 离让值 L

采用熔断丝法测量，如表 2-6 所列。测量时必须在滚筒包衬后，处于合压状态，为压印面对压印面的滚枕间隙和空挡面对空挡面的滚枕间隙之差值。例如，印版滚筒和橡皮布滚筒印刷时相互之间的离让值为

$$L_{PBK} = JJ_{Bh(Y-Y)PBK} - JJ_{Bh(K-K)PBK}$$

式中　$JJ_{Bh(Y-Y)PBK}$——印版滚筒和橡皮布滚筒包衬后，处于合压状态在压印面对压印面时的靠身处的滚枕间隙，mm；

$JJ_{Bh(K-K)PBK}$——印版滚筒和橡皮布滚筒包衬后，处于合压状态在空挡面对空挡面时的靠身处的滚枕间隙，mm；

L_{PBK}——印刷滚筒和橡皮布滚筒在印刷时靠身处的离让值，mm。

6. 包衬总厚度 h

如表 2-5 所示。可通过螺旋测微仪测得印版滚筒、橡皮布滚筒和压印滚筒各自的包衬总厚度。更精确的测量是包衬后，借助筒径仪测得超滚枕量和滚枕高度，经计算获得：

$$（印版滚筒包衬总厚度）h_P = J_P + \Delta R_P$$
$$（橡皮布滚筒包衬总厚度）h_B = J_B + \Delta R_B$$
$$（压印滚筒包衬总厚度，即承印物厚度）h_I = J_I + \Delta R_I$$

7. 超滚枕量 ΔR

如表 2-5 所示，借助筒径仪测得各个滚筒包衬后的超滚枕量 ΔR，可由以下公式计算获得的数值精确。

$$\Delta R_P = R_P'' - R_P = h_P - J_P$$
$$\Delta R_B = R_B'' - R_B = h_B - J_B$$
$$\Delta R_I = R_I'' - R_I = h_I - J_I$$

8. 压缩量 λ

如表 2-6 所示，在已知某些物理量后通过以下公式计算即可得知。

$$\lambda_{PB} = \Delta R_P + \Delta R_B - JJ_{PB}$$
$$\lambda_{PB} = h_P + h_B - H_{PB}$$
$$\lambda_{PB} = h_P + R_P' + h_B + R_B' - A_{PB}$$

显然，第一个公式测算出来的数值精确度高。

9. 中心距 A

如表 2-6 所示，在已知某些物理量后通过以下公式计算即可得知。

$$A_{PB} = R_P + R_B + JJ_{PB}$$
$$A_{PB} = R_P' + R_B' + H_{PB}$$

10. 压印线 C

就是接触区域油墨条杠的宽度，测量最简便、最直观，直接量测压印线（压印宽度）即可间接表示印刷压强，如表 2-6 所示。

11. 利用液压技术和回转偏心机构测定总压力 Q *

在用偏心轴承调节印刷压力的印刷机上，可利用偏心轴承结合液压技术测定总压力 Q，测量方法如图 2-18 示，偏心轴承的转动由油缸带动，而回转量由可调节的靠山来确定，通过安装在进油支路和回油支路上的油压表来获得两侧压力差，从而推算出总压力 Q。

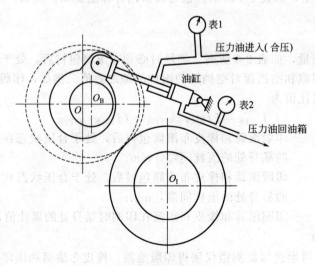

图 2-18　用液压技术测定印刷总压力

$$总压力 \ Q = Q_{靠身} + Q_{朝外}$$

$$Q_{靠身} \ 或 \ Q_{朝外} = F_{Y\lambda HY} - F_{W\lambda HY} = \{[P_{y\lambda JY1}(S_Z) - P_{y\lambda HY2}(S_Y)] - [P_{W\lambda JY1}(S_Z) - P_{W\lambda HY2}(S_Y)]\}$$

式中　$Q_{靠身}$ 或 $Q_{朝外}$ ——总压力在靠身偏心轴承或朝外偏心轴承的分量，N；

$\quad\quad F_{Y\lambda HY}$——合压有 λ 值（压印面对压印面）时活塞杆拉力，N；

$\quad\quad F_{W\lambda HY}$——合压无 λ 值（空挡面对空挡面）时活塞杆拉力，N；

$\quad\quad P_{y\lambda JY1}$——合压有 λ 值时表1进油压力，Pa；

$\quad\quad P_{y\lambda HY2}$——合压有 λ 值时表2回油压力，Pa；

$\quad\quad P_{W\lambda JY1}$——合压无 λ 值时表1进油压力，Pa；

$\quad\quad P_{W\lambda HY2}$——合压有无 λ 值时表2回油压力，Pa；

$\quad\quad S_Z$——活塞左侧面积，m^2；

$\quad\quad S_Y$——活塞右侧面积，m^2。

12. 由应变片测定装置测定总压力 Q*

先将电阻应变片粘贴到 65Mn 弹簧钢做成的类似椭圆形的测力环的内侧或外侧，组成测力环传感器。然后再将传感器装到印刷机的滚筒轴承支架上，作印刷压力的测定。

测定装置包括测力环传感器、电桥、应变仪和示波器，如图 2-19 示，其原理是当测力环传感器受印刷压力作用而变形，电阻应变片也随之变形，引起电阻的相应变化，其关系如下：

$$\frac{\Delta R}{R} = K \frac{\Delta L}{L}$$

式中　$\dfrac{\Delta R}{R}$——电阻应变片的电阻值相对变化量；

$\quad\quad \dfrac{\Delta L}{L}$——电阻应变片相对变形量；

$\quad\quad K$——电阻应变片的灵敏度系数。

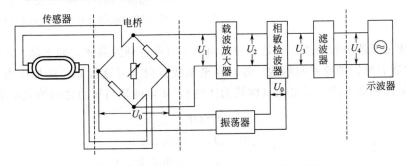

图 2-19　用应变片测定印刷总压力的线路框图

电阻阻值变化使电桥失去平衡，输出一个随之变化的电压，从而测得印刷总压力的大小。测试装置的测试方法：先对测力环传感器定标，计算出定标常数 K，随后将经过定标的测力环传感器安装到滚筒轴承支架上，接好装置的各部分的电路，调节微调变阻器，使电桥输出电压等于零，然后开动该印刷机，使滚筒合压，由于测力环受印刷压力变形，使电阻应变片也产生变形，引起相应的电阻变化，使电桥不平衡，输出一个随之变化的电压 U_1，电压 U_1 经电子放大

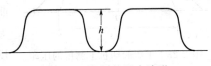

图 2-20　印刷总压力波形

器放大，使示波器偏转系统偏转，这时示波器上记录出一条曲线，如图 2-20 所示，找出曲线的幅度 h，根据定标常数 K，得到相应的印刷压力 $P=Kh$。

根据上述测试方法，可在印版滚筒和压印滚筒的两个方向都装上测力环用来测量两滚筒的法向力和 p_{n1} 和 p_{n2}。若将测力环垂直安装在滚筒中心线方向上，所测得的是切向力 p_τ。滚筒轴承上的总压力 Q 等于滚筒轴承上所测得的法向力 p_n 和切向力 p_τ 的矢量和，即：

$$Q=p_n+p_\tau$$

其线压力 p_L：$p_L=\dfrac{p_n+p_\tau}{L}$

式中　L——印版接触长度或者滚筒接触的有效长度。

如图 2-21 所示，将应变片 1 粘贴到两滚筒轴承之间左侧的支架上。在印刷过程中，两滚筒的支架在印刷压力的作用下，产生了变形，应变片随之作相应的变形。该变形量反映到具有放大作用的应变仪 2 上，通过应变与应力的关系可求出印刷总压力。

13. 测定压印线宽度上的压力分布

压力（压强）分布曲线的测试系统是由压电晶体传感器、直流电荷放大器和示波器组成。图 2-22 是对开平版胶印机测试的示意图。为了了解在接触宽度上压力的分布情况，在印版滚筒和压印滚筒壳体中间和两头都安装压电晶体传感器。

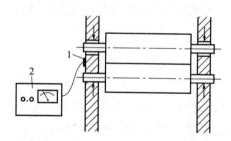

图 2-21　由应变片测定装置测印刷总压力

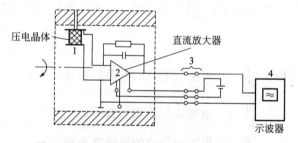

图 2-22　用压电晶体传感器测定平版胶印机压印线内压强分布的装置示意图

压电晶体传感器中的晶体介质是一种斜面的非对称系列的晶体，如水晶、Rochelle 电石（又称为四水酒石酸钾钠或罗谢尔盐）等。在电轴线方向上对这种晶体施加压力，则在垂直于电轴线的晶体平面上产生了电荷（称其为压电），压电的量与压力之间的关系如下：

$$Q=DF$$

式中　Q——电荷，C；

D——压电系数，C/N；

F——作用力，N。

这种电荷量经直流电荷放大器 2 放大，然后在示波器 4 上显示出来，并通过拍摄将曲线信号记录下来，其曲线如图 2-23 所示，这就是滚筒在接触宽度上压力分布曲线。压力分布与传感器的采样面积有关，采样面积大，在接触宽度上所测得的最高压强小，测试精度低；反之，采样面积小，在接触宽度上测得的最高压强大，测试精度高。

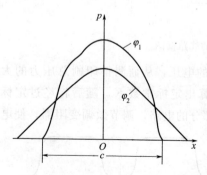

图 2-23　平版胶印机上测得的压印线内印刷压力的分布曲线

第三节　包衬的作用和变形特点

为了获得质量上乘的印刷品，油墨由印版向承印物转移时的对压双方（压印体），通常都采用一硬一软对压的方式，为此对压双方的表面要覆盖包衬甚至衬垫。

一、衬垫和包衬的关系与作用

1. 衬垫和包衬的关系

对于平版胶印印刷来说，除了印版、橡皮布和承印物之外的其他包衬材料称之为衬垫。两者关系如表 2-7 所示。衬垫材料是指放置在印版、橡皮布或承印物下方的薄层物；包衬材料是指包覆在对压双方上的所有薄层料。

表 2-7　平版胶印包衬和衬垫的关系

印版滚筒包衬	印版：平版印版
	印版滚筒衬垫：印版下的衬纸、涤纶片等
橡皮布滚筒包衬	转印橡皮布：气垫橡皮布或普通橡皮布
	橡皮布滚筒衬垫：转印橡皮布下的毡呢，衬垫橡皮布，绝缘纸、卡纸、牛皮纸等
压印滚筒包衬	印张：承印物
	压印滚筒衬垫：对于平版胶印来说，承印物下面就是压印滚筒的筒体，其压印滚筒没有衬垫

2. 衬垫的作用

（1）同印版、橡皮布一起使包衬总厚度达到规定的数值范围，使对压双方的微观不平度得以弥补，获得理想印刷压强的工作状态；

（2）调整包衬构成（尤其是橡皮布滚筒的衬垫）以得到承印物印刷适性所需要的包衬性质。常用的衬垫中：绝缘纸、涤纶片的 E 值较大；卡纸、涂料纸的 E 值次之；毡呢、凸版纸的 E 值较小。由于印刷包衬是由几种衬垫组合而成，其弹性模量的数值不容易测量精确，即使是同一种材料（如纸张）往往又分许多类别，甚至同一类别的材料（例如卡纸），也不是各向同性的均质材料。

二、橡皮布等包衬的变形特点

橡皮布等包衬材料是典型的黏弹性材料，在外力作用下，同时发生弹性变形和黏性流动的情况，其受力变形有以下特点。

（1）在印刷压强的作用下，会发生压缩变形，压缩变形一般由三部分构成。

① 敏弹性变形　这种变形的产生和消失和印刷压强的施加和撤除同步发生；

② 滞弹性变形　这种变形的产生和消失均滞后于印刷压强的施加和撤除；

③ 塑性变形　这种变形的产生是一个累积的过程，此变形不会消失的。但是这种变形只有当外力足够大时，即外力达到或者超过材料的屈服极限才会发生，如图 2-24 所示。由此可见，从有利于提高印刷质量的角度出发，应该选用敏弹性变形尽可能高，塑性变形和滞弹性变形尽可能小的衬垫作为包衬材料。

从理论上来说，理想的弹性材料符合胡克定律，应力 σ 与应变 ε 成正比：$\sigma = E\varepsilon$，弹性

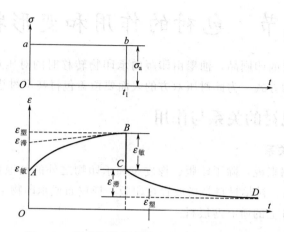

图 2-24 黏弹性材料压缩的 $\sigma\text{-}t$ 和 $\varepsilon\text{-}t$ 关系曲线

模量 E 是表征材料弹性大小的物理量。理想的黏性材料符合牛顿定律，应力 σ 和应变速率 $\left(\dfrac{\mathrm{d}\varepsilon}{\mathrm{d}t}\right)$ 成正比：$\sigma=\eta\left(\dfrac{\mathrm{d}\varepsilon}{\mathrm{d}t}\right)$，黏度 η 是表示材料黏滞性大小的物理量。实际材料往往是这两者的综合，在外力作用下同时发生弹性变形和黏性流动。弹性变形是指可恢复的变形，黏性流动是指不可恢复的变形。

（2）印刷时，包衬材料所承受的应力是周期性的压缩应力。假设橡皮布承受的是正弦波形压缩应力，在一个印刷周期内承受两个正弦波压缩应力的作用，如图 2-25。在每一个正弦波内，压缩应力都经历一个从 0 到 $2\sigma_0$，再由 $2\sigma_0$ 到 0 的过程，对应着一次加压-撤压过程，见图 2-25(a)。在 $\sigma\varepsilon$ 关系图中形成了一个滞后圈，如图 2-25（b）所示。第一个滞后圈从坐标原点 O 开始，由于实际印刷时印刷压强作用时间很短暂（尤其是高速印刷时），则应变滞后于应力，回复不到水平轴线的原点 O，而是其右侧的 C 点；第二个滞后圈从 C 点始发，经 D 点到 E 点。而实际上，橡皮布承受的是类似正弦波压缩应力，即第一个正弦波结束到第二个正弦波开始有一个时间间隔，那么从理论上来说，第二个滞后圈应该从 C' 点始发，经 D' 点到 E' 点；同字母带"'"的点均比不带"'"的同字母点偏左一些。由于实际印刷速度越来越高速，使同字母带"'"的点均比不带"'"的同字母点偏左一些的微小变化，完全可以忽略不计，因此仍然可以图 2-25 的图形描述，每个滞后圈的面积均等于材料由于黏性（结构阻尼）而产生的内耗，而且其内耗转变为热能，而使材料升温。

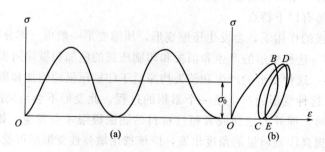

图 2-25 周期应力的 $\sigma\varepsilon$ 关系曲线

（a）正弦波周期性压缩应力 $\sigma=\sigma_0\sin\omega t$；（b）周期性压缩应力的 $\sigma\varepsilon$ 关系曲线

因此，黏弹性材料的压缩变形有如下情况和特点。

① 变形由敏弹性变形、滞弹性变形和塑性变形构成。

② 大量印刷后，滞弹性变形和敏弹性变形相比，可忽略不计；每一次加压-卸压循环，所产生的塑性变形均比上一次循环产生的塑性变形要小，塑性变形的增量越来越小，最后趋于稳定。

③ 滞弹性变形完全消失所需的时间（数十秒），远远比前后两次受压的时间（零点几秒甚至更短）间隔长得多，因此，实际印刷时，包衬的压缩变形，可认为只有敏弹性变形和塑性变形组成。

④ 由图 2-24 可知，在 $0 \rightarrow t_b$ 时间段内，承受一个恒定的负重，在加和卸的瞬间，可认为是一个阶跃函数，这对于理想弹性材料来说，此时间段内，其变形维持恒定；而对于真实的黏弹性材料来说，变形是一个发展变化的过程，这是黏弹性材料的重要特征之一。

（3）橡胶及橡胶制品（橡皮布、软质墨辊和软质水辊等）的特性参数，这些特性参数往往与它实际受力状态有关。

① 平衡高弹　在外力撤除的瞬间，瞬即复原的现象。例如，转印橡皮布的平衡高弹越高，由其转印的像素失真越小，所表现的色调、层次阶调越完美。

② 非平衡高弹　在拉压和回弹的过程中，变形不随应力瞬即达到平衡的现象（总是滞后的现象），这是该材料既具有黏性性质、又具有弹性性质的综合结果。在平版胶印时，表现为蠕变、应力松弛和内耗等。因此，非平衡高弹又称为推迟高弹。

③ 蠕变　绷紧在滚筒上的橡皮布在印刷时，同时受到绷紧张力和印刷压力的作用，在周期性滚压的作用下，橡皮布逐渐变得僵硬，失去新橡皮布原有的柔韧性和高弹性，甚至出现光亮或者龟裂的现象致使该橡皮布失去原有的使用价值。

④ 应力松弛　长期绷紧在滚筒上的橡皮布，内应力随时间的延续而逐渐衰退，橡皮布绷紧度下降的现象。

⑤ 内耗　橡胶及橡胶制品在每一次拉伸（或压缩）-回弹的过程中，其形变曲线不重合，拉伸（或压缩）形变曲线在回弹形变曲线的左上方，其能量差值即为该两曲线所围的面积，又称为"滞后圈"，这里缺失的能量消耗在橡胶分子之间的内摩擦之中，并转化为热能。

⑥ 老化　橡胶或橡胶制品的老化实质是橡胶分子与氧气、臭氧发生氧化作用的过程。老化破坏了橡胶或橡胶制品的物理、化学性能，缩短了制成品的使用寿命。光和热均能促进氧化作用的进行，加速其老化。"滞后圈"引起橡胶或橡胶制品的温升，温升达到一定程度（特别是散热差的场合）将使橡胶或橡胶制品发生开裂、剥落、发黏——"热老化"。在强光（尤其是 UV 光）照射下，橡胶或橡胶制品表面"热老化"将形成表面能很低的膜层。

⑦ 弹性模量　弹性模量相当小（见表 2-8）。例如，橡胶是钢的 10^{-6}，蚕丝的 10^{-4}。

表 2-8　某些材料的弹性模量和泊松比

材　料	弹性模量/Pa	泊松比	材　料	弹性模量/Pa	泊松比
钢	1.96×10^9	0.28	聚乙烯	0.20×10^7	0.38
铜	0.98×10^9	0.35	有机玻璃	0.34×10^8	0.33
蚕丝	0.64×10^8		石英玻璃	0.79×10^9	0.14
聚苯乙烯	0.25×10^8	0.33	橡胶	0.20×10^4	0.49

⑧ 泊松比　又称为横向变形系数。泊松比越大，表明该材料变形时，其体积几乎不变的程度越明显。因此，橡皮布压印区域两侧通常有"凸包"，即静压状态（对称）或动压状态（不对称）的情况。如图 2-26，图 2-27 和图 2-28 所示。

$$泊松比＝(横向变形量／纵向变形量)×100\%$$

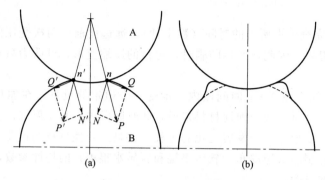

图 2-26　静压时滚筒挤压力及橡皮布变形

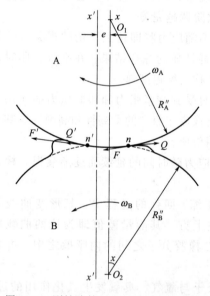

图 2-27　刚性滚筒过大时形成"前凸包"

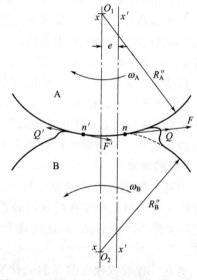

图 2-28　刚性滚筒过小时形成"后凸包"

橡胶制品在滚压时带有凸包，会出现如图 2-29 的情况。

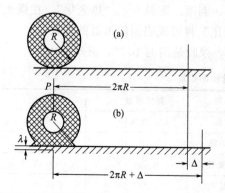

图 2-29　橡胶辊的凸包对展开弧长的影响

⑨ 伸长率　要求橡皮布的伸长率越小越好，否则拉伸时容易使橡皮布变薄过量、弹性降低、印刷适性变差。

$$橡皮布伸长率＝[(橡皮布受力时的长度／橡皮布原来的长度)－1]×100\%$$

⑩ 平整度（厚度均匀性）　硬包衬的橡皮布其平整度的要求高于中性包衬（或软包衬）的橡皮布。

⑪ 弯曲绷紧后的平整度　橡皮布一旦安装在滚筒上必须被绷紧，其绷紧张力在滚筒圆周上的分布必然是不均匀的（曲率越大，这种不均匀程度越明显），

绷紧张力主要集中在咬口和拖梢处。因此，橡皮布厚度的减薄量也主要集中在咬口和拖梢附近，出现如图 2-30 所示的情况，即 a、b、c 三处存在径向高差，从印刷适性的角度看，这个高差越小越好，否则意味着印刷压强分布的均匀程度未达标。图 2-30 中，a 为咬口处；b 为橡皮布弯曲绷紧后，优弧的中心处；c 是拖梢处。

⑫ 扭曲　橡皮布不应发生扭曲变形，否则会引发套印不准，尤其是正反面套印的产品。

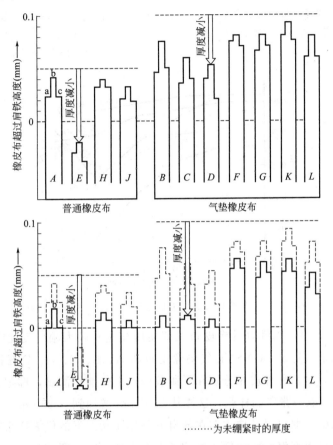

图 2-30　橡皮布在弯曲绷紧和挤压时厚度的变化

三、橡皮布的类型和可压缩性

1. 橡皮布的类型

橡皮布是印刷时用于包衬的一类橡胶制品，它有转印橡皮布和衬垫橡皮布之分。

（1）衬垫橡皮布　它仅仅起到调整包衬厚度和包衬性质的作用，又被称为开法丝。因此，其表面不具有也无需具有吸附和转印印迹墨层的表面胶层。

（2）转印橡皮布　有普通橡皮布（如图 2-31 所示）和气垫橡皮布（如图 2-32 所示）之分，它们都具有吸附和转印印迹墨层的表面胶层。①普通橡皮布不具备气垫层结构的实心橡皮布，其不可压缩性更显著。②气垫橡皮布具有气垫层结构，使气垫橡皮布具有更好的印刷适性，由于印刷时凸包几乎没有，因此印刷时图文像素失真小，但是，必须和硬衬垫配套使用，否则不能发挥气垫橡皮布的良好的印刷适性。

2. 橡皮布可压缩性对印刷质量的影响

橡皮布的可压缩性对印刷质量有很大影响，因此对橡皮布的可压缩性的测试就显得十分重要。

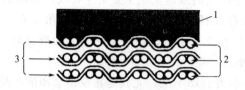

图 2-31　普通橡皮布结构示意图

1—表面胶层；2—平纹布；3—内胶层（布层胶）

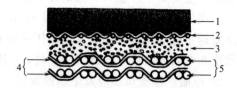

图 2-32　气垫橡皮布结构示意图

1—表面胶层；2—细织物层；3—气垫层

4—内胶层（布层胶）；5—平纹布

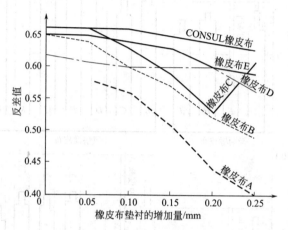

图 2-33　六种橡皮布的压缩量 λ 与相对反差 K 关系曲线

由图 2-33 可知，可压缩性好的橡皮布在即使压缩量有较大幅度变化时，仍能获得相对反差良好的印刷质量。这是 CONSVL 气垫橡皮布和 A、B、C、D、E 五种普通橡皮布作相对反差的比较测试，这六种橡皮布分别在平版胶印机上作增压测试，即把橡皮布滚筒包衬厚度每增加 0.05mm，取一张印刷样张，这样从 0.05mm 增加到 0.25mm，分别在六种橡皮布所印刷得到的印张中，取出每种橡皮布在各自五种压印状态下的代表样张各一张样张，在其测控条规定部位测得密度值，由于样张测控条上有实地和网点两部分，所以可计算出各个印样的相对反差值 K 为：

$$相对反差 K = [1 - (某色 75\% 网点块密度值 / 同色实地密度值)]$$

将橡皮布滚筒包衬厚度增加值与相应的相对反差计算值 K 一一对应地绘制成图 2-33。由该图可知，在相同压力变化的前提下，相对反差变化越小，说明该橡皮布的可压缩性越大，同时印迹墨层的转移性能好而且变化小，印刷质量高。显然，相比之下这种 CONSVL 气垫橡皮布的印刷适性是好的。

第四节　速差、滑移和压缩量的分配 ∗

无论是圆压圆平版胶印机还是圆压平平版胶印机，在讨论压印过程中所发生的速差和滑移时，都得假设：印刷时，变形只发生在弹性滚筒（平版胶印机橡皮布滚筒）的包衬上，而相对压滚筒（印版滚筒和压印滚筒）或平台（圆压平平版胶印机的版台和压印平台）及其包衬是刚体。这样在压印过程中，由于弹性滚筒（或平台）包衬在压印区域的变形，引起对压表面对应点的速度差异（即速差），引发滑移，使图文像素失真，印版磨损，图像质量差或者出现逃纸、逃呢，倒、顺毛，重影等印刷弊病。

如何减少圆压圆或圆压平对压体之间印刷时的速差和滑移？引出了所谓压缩量 λ 值的分配问题，就是把压缩量 λ 值按什么比例分配到弹性体（橡皮布滚筒）和刚性体（印版滚筒）的问题。第一种观点认为 R_B "应略大于 R_P"，以达到圆压圆印刷时对压双方的绝对滑移量最小的目的；第二种观点认为 R_B "应略小于 R_P"，以使圆压圆印刷时对压双方同步滚压，双方展开弧长一致。

一、产生速差、滑移的原因

对于圆压平和圆压圆的印刷机来说，压印区域产生速差和滑移是不可避免的。原因是在滚压区域内，对压双方的表面速度存在差值。欲使整个压印区域各点的速度之差均为零是不可能的（除非是平压平印刷），但是，尽可能地减小其速差和滑移却是可能和必要的。参见图 2-34 和图 2-35。

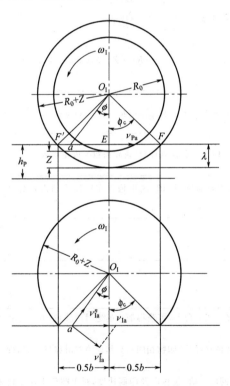

图 2-34 圆压平速差分析示意图

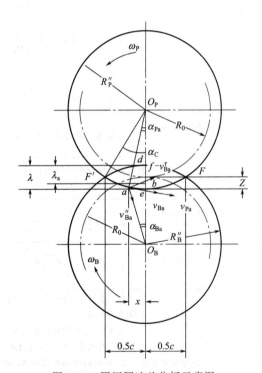

图 2-35 圆压圆速差分析示意图

二、速差、滑移的负面作用

（1）印刷所得的图文尺寸与原版不一致或者套印不准；

（2）出现倒、顺毛或逃纸、逃呢或重影等印刷弊病；

（3）像素失真严重，印刷质量下降；

（4）印版耐印力降低。

三、压缩量分配的原则和方法

印刷时，必须根据工艺上的实际需要和主要矛盾所在来确定究竟是采用第一种观点的压缩量分配方案，还是第二种观点的压缩量分配方案。然后根据印刷机的压印形式来明确滚筒的包衬量。

（1）为避免倒顺毛或者逃纸、逃呢故障发生，从减小压印区域内速差和滑移，引出了λ_{PB}分配的原则。

① 圆压平时，λ_{PB}对半分可使压印区域内的绝对滑移最小，有利于印版耐印力的提高，避免倒顺毛或者逃纸、逃呢故障发生（见表2-9）。

表 2-9　圆压平速差、滑移和 λ_{PB} 的分配一览表

技术参数 ＼ 数学关系	数学表达式及相关结论（参见图 2-34　圆压平速差分析示意图）
绝对滑移量	$\|S_{CK}\| = \|S_{CK}''\| + \|S_{CK}'\|$ $S_{CK}' = 2\int_0^{\phi_0}\left(R_0 - \dfrac{R_0+Z-\lambda}{\cos^2\phi}\right)\mathrm{d}\phi = 2[R_0\phi_0 - (R_0+Z-\lambda)\mathrm{tg}\phi_0]$ $S_{CK}'' = 2\int_{\phi_0}^{\phi_C}\left(R_0 - \dfrac{R_0+Z-\lambda}{\cos^2\phi}\right)\mathrm{d}\phi = 2[R_0(\phi_C - \phi_0) - (R_0+Z-\lambda)(\mathrm{tg}\phi_C - \mathrm{tg}\phi_0)]$
相对滑移量	$S_{CK} = 2\int_0^{\phi_0}\mathrm{d}S_{CK} = 2\int_0^{\phi_0}\left(R_0 - \dfrac{R_0+Z-\lambda}{\cos^2\phi}\right)\mathrm{d}\phi = 2[R_0\phi_C - (R_0+Z-\lambda)\mathrm{tg}\phi_C]$
R_0 为橡皮布滚筒齿轮分度圆半径	橡皮布滚筒传动齿轮分度圆直径（即压印滚筒肩铁直径）＝齿轮齿数×齿轮模数
Z	Z 为橡皮布滚筒包衬后，橡皮布表面的超肩铁量（即，超出橡皮布滚筒传动齿轮分度圆的量）
ϕ_C 为压印线所对圆心角的一半值	$\phi_C = \cos^{-1}\dfrac{R_0+Z-\lambda}{R_0+Z}$
ϕ_0 是速差为零点与中心距之夹角	$\phi_0 = \cos^{-1}\sqrt{\dfrac{R_0+Z-\lambda}{R_0}}$
λ_{PB} 及 λ_{PI} 分配比例和重要结论	1. λ 值对半分配（各 50%）在对压的滚筒和平台上，可获得最小的绝对滑移量，并使印版耐印力尽可能大 2. 同一台印刷机以相同速度印刷同样的产品（承印物相同），显然就绝对滑移量而言，硬包衬小于中性包衬，中性包衬小于软包衬 3. 印刷同样的产品和承印物，采用相同的 λ 值、包衬以及印刷速度，对于圆压平印刷机来说 λ 值及分配比例一样，就其绝对滑移量而言，分度圆半径 R_0 越大，绝对滑移量越小；分度圆半径 R_0 越小，绝对滑移量越大 4. 不论压缩量 λ 如何分配，在实际印刷过程中，对于圆压平的平版胶印打样机来说，总的压缩量 λ_{PB} 只发生在橡皮布滚筒的包衬上；对于刚性凸版印刷来说，总的压缩量 λ_{PI} 只发生在压印滚筒的包衬上；对于柔性凸版印刷来说，总的压缩量 λ_{PI} 只发生在柔性凸版上

② 圆压圆时，λ_{PB} 的五分之二放在 h_P 中、λ_{PB} 的五分之三放在 h_B 上，可使压印区域内的绝对滑移最小，有利于印版耐印力的提高，避免倒顺毛或者逃纸、逃呢故障发生（见表2-10）。

表 2-10 圆压圆速差、滑移和 λ_{PB} 的分配一览表

数学关系 技术参数	数学表达式及相关结论 (参见图 2-35 圆压圆速差分析示意图)
绝对滑移量	$\|S_{CK}\| = \|S''_{CK}\| + \|S'_{CK}\|$ $S'_{CK} = 2\int_0^{\alpha_0} (R_0 + Z)\left(\dfrac{R_0 - Z}{R_0 + Z} + 3\alpha^2 - 1\right)d\alpha = 2(R_0 + Z)\left(\dfrac{R_0 - Z}{R_0 + Z}\alpha + \alpha^3 - \alpha\right)\Big\|_0^{\alpha_0}$ $\qquad = 2(R_0 + Z)\alpha_0\left(\dfrac{R_0 - Z}{R_0 + Z} + \alpha_0^2 - 1\right)$ $S''_{CK} = 2\int_{\alpha_0}^{\alpha_C} (R_0 + Z)\left(\dfrac{R_0 - Z}{R_0 + Z} + 3\alpha^2 - 1\right)d\alpha = 2(R_0 + Z)\left(\dfrac{R_0 - Z}{R_0 + Z}\alpha + 3\alpha^2 - 1\right)\Big\|_{\alpha_0}^{\alpha_C}$ $\qquad = 2(R_0 + Z)\left[\left(\dfrac{R_0 - Z}{R_0 + Z} - 1\right)(\alpha_C - \alpha_0) + (\alpha_C^3 - \alpha_0^3)\right]$
相对滑移量	$S_{CK} = 2(R_0 + Z)\alpha_C\left(\dfrac{R_0 - Z}{R_0 + Z} + \alpha_C^2 - 1\right)$
R_0 为印版滚筒齿轮分度圆半径	印版滚筒传动齿轮分度圆直径＝齿轮齿数×齿轮模数
Z	Z 为印版滚筒包衬后,印版表面高于分度圆的数值
α_C 为压印线所对圆心角的一半值	$\alpha_C \approx \sin\alpha_C = \dfrac{C}{2(R_0 + Z)} = \sqrt{\dfrac{(R_0 + Z)\lambda}{(R_0 + Z)^2}} = \sqrt{\dfrac{\lambda}{R_0 + Z}}$
α_0 是速差为零点与中心距之夹角	$\alpha_0 = \sqrt{\dfrac{1}{3}\left(1 - \dfrac{R_0 - Z}{R_0 + Z}\right)}$
λ_{PB} 分配比例和重要结论	1. λ_{PB} 中的五分之二放在印版滚筒上,五分之三放在橡皮布滚筒上,这样绝对滑移量 $\|S_{CK}\|$ 最小,对提高印版耐印力有利,不会发生倒、顺毛或逃纸、逃呢问题 2. 在同样的分配比例条件下,压缩量 λ 大的(软包衬)绝对滑移量大于压缩量小的(硬包衬)绝对滑移量 3. 在压缩量 λ 和分配比例相同的条件下,R_0 大的滚筒对压状态其绝对滑移量小于 R_0 小的滚筒对压状态的绝对滑移量 4. 不论压缩量 λ_{PB} 如何分配,在实际印刷过程中,总的压缩量只发生在橡皮布滚筒的包衬上

（2）为使套印准确，图寸达到规定的要求，实现同步滚压印刷状态，往往采用 h_P 增减和 h_B 减增相对应的工艺操作，此时 λ_{PB} 分配就与上述不一致了。

第五节　滚筒包衬的确定

一、滚筒包衬的确定

所谓滚筒包衬的确定，就是指在印版滚筒和橡皮布滚筒上分别包上一定厚度的包衬（包括印版、橡皮布和承印物本身），以便在合压印刷时，印版滚筒和橡皮布滚筒之间，橡皮布滚筒和压印滚筒的之间的自由半径之和均大于合压中心距，从而在滚筒之间产生印刷工艺所需要的压缩变形 λ_{PB}，λ_{BI} 和印刷压强 P_{PB}，P_{BI}。

$$\lambda_{PB}=(R_P''+R_B'')-A_{PB}=[(R_P'+h_P)+(R_B'+h_B)]-A_{PB}=\Delta R_P+\Delta R_B-JJ_{PB}$$
$$=h_P+h_B-H_{PB};$$
$$\lambda_{BI}=(R_I''+R_B'')-A_{BI}=[(R_I'+h_I)+(R_B'+h_B)]-A_{BI}=\Delta R_I+\Delta R_B-JJ_{BI}$$
$$=h_I+h_B-H_{BI}。$$

二、实施滚筒包衬的步骤

1. 检查压印体

合压和离压情况以及水平状态，滚枕与筒体的圆度（同心度）及其清洁程度。

2. 决定包衬性质，建立 P-λ 关系，由以下四方面确定

（1）根据橡皮布滚筒的滚枕高度（缩径量）J_B 划分包衬性质：

① J_B 在 2mm 和 2mm 之内的平版胶印机是硬包衬；

② J_B 在 4mm 和 4mm 以上的是软包衬；

③ 2mm＜J_B＜4mm 为中性包衬。

（2）依据印刷机的印刷速度 V（印/时）决定包衬性质：

① 9000 以上为硬包衬；

② 4000 以内是软包衬；

③ 4000≤印速 V≤9000 为中性包衬。

（3）按照包衬总量 h_B 和 h_B 的构成确定包衬性质：

① h_B 包衬量在 2mm 之内，由气垫橡皮布加一、二张绝缘纸或卡纸构成的硬包衬；

② 2mm＜h_B＜4mm 为中性包衬，由气垫橡皮布加薄毡呢和四、五张胶版纸构成；

③ h_B 包衬量在 4mm 和 4mm 以上，由普通橡皮布加厚毡呢和五、六张胶版纸构成的软包衬。

（4）根据纸张平滑度，厚度与厚度均匀性以及图文性质选择包衬和 JJ_{BI}：

① 平滑度低、厚度不均匀的纸张，印刷实地满版，采用软包衬或中性偏软包衬；

② 平滑度高、厚度均匀的纸张，印刷精细加网图像，采用硬包衬或中性偏硬包衬；

③ 纸张和图文介于上述两种情况之间的，应该采用中性或中性偏硬的包衬；

④ JJ_{BI}（合压印刷时，橡皮布滚筒滚枕与压印滚筒滚枕之间隙）跟随承印物厚度同步变化。

3. 建立压缩量 λ 和同步滚压比 K 之间的关系

即保持橡皮布滚筒和印版滚筒（或压印滚筒）的同步滚压，必须使橡皮布滚筒的滚压半径等于刚性滚筒（印版滚筒或压印滚筒）的半径，使对压双方的展开弧长一致。

$$K=L_{刚}/L_{弹}=1$$

$L_{刚}$ 是刚性滚筒的展开弧长；

$L_{弹}$ 是弹性滚筒的展开弧长。

4. 确立油墨转移率 f 和印刷压力 P 的理想关系，确认理想压力（K-P 图）和 $λ_{PB}$

5. 确定滚筒同步滚压直径 $R_{刚}''$ 和 $R_{弹}''$（或者 h_P 和 h_B 的数据）

使承印物上的图文周向尺寸与原版的图文周向尺寸一致，又使逃纸、逃呢或者倒、顺毛不发生。通常，$R_{刚}''≫R_{弹}''$ 将发生顺毛或者橡皮布下的衬垫向咬口位移；$R_{刚}''≪R_{弹}''$ 将发生倒毛或者橡皮布下的衬垫向拖梢位移。

6. 按照现代平版胶印机技术手册规定的滚筒几何位置，包衬数据、包衬构成（JJ_{PB}，

JJ_{BI}，h_P，h_B，h_I 和 C_{PB}，C_{BI}）进行包衬和复查

三、包衬材料的技术参数和使用要求

1. 橡皮布的技术参数和使用要求

橡皮布是决定平版胶印质量优劣的关键材料之一。对于橡皮布来说，为了使印刷品的墨色均匀、网点清晰、层次丰富，除了应具有衬垫材料所必备的性能外，还必须具有油墨转移率高，伸长率小等特性。印刷时，橡皮布既要具有传递印迹墨层的性能，又要具备不与润湿液、油墨发生化学反应或溶蚀的性能。随着高速平版胶印的发展，对橡皮布的技术质量提出了更严格的要求。

（1）油墨传递率 橡皮布质量适性优劣的技术指标。油墨转移率越高，橡皮布的油墨传递性能就越好，发生重影的可能性越小。用天然橡胶为原料制成的橡皮布，油墨从印版转移到橡皮布上要比丁腈橡胶制成的橡皮布强。但是，天然橡胶耐油性和耐溶剂性差，故不适宜作为橡皮布的表面胶层。

$$油墨转移率＝（转移油墨量／吸附油墨量）×100\%$$

（2）表面胶层的耐油、耐溶剂性 印刷过程中，橡皮布不断地接触油墨，油墨中有高沸点煤油和其他矿油，有时为了清洗橡皮布还要用"洗车水"擦洗，所以表面胶层必须具有良好的耐油、耐溶剂性。否则，橡皮布在接触油墨中的连接料或清洗剂后，表面发黏、溶胀、凹凸不平、黏性增值，甚至使纸张拉毛、掉粉、剥纸分层。同时，橡皮布中的橡胶增塑剂、抗老化剂丢失，橡皮布表面胶层龟裂、收缩、剥落、发硬、作业适性变差等。

（3）径向伸长率（和橡皮布背面标记线平行的方向称为径向） 是指橡皮布承受径向张力时，超出原来径向长度的程度，橡皮布的伸长率为：

$$伸长率＝\frac{橡皮布受力时的长度－橡皮布的原长度}{橡皮布原长度}×100\%$$

橡皮布伸长率越小越好。伸长率越大，周向伸长，径向减薄，弹性降低，图文清晰度变差，套印精度下降等。

（4）硬度 它是指橡皮布抵抗其他物体进入其表面的能力。从印刷要求来说，硬度高，网点清晰；硬度低，网点变形严重。橡皮布硬度的选择一般要从三个方面考虑：印刷品的质量，印版的耐印力，印刷机及承印物的品质。从图像再现性来衡量，印刷实地时（或者粗糙纸张时），最好使用硬度低些的橡皮布；而印刷网点图像时，为了再现细高网线的层次，则使用硬度高些橡皮布最合适。品牌橡皮布通常都有印刷适性匹配的推荐值和适用范围。例如，同一级肖氏硬度的气垫橡皮布和普通橡皮布相比，前者比后者稍软些，在压缩量变化范围相同的条件下，气垫橡皮布转印的像素质量优于普通橡皮布。但是，气垫橡皮布必须使用在硬包衬的场合，其卓越的平衡高弹性能方能显现。

（5）使用要求与注意事项

① 光老化 橡皮布长期在光线照射下，会在其表面慢慢生成玻璃化的光老化膜。这层光老化膜非常光滑，并且完全遮盖了橡皮布的原有的表面吸附性质，亲油性能减弱以及表面过于光滑使毛细吸附作用大大削弱，导致橡皮布传墨性能变差。只有把光老化膜除去，才能使其表面恢复原有的吸附性质。同时，橡皮布长期不用最好用厚纸遮光，以防光老化。

② 热老化 橡皮布受热会加速脱硫现象，产生热老化，使表面变软、发黏，甚至出现裂缝成桔纹状。橡皮布一旦出现这种情况只能调换，不能再使用。为了避免热老化，要使用

理想压力，印刷环境恒温恒湿控制，在超高速平版胶印机上采用水、墨辊冷却散热的方案，这些都有利于缓解热老化的发生。

③ 印刷涂料纸时，涂料粉末往往沾在橡皮布上（尤其掉粉严重的涂料纸），如果不及时清洗或者清洗得不干净，也会在橡皮布表面慢慢形成一层光滑而表面能低的遮盖膜，造成印版上的印迹墨层转印不上。

④ 为了使橡胶氧化减少到最小程度，在橡皮布的制造过程中，要加入抗氧化剂。但是，这些抗氧化剂的作用随着时间的推移，或者橡皮布的使用以及处理的不合适会被削弱。所以，清洗橡皮布的溶剂不能只考虑防止溶胀橡皮布，还必须让它具有合适的挥发速度，这样污物在未被完全从橡皮布上清除时，不致因溶剂挥发过快，而重新沉积在橡皮布表面上。但是，挥发速度也不能太慢，否则清洗剂在橡皮布上残留时间过长，也会产生不合适的渗透作用。另外，橡皮布的清洗剂中还应当含有抗氧化剂，以补充那些由于时限和使用处理不妥而损失了的抗氧化剂。

⑤ 保持橡皮布良好印刷适性行之有效的工艺措施是及时地、规范地清洗橡皮布，最好采用橡皮布制造厂商推荐的橡皮布清洗剂。长假期间橡皮布最好放松，避免表面性能的失常和此期间不必要的应力松弛及蠕变。

（6）其他　橡皮布平整度比一般衬垫材料的要求高，平整度误差一般不得超过 0.04mm（硬包衬要求更严格）。新橡皮布表面都作过处理，使其具有一定的平滑度，并呈现出极细微的毛细结构，因为过于光滑的橡皮布表面对印迹墨层的传递是不利的；然而，过于粗糙的表面，对细小网点的再现也是不利的。保护表面胶层的平整度和完好性，防止零件、杂物轧入和颗粒堆积是必须关注的。

2. 衬垫材料的技术参数和使用要求

（1）弹性 T　弹性是衬垫材料的主要指标，直接涉及印刷品质量的好坏。所谓弹性是指物体在去除引起其变形的外力后，能迅即恢复原状的能力。根据其在一定外力作用下，撤力后的厚度和原始厚度之比即为该物体的弹性：

$$T = \frac{A}{A_0} \times 100\%$$

式中　A_0——衬垫材料原来的厚度，mm；

　　　A——外力撤除后衬垫材料的厚度，mm。

如果 A 等于 A_0，说明该材料是最理想的弹性材料，弹性为 100%。实际情况是，材料受压后，都会产生程度不同的塑性变形，但从印刷工艺角度出发，要求衬垫材料的塑性变形尽可能小，弹性尽可能高，这样在印刷过程中，压力的变化较小，有利于印刷质量的稳定。

（2）可压缩性　可压缩性是指该材料在压力作用下体积改变的程度。可压缩性也是衬垫材料的重要指标之一，它涉及到像素的变形程度和图文尺寸，一般有以下两种情况。

① 密实型结构的材料，如：衬垫橡皮布，涤纶片等，在压力作用下，其材料的总体密度不发生变化。所以接触压印时，被压缩部分就向四周扩展，产生如图 2-36(a) 所示的凸包现象。

② 微孔型结构的材料，如：纸张、毡呢、气垫橡皮布等，在压力作用下，其材料总体密度发生改变（压实、体密度变大），不存在向四周扩展产生凸包的现象，如图 2-36(b) 所示，这类材料的可压缩性相当好。

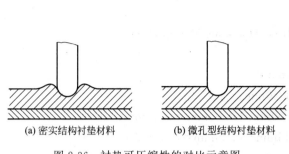

(a) 密实结构衬垫材料 (b) 微孔型结构衬垫材料

图 2-36 衬垫可压缩性的对比示意图

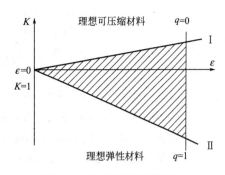

图 2-37 包衬材料可压缩性与
相对变形量之关系

$$K = 1 - q\varepsilon + (\lambda/R_包)$$
$$K = L_刚 / L_弹$$

式中　K——滚筒对压同步系数；

　　　ε——相对变形量，$\varepsilon = \lambda/h_弹 \approx \lambda/(h_弹 - \lambda)$；

　　　λ——滚压时弹性滚筒包衬的压缩量，mm；

　　　$R_包$——弹性滚筒包衬后的自由半径，mm；

　　　$L_弹$——弹性滚筒滚筒滚压时的展开弧长，mm；

　　　$L_刚$——刚性滚筒滚筒滚压时的展开弧长，mm；

　　　q——压实系数，理想可压缩材料的 $q = 0$；理想弹性材料的 $q = 1$；实际包衬材料的
　　　　$1 > q > 0$。若弹性滚筒包衬为理想可压缩材料，则 $K = 1 + (\lambda/R_包)$，在图 2-37
　　　　中是直线 I；若弹性滚筒包衬为理想不可压缩材料，则 $K = 1 - \varepsilon$，在图 2-37 中
　　　　是直线 II；实际印刷所使用的包衬材料其 K-ε 关系曲线通常介于直线 I 和 II
　　　　之间。

　　从图 2-37 可知，随着 λ、ε 值的提高，同步系数 K 越偏离 1，周向图寸的伸长或者缩小
随之增加。由此得到启发，在包衬条件和承印物质量较好的情况下，选用硬包衬印刷，由于
λ、ε 值均很小，所以在包衬合理的前提下，图寸变化和网点失真的现象甚微。反之，使用
低劣的承印物和包衬，采用增大压缩量 λ（不得不使包衬性质趋软）的办法来弥补其缺陷，
造成图寸变化和网点失真超标。

　　（3）耐磨、耐压性能　印刷时，包衬之间存在着滑移和摩擦，因此，不但要求包衬材料
在经过上万次压印后仍能保持其应有的强度和弹性外，还必须具备足够的耐磨、耐压性能，
否则无法继续使用。

　　（4）厚度的均匀性　指包衬材料厚度的均匀程度，由数层材料组成的包衬其总厚度误差
超过或达到 0.05mm（硬包衬），小网点就会丢失、印迹变浅或像素扩大严重，墨色不均匀。
因此，包衬材料的均匀性是十分重要的质量指标。

　　总之，滚筒包衬的操作必须按照平版胶印机使用说明书的规定（几何位置，包衬构成，
包衬数据）进行。

四、包衬及压缩量计算示例

　　[例题 2-3]　海德堡 102V 平版印刷机 $D_{OP} = D_{OB} = D_{OI} = 270$mm（滚筒齿轮分度圆直
径），$D_P = 270$mm，$D_B = 270$mm，$D_I = 269.30$mm；$J_P = 0.5$mm，$J_B = 3.20$mm，$J_I =$

$-0.35mm$；$JJ_{PB}=0.00mm$，$JJ_{BI}=0.35mm$；$\Delta R_P=0.10mm$，$\Delta R_B=0.00mm$，$\Delta R_I=0.45mm$；$h_I=0.1mm$（承印物厚度）。

求：λ_{PB}，λ_{BI}；h_P，h_B；A_{PB}，A_{BI}；H_{PB}，H_{BI}及λ_{PB}分配系数 n。

解：

$h_P=\Delta R_P+J_P=0.1mm+0.5mm=0.6mm$；

$h_B=\Delta R_B+J_B=0.00mm+3.20mm=3.20mm$；

$\lambda_{PB}=\Delta R_P+\Delta R_B-JJ_{PB}=0.10mm+0.00mm-0.00mm=0.10mm$；

$\lambda_{BI}=\Delta R_B+\Delta R_I-JJ_{BI}=0.00mm+0.45mm-0.35mm=0.10mm$；

$A_{PB}=0.5D_P+0.5D_B+JJ_{PB}=135mm+135mm+0mm=270mm$；

$A_{BI}=0.5D_B+0.5D_I+JJ_{BI}=135mm+(269.3/2)mm+0.35mm=270mm$；

$H_{PB}=J_P+J_B+JJ_{PB}=0.5mm+3.20mm+0mm=3.70mm$；

$H_{BI}=J_B+J_I+JJ_{BI}=3.20mm+(-0.35)mm+0.35mm=3.20mm$；

$R''_P=R_P+\Delta R_P=135mm+0.10mm=135.10mm$；

$R''_B=R_B+\Delta R_B=135mm+0mm=135.00mm$；

$R''_P=0.5A_{PB}+n\lambda_{PB}=1.35mm+(0.1)n=R_P+\Delta R_P=135mm+0.10mm=135.10mm$；

$n\lambda_{PB}=135.10mm-135mm=0.10mm$；

$n=0.10mm/\lambda_{PB}=1$，

即在半径方向上，印版滚筒 R''_P 比 R''_B 大 $0.1mm$。

[例题 2-4]　罗兰 RVK3B 四色平版印刷机，$D_P=D_B=300mm$，$D'_P=299mm$，$h_P=0.7mm$；$D'_B=293.50mm$，$h_B=3.25mm$，$D_O=D_{OP}=D_{OB}=D_{OI}=300mm$，$JJ_{PB}=0.1mm$，（调节范围为 $0.05\sim0.30mm$）；$D_I=299.50mm$，$D'_I=300mm$，当 $A_{BI}=D_O=300mm$，$JJ_{BI}=0.25mm$ 时，$\lambda_{BI}=h_I=a$（一张承印物的厚度）。

求：A_{PB}，A_{BI}；J_P，J_B，J_I；ΔR_P，ΔR_B，ΔR_I；H_{PB}，H_{BI}；λ_{PB}，λ_{BI}；R''_P，R''_B 及 λ_{PB} 的分配系数 n。

解：

$A_{PB}=0.5D_P+0.5D_B+JJ_{PB}=150mm+150mm+0.1mm=300.1mm$；

$A_{BI}=0.5D_B+0.5D_I+JJ_{BI}=150mm+(299.5mm/2)+0.25mm=300mm$；

$H_{PB}=J_P+J_B+JJ_{PB}=0.5mm+3.25mm+0.1mm=3.85mm$；

$H_{BI}=J_B+J_I+JJ_{BI}=3.25mm+(-0.25)mm+0.25mm=3.25mm$；

$J_P=R_P-R'_P=(D_P-D'_P)/2=(300mm-299mm)/2=0.5mm$；

$J_B=R_B-R'_B=(D_B-D'_B)/2=(300mm-293.5mm)/2=3.25mm$；

$J_I=R_I-R'_I=(D_I-D'_I)/2=(299.5mm-300mm)/2=-0.25mm$；

$\Delta R_P=h_P+R'_P-R_P=3.25mm+146.75mm-150mm=0.20mm$；

$\Delta R_B=h_B+R'_B-R_B=0.7mm+149.5mm-150mm=0.00mm$；

$\Delta R_I=h_I+R'_I-R_I=a+150mm-149.75mm=(a+0.25)mm$；

$H_{PB}=J_P+J_B+JJ_{PB}=0.5mm+3.25mm+0.1mm=3.85mm$；

$H_{BI}=J_B+J_I+JJ_{BI}=3.25mm+(-0.25)mm+0.25mm=3.25mm$；

$\lambda_{PB}=\Delta R_P+\Delta R_B-JJ_{PB}=0.2mm+0mm-0.1mm=0.1mm$；

$\lambda_{BI}=\Delta R_B+\Delta R_I-JJ_{BI}=0mm+a+0.25mm-0.25mm=amm$；

$R''_P=R'_P+h_P=(D'_P/2)+h_P=149.5mm+0.7mm=150.2mm$；

$R''_B = R'_B + h_B = (D'_B/2) + h_B = 146.75\text{mm} + 3.25\text{mm} = 150.00\text{mm}$；

$0.5A_{PB} = 150.05\text{mm}$；

$R''_P = 0.5A_{PB} + n\lambda_{PB}$；

$150.2\text{mm} = 150.05\text{mm} + n(0.1\text{mm})$；

$n = (150.2 - 150.05)/0.1 = 0.15/0.1 = 1.5$。

[例题 2-5] 三菱 MITSUBISHI 3D 型平版胶印机 $R_P = 154.94\text{mm}$，$R_B = 155\text{mm}$，$R_I = 310\text{mm}$；$R'_P = 154.77\text{mm}$，$R'_B = 152.05\text{mm}$，$R'_I = 310.2\text{mm}$；$h_P = 0.4\text{mm}$，$h_B = 2.95\text{mm}$，$h_I = a\text{mm}$(一张印张的厚度)$= 0.1\text{mm}$；$JJ_{PB} = 0.10\text{mm}$，$JJ_{BI} = (a+0.05)\text{mm} = 0.15\text{mm}$。

求：A_{PB}，A_{BI}；ΔR_P，ΔR_B，ΔR_I；J_P，J_B，J_I；H_{PB}，H_{BI}；λ_{PB}，λ_{BI}；R''_P，R''_B，R''_I 及 λ_{PB} 的分配系数 n。

解：

$A_{PB} = R_P + R_B + JJ_{PB} = 154.94\text{mm} + 155\text{mm} + 0.1\text{mm} = 310.04\text{mm}$；

$A_{BI} = R_B + R_I + JJ_{BI} = 155\text{mm} + 310\text{mm} + 0.15\text{mm} = 465.15\text{mm}$；

$\Delta R_P = R'_P + h_P - R_P = 154.77\text{mm} + 0.4\text{mm} - 154.94\text{mm} = 0.23\text{mm}$；

$\Delta R_B = R'_B + h_B - R_B = 152.05\text{mm} + 2.95\text{mm} - 155\text{mm} = 0\text{mm}$；

$\Delta R_I = R'_I + h_I - R_I = 310.2\text{mm} + 0.1\text{mm} - 310\text{mm} = 0.3\text{mm}$；

$J_P = R_P - R'_P = 154.94\text{mm} - 154.77\text{mm} = 0.17\text{mm}$；

$J_B = R_B - R'_B = 155\text{mm} - 152.05\text{mm} = 2.95\text{mm}$；

$J_I = R_I - R'_I = 310\text{mm} - 310.2\text{mm} = -0.2\text{mm}$；

$H_{PB} = J_P + J_B + JJ_{PB} = 0.17\text{mm} + 2.95\text{mm} + 0.1\text{mm} = 3.22\text{mm}$；

$H_{BI} = J_B + J_I + JJ_{BI} = 2.95\text{mm} + (-0.2)\text{mm} + 0.15\text{mm} = 2.90\text{mm}$；

$\lambda_{PB} = \Delta R_P + \Delta R_B - JJ_{PB} = 0.23\text{mm} + 0\text{mm} - 0.10\text{mm} = 0.13\text{mm}$；

$\lambda_{BI} = \Delta R_B + \Delta R_I - JJ_{BI} = 0\text{mm} + 0.3\text{mm} - 0.15\text{mm} = 0.15\text{mm}$；

$R''_P = R'_P + h_P = 154.77\text{mm} + 0.4\text{mm} = 155.17\text{mm}$；

$R''_B = R'_B + h_B = 152.05\text{mm} + 2.95\text{mm} = 155\text{mm}$；

$R''_I = R'_I + h_I = 310.2\text{mm} + 0.1\text{mm} = 310.3\text{mm}$；

$R''_P = 0.5A_{PB} + n\lambda_{PB}$；

$n\lambda_{PB} = R''_P - 0.5A_{PB} = 155.17\text{mm} - 155.02\text{mm} = 0.15\text{mm}$；

$n = 0.15\text{mm}/\lambda_{PB} = 0.15\text{mm}/0.13\text{mm} = 15/13$。

第三章　印刷页面图文的传递与转移

彩色复制是以原稿为基础，以复制出大批量印刷品为目的的。将原稿上的图文转移到承印材料上，主要经过制版和印刷两大过程。本章主要介绍印刷页面图文信息的种类，以及传递与转移的规律，从而能更好地掌握彩色原稿的复制技术。

第一节　图文的类别与特点

在印刷生产领域内，数字化信息处理和计算机控制技术的应用日益广泛而且不断深入。一段时期以来，人们经常听到"数字化图文（Digital photo）"、"数字化工作流程（Digital workflow）"、"集成化生产技术（Integration of production processes）"等概念。下面我们就数字化图文的种类及特点做以介绍。

印刷页面的图文信息包括文字、图形、图像，总体可分为点阵图（bitmap）和矢量图形（vector）两大类。其中图像属于点阵图，而文字与图形则属于矢量图形的范畴。

一、点阵图

1. 点阵图的概念

又叫位图或像素图，图像是由像素的单个点组成的。每个点都具有不同的色彩特征，多个像素的色彩组合就形成了图像。由于这些点是离散的，类似于点阵，故称之为点阵图。

位图在放大到一定限度时会发现它是由一个个小方格组成的，如彩图3-1所示。

这些小方格被称为像素点，一个像素就是图像中最小的图像元素。在处理点阵图像时，由于所编辑的是像素而不是对象或形状，因此图像的大小和质量取决于分辨率的高低。分辨率越高，即单位长度内所含像素越多，图像越清晰，颜色之间的混合也越平滑。计算机系统在处理点阵图像时，就是在一点一点的定义图像中的所有像素点的信息。存储点阵图像时，实际上是存储图像的各个像素的位置和颜色数据等信息。所以图像越清晰，像素数量越多，相应的存储容量也越大。因此，无论是输入还是输出，分辨率的设置对图像质量的影响是非常大的。

2. 点阵图的特点

（1）表现力强、细腻、层次多、细节多，可以十分容易地模拟出像照片一样的真实效果。

（2）由于是对图像中的像素进行编辑，所以在对图像进行拉伸、放大或缩小等到处理时，其清晰度和光滑度会受到影响。

（3）图像的面积越大，文件的字节数越多；图像的色彩越丰富，文件的字节数越多。

3. 应用场合

当页面画面的色彩和层次需要逼真地反映出来的话，点阵图像是一个最佳选择。

二、矢量图

1. 矢量图的概念

矢量图，也称为面向对象的图像或绘图图像，在数学上定义为一系列由线连接的点。矢量文件中的图形元素称为对象。每个对象都是一个自成一体的实体，它具有颜色、形状、轮廓、大小和屏幕位置等属性。既然每个对象都是一个自成一体的实体，就可以在维持它原有清晰度和弯曲度的同时，多次移动和改变它的属性，而不会影响图例中的其他对象。这些特征使基于矢量的程序特别适用于图例和三维建模，因为它们通常要求能创建和操作单个对象。基于矢量的绘图同分辨率无关。这意味着它们可以按最高分辨率显示到输出设备上。

矢量图形与分辨率无关，可以将它缩放到任意大小和以任意分辨率在输出设备上打印出来，都不会影响清晰度。如彩图 3-2 所示。

有一些图形，如工程图、白描图、卡通漫画等，它们主要由线条和色块组成。这些图形可以分解为单个的线条、文字、圆、矩形、多边形等单个的图形元素。再用一个代数式来表达每个被分解出来的元素。当然我们还可以为每种元素再加上一些属性，如边框线的宽度、边框线是实线还是虚线、中间填充什么颜色等。然后把这些元素的代数式和它们的属性作为文件存盘，就生成了所谓的矢量图（也叫向量图）。

2. 矢量图的特点

（1）你可以无限放大图形中的细节，不用担心会造成失真和马赛克状。

（2）一般的线条图形和卡通图形，存成矢量图文件就比存成点阵图文件要小很多。

（3）存盘后文件的大小与图形中元素的个数和每个元素的复杂程度成正比，而与图形面积和色彩的丰富程度无关（元素的复杂程度指的是这个元素的结构复杂度，如五角星就比矩形复杂、一个任意曲线就比一个直线段复杂）。

（4）通过软件，矢量图可以轻松地转化为点阵图，而点阵图转化为矢量图就需要经过复杂而庞大的数据处理，而且生成的矢量图的质量绝对不能和原来的图形比拟。

3. 应用场合

由于生成的矢量图文件存储量很小，所以特别适用于文字设计、图案设计、版式设计、标志设计、计算机辅助设计（CAD）、工艺美术设计、插图等。矢量图只能表示有规律的线条组成的图形，如工程图、三维造型或艺术字等，因此，矢量图形是文字（尤其是小字）和线条图形（比如徽标）的最佳选择。对于由无规律的像素点组成的图像（风景、人物、山水），难以用数学形式表达，不宜使用矢量图格式；其次矢量图不容易制作色彩丰富的图像，绘制的图像不很真实，并且在不同的软件之间交换数据也不太方便。

第二节　图文转换技术

一、数字化图文处理技术

1. 图像的数字化处理技术

众所周知，计算机系统只能识读和处理二进制数字信息（即用数字"0"和"1"表示的信息），而层次和色彩是图像具有的特点。1 位二进制的数字"0"和"1"，只能表示图像中的"黑"和"白"两种明暗状态。而大多数图像都是带有丰富的层次和色彩的，计算机又是如何将这些色调特征进行编码的呢？我们以灰度图像为例，说明图像的数字化实质。不同位数的图像层次级别如图 3-1 所示。

1位2级色调　　　　　2位4级色调　　　　　3位8级色调　　　　　8位256级色调

图 3-1　不同位数下单色图像的层次级别

结合上面的图像，如果用 1 位二进制表示层次，则只有"0"、"1"分别对应"白"和"黑"两级层次；如果用 2 位二进制表示层次，则有"00"、"01"、"10"、"11"分别对应"白"、"较亮"、"较暗"、"黑"四级层次；当二进制的位数上升到 8 位时，图像具有 $2^8 = 256$ 级层次，此时，人眼已经难以分辨层次之间的界线了。数字化图像就是用多位二进制来表示图像的层次的。

在印前数字化图像处理中，单色灰度图像通常是以 8 位二进制表示层次的，而对于彩色图像，按照其色彩模式的不同，可以用更多的位数的二进制表示其色彩和阶调。如图像的色彩模式是 RGB，那么就可以用 3 个 8 位二进制分别表示其红光、绿光、蓝光各自的 256 级亮度变化，这三种色光按照不同亮度加以混合，就能形成 $2^{24} = 16777216$ 种颜色。如果图像的色彩模式是黄、品、青、黑，则计算机可以使用 4 个 8 位二进制数据，分别表示黄、品、青、黑的比例，总体可以形成 2^{32} 种色彩（42 亿多种色彩）。

归纳起来，数字化图像的特点有两点：一是数字化图像是由像素组成的；二是构成图像的每一个像素都是用 1 位或多位二进制数码表示的。

2. 文字的数字化技术

文字信息处理的实质，是先将文字信息数字化，即用一个固定的数字代码代表一个字母或文字，比如，英文以一个字母作为文字处理单位，因此，只要对 26 个字母逐个确定代码即可。而汉字一般是以一个整字作为文字信息处理的单位的，因此，要对每一个整字确定唯一的代码。计算机在完成文字信息处理后，再把代码还原成相应的字母或文字字形显示在显示器上或输出到纸张上。将文字编码的过程就是文字数字化处理的过程。

整个文字的处理过程如图 3-2 所示。

汉字信息处理是文字信息中最为复杂的问题，任何一种文字均有其特定的形状和特定的含义。某种特定文字的特定形状称为字形，它是一种可以被辨认的抽象图形符号，一组具有特定外观风格的字形的集合称为字体，其中包含字形的描述信息和控制信息两类。文字信息的处理过程就是先将文字按照某种编码方式转换成计算机所能识别的编码，处理好后，再按照某种字形描述方式将文字显示或打印出来。

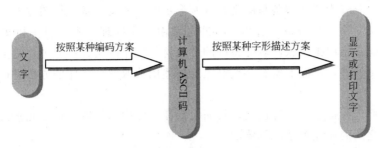

图 3-2 文字信息处理的过程

3. 图形的数字化技术

图形是由点、线、面等基本图形元素构成的，计算机对图形的描述实际上是一组有序的数据文件，在这个图形文件中应保存对图形的全部描述信息。这包括：

（1）图形各组成部分的形状、几何尺寸及有关的拓扑信息。形状是指数据是哪一类基本图形元素（点、线、面）；几何尺寸是指确定图形的大小及位置的几何参数（如表示点的是一对坐标，表示圆弧的是圆心坐标、起始点坐标和幅角）；拓扑信息是指图形中各元素之间相互的连接关系。

（2）图形的属性信息。主要是指图形的色彩、亮度、线型等，如与计算机创意作图相关的，还有纹理和表面状况等参数。

（3）图形的其他信息。通常是指某些场合下可能得到的非几何数据，如图形的编号、说明等。

总之，计算机对图形的数据信息进行描述的过程就是图形数字化处理的过程，这些数据经过计算机的转换输出，让人们感知数据要表示的图形形态。

二、RIP 处理技术

RIP（Raster Image Processer）全称光栅图像处理器。在印刷复制过程中的作用是十分重要的，RIP 的主要作用是将计算机制作版面中的各种图像、图形和文字解释成打印机或照排机能够记录的点阵信息（即将印刷数据转换为光栅化的图像或网点），然后控制打印机或照排机将图像点阵信息记录在纸上或胶片上。这是印刷页面输出之前的一项工作，它关系到印刷页面输出的质量和速度。

RIP 处理印刷页面图文的工作原理，本质是把复杂的页面生成过程分解成页面描述和页面输出两个相对独立的步骤完成。

1. 对印刷页面的描述

在印刷和电子出版物中，信息并非无序地出现，而是依照设计人员设计按页面有序地被组织起来。要将页面完整无误地构建起来，必须对页面元素的特点及其在页面中的状态进行准确地描述。这样的语言就称为"页面描述语言"。可以将页面描述语言定义为：关于页面再现的，在某种坐标下对文字、图形、图像的特征和相互关系进行说明的计算机语言。

页面上的图文信息需要有一种统一的方式来描述，这样，在不同的计算机硬件平台上，甚至在不同软件中产生的文件既能相互交换，也能使照排机和 RIP 的制造商有共同的标准可循。目前，常用的页面描述语言为 PostScript 语言，利用它可以高质量地描述页面内容，包括图像和图形的描述、图像与文字的轮廓处理、色彩填充、图文的点阵还原和图像的加网处理等。

页面描述可分解为图文准备与图文合成两个步骤。图文准备包括图像输入与处理、图形设计与制作、文字输入与编辑等过程，这些过程由图像处理、图形制作和文字录入程序实现；图文合成操作指用排版软件对准备好的"原材料"作图文合一处理，定义成符合客户要求的页面。除图像外，页面上所有其他对象的描述用抽取图形实体的方法进行，它们是与设备无关的。

需要对页面进行描述的内容包括，页面元素在页面中的位置，页面元素自身的状态及特征，页面元素之间的相互关系，具体如下。

（1）对文字的描述与定义　PostScript 对字体的描述也是高质量的，文字的轮廓有 Bezier 三次曲线描述，可无级缩放，即无论缩放到何种比例，其轮廓总是光滑的。它是 Windows 的两种可缩放字体之一，但使用时需要装载 Adobe Type Manager。与 Windows 的另一种可缩放字体 True Type 相比，它的质量要更高些。对文字需要定义的有：字体，由此选择不同的字库，文字代码；字号，由此决定缩放比例；文字的起始点，确定文字在版面上的位置；文字的方向，也就是文字旋转的角度。

（2）对图形的描述与定义　对图形需要定义的有：直线或曲线的类别、宽度、大小与方向，以及几何图形在版面上的起始点位置，由此生成一些简单的图形。

（3）对图像的描述与定义　对图像需要定义的有：采样图像起始点在版面上的位置、比例；以及图像的方向等。

桌面系统使用 PostScript 语言描述页面的最大优点在于，操作者不必自己用页面描述语言编程，也不必直接通过编程来定义页面及页面内容。桌面系统的操作人员在相应的页面排版软件下实施图像处理、设计图形和排版时，就已经利用鼠标和键盘完成操作。但操作人员并没有感觉到自己正在进行 PostScript 语言编程，这是由于用户的鼠标和键盘操作由软件捕获后变成 PostScript 代码，这一过程由软件实时、自动地完成。因此，桌面系统的操作人员既使不懂页面描述语言，也能"做"复杂的编程工作。

2. 对印刷页面的输出

将页面图文信息再现出来是页面描述的主要目的，记录并再现图文信息必须借助于激光照排机、计算机直接制版系统、或者是数码印刷机等记录设备。当需要把页面内容输出到某种介质上时，这种操作就是与设备有关的了，不管是图像、图形还是文字。图像、图形还是文字在实际页面上的还原过程与定义页面相比要复杂得多，需要页面描述语言解释器（RIP）来实现。

这些输出设备都是通过像素点阵的记录把页面信息重新组建起来。也就是说，图文信息记录设备通常是点阵记录成像设备。在这类设备上，任何信息都由像素点阵组成，一个页面或整个记录幅面实际上可以按行和列分割成栅格阵列，每个栅格内可以记录一个像素。栅格排列的疏密程度决定于设备的记录分辨率。记录分辨率越高，则栅格线排列越紧密，记录的像素点的面积越小，图文的再现精细程度越高。

栅格图像处理器是采用映像方法生成整版面图文，并控制激光曝光的方法，此方法把版面划分为无数个小方格像素，方格越小，分辨率越高，它采用二进制，"0"位表示存贮块为空缺"白"，"1"位表示存贮块已占用"黑"。光栅图像处理器有足够的空间容量容纳整页面的图文信息。

无论使用何种页面描述语言，为了驱动记录设备将页面记录出来，最终都必须将页面描述转换成设备可记录的像素点阵信息，这个过程就是"栅格化"的过程。也就是说，RIP 处理页面的过程就是页面栅格化的过程。按照具体记录设备的分辨率和页面尺寸等特征，对路径进行转换处理，对需要加网的图文信息进行加网处理，最终获得可记录的数字像素阵列，再将其传送到设备进行记录输出。

页面输出时对页面要素的处理方式是不同的。

（1）图像 由于图像类型的不同，RIP 对图像的加网处理也采用不同的方法。对二值图像，考虑到每个像素的取值只有两种情况，此类图像的分辨率应该足够高，输出时一个像素对应记录设备的一个激光点。对灰度图像和彩色图像，RIP 要完成的主要任务是把像素转换成网点。为此，首先需根据指定的加网线数和输出设备的记录精度确定网目调单元的大小，并将固定大小的网目调单元沿加网角度方向放置到输出设备的记录平面上，然后按像素值和指定的网点形状调用网点函数在每一网目调单元内控制照排机曝光成像，得到需要的网点。对网点本身而言，要求曝光成像的网点边缘光滑，与理想形状越接近越好，在图像各色版的实地区域，输出结果应该有足够高的密度，对于输出设备的非线性效应还需要用传递函数补偿，得到合乎要求的网点。

（2）图形 图形输出的主要问题是完成光栅化操作，需要把用数学方法定义的图形轮廓转换成点阵表示。这种转换按输出设备的分辨率进行，它不同于图像的网点化操作。对于轮廓范围内的填充，需要根据指定的填充内容进行。如果填充的是实地颜色，则问题比较好办，只需指令照排机将轮廓内全部涂黑就可，如果填充的不是实地颜色，则需要按颜色的深浅填入相应面积的网点，其特点是所有网点的大小相同；对颜色的渐变填充，处理方法与图像的加网基本相同，需要用大小不同的网点来表现颜色的变化。

（3）文字 文字输出时，轮廓的转换和内部填充与图形输出相似。特殊的地方是对字符笔画的控制，需要按字体的控制信息在栅格化时调整笔画的粗细，得到基本一致的线宽。尤其是对小字，要求不出现断笔和笔画重合的现象。

同时，将页面要素还原成可记录信息的过程中，必须按照设备的实际记录分辨率和像素点阵排列等特征，把对页面要素的描述与记录设备具体的像素联系起来。这个过程被称作是"扫描转换"。对常见的二值输出设备来说，它每个像素只有"需要记录"、"不需要记录"两种状态，在扫描转换中，对于页面上"需要记录"的像素才能将页面要素还原出来。通常情况下，分辨率在 1000dpi 时，栅格化后的文字才看起来不错，因此，在目前的记录分辨率 2400～3600dpi 的条件下，无论是文字、图形轮廓还是图像的剪裁轮廓边界，应该能够达到再现精度要求，而没有明显的锯齿状边界。

3. RIP 输出页面要素的质量要求

由 RIP 根据页面描述数据生成的网点质量和算法效率是输出高质量图像的关键，在解释整个版面的图文数据时要求有很高的执行速度。对于页面上的图像，要求输出的灰度或色彩能忠实反映原稿的阶调和层次变化，各个色版在叠印后无龟纹，网点轮廓清晰、光滑；对于页面上的图形，要求 RIP 按输出设备的分辨率进行正确的转换，图形轮廓光滑，笔画粗细一致，实地填充有足够的密度，颜色还原准确；对于页面上的文字，要求通过转换后，轮廓清晰，大字轮廓无刀割现象，小字输出时无断笔和模糊现象。

三、加网技术

前面提到，无论是图像还是图形中的内部填充颜色，都必须将像素转换为网点输出在不同的承印物上，这些是靠网点技术来完成的。网点技术是再现图文色调的基本方式。在平版印刷工艺中，印出的墨层厚度是一致的，要想表现出图像层次的浓淡变化，就需要改变油墨的着墨面积，从传统的印刷工艺到现在的数字化印刷工艺，一直都在沿用加网技术。

作为 RIP 中的一项重要技术，计算机加网算法的好坏直接影响着印刷复制质量，下面就对计算机调幅加网（Amplitude Modulated Screening）、调频加网（Frequency Modulated Screening）及混合加网（Hybrid Screening）加以简要介绍。

1. 调幅加网

调幅加网是指相邻的两个网点的中心位置是固定的，即点子出现的"频率"都会是一定的，图像的阶调层次是通过改变点子的大小来实现的。像素值的大小，控制着网点面积的大小，它在加网网点数目不变的情况下，以改变网点的大小来表达图像层次的深和浅。原稿阶调特征在印刷品上的表现，如图 3-3 所示。

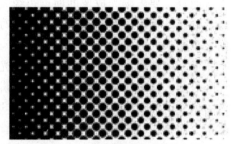

(a) 原稿渐变阶调　　　　　　　　　　　(b) 印刷品阶调表现

图 3-3　调幅加网技术

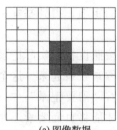
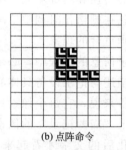
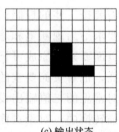

(a) 图像数据　　　　　　(b) 点阵命令　　　　　　(c) 输出状态

图 3-4　网点形成的原理

在数字加网技术中，调幅加网是用不可见的、行列排列有序的网格分割图像，每个网格按照一定的角度、加网线数生成面积不同的网点。在生成记录网点的黑/白（1/0）时，总要受到加网角度、网点形状和加网线数的限制，在每个位置上设置 1/0 的自由度相对较低。

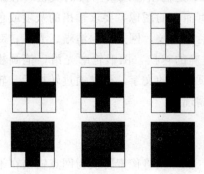

图 3-5　3×3 点阵的不同曝光情况

数字加网技术的原理如图 3-4 所示。

调幅式加网技术的点子有各种参数：网点面积大小、网点角度、加网线数及网点形状。

（1）网点面积　网点大小是指网点占像素总面积的百分比。其大小是表现层次深浅的关键，每一个网点都是由 N×N 个像素组成的。图 3-5 所示的一个网目调单元是由 3×3 点阵构成，它由 9 个曝光点组成，点阵中的点子是否曝光取决于数字图像中像素的灰度值。因为只有曝光和不曝光两种状态，所以，3×3 的点阵能有

3×3＋1＝10个不同的灰度值（包括所有点子都不曝光的白色）。

图像灰度值的大小决定了网目调单元中记录栅格曝光数量的多少。曝光的栅格数量与网目调单元中总的栅格数之比，就是该网点的网点百分比，如图3-6所示。

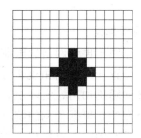

图 3-6　网点的大小

（2）网点角度　彩色印刷是将图像分解成黄、品、青、黑四块版进行印刷的，如果四块版的网线角度相同，则在印刷时稍有误差，就会产生龟纹。为有效地避免出现龟纹，四色印刷时经常采用黄版0°、青版15°、品红版75°、黑版45°的角度组合。

早期的电子加网，采用有理化正切算法，这种算法实现0°、45°的网点角度毫无困难，但要想实现15°网线角度，则要受到输出分辨率的限制。因此，通常采用黄版0°、青版18.435°、品红版71.565°、黑版45°的角度组合，以达到避免出现龟纹的目的。以后，还出现了无理网点技术、精密网点技术等，使得网点成型质量更好。

（3）加网线数　是指单位长度内的网点数，也是反映相邻两个网点中心距的指标。数值越大，制作出的图像越精美。但由于印刷材料、印刷工艺等因素的影响，不同的印刷工艺应采用相应的加网线数。一般多采用150lpi或175lpi，过高的加网线数会因为工艺达不到要求，使细小网点丢失。

在逐点扫描方式的图像输出设备上，将单位长度内扫描光点数称为扫描线数，单位为dpi（即每英寸点数）。它的大小直接与网点的精细程度有关。对于同一加网线数来说，扫描线数越大，构成网点的点阵也越大，网点所能反映出的灰度级别也就越多。如输出设备的记录分辨力为2400dpi，加网线数为150lpi，则网目调单元由16×16个栅格组成，这说明其能够表现256个灰度等级，加上空白处，共能表现出257个灰度等级。这足以满足印刷的需要了。图3-7为不同扫描线数下的网点形状。

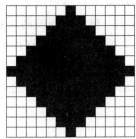

图 3-7　不同扫描线数下的网点形状

与随机加网相比，调幅加网有其不足之处：

首先，调幅加网的网点所表现的图像细微层次主要由加网线数决定，这需要以牺牲直接制版机的精度为代价。例如，若直接制版机的分辨力为3600dpi，为了复制出图像的256个灰度等级，则在输出时直接制版机的分辨力需降低为3600÷16＝225lpi。

其次，调幅加网的四个色版的加网角度分别是 90°、15°、45°、75°，印刷时四个印版叠印往往会出现细小的玫瑰斑，一旦加网线数较低视觉感受将较为明显。

最后，加网时如果四个色版的加网角度有误，印刷时就会出现龟纹，严重影响印品质量。

2. 调频加网

调频加网不再受网格的限制，直接以发散无序的记录点阵像素群构成图像，在每个可记录位置上设置 1/0 的自由度高于调幅加网，这使得调频加网图像具有较高的信息容量。调频加网又称随机加网，实际上，网点位置是基于"计算的随机性"。网点的分布是通过算法来仔细分配的，根据色调的统计估算值和图像邻近部分的细节来分布点子，不会出现明显的堆积或不需要的微型点累积。如图 3-8 所示。

(a) 原稿阶调特性　　　　　　　　　　　　　　　(b) 印刷品阶调特性

图 3-8　调频加网技术

调频网一直是倍受关注的加网技术，它有很多优于调幅网点的地方，调频网点的直径一般介于 $10.6\sim30\mu m$ 之间，每个网点的大小相同，用分布密度的改变来表达层次，网点位置有随机性，没有网线、网角的概念，中间调色彩的跳跃现象得以消除，不会产生龟纹，层次再现好，图像细腻，分辨率高，特别适用于彩色喷绘、彩色预打样等直接转印设备。和调幅加网相比，在输出设备分辨力相同的条件下，调频加网具有更高的细微层次表达能力，即可以用较低记录分辨力的直接制版机输出较高精度的印版。

虽然调频加网具有较多的优点，但由于调频网点直径太小，印刷时网点增大现象较严重，使许多印刷机不能正确地再现图像层次。另外，调频加网的网点属于不规则排列，因此会在局部产生线条和跳棋状结构，加重网点迅速增大，通常在 30% 以上，而调幅网点扩张一般为 15%，并在局部产生油墨堆积。单位面积的网点扩张值越大，对印刷压力、水墨量、印刷速度等的改变越敏感，从而图文的层次和色彩在印刷时难以控制。另外，由于每台印刷机的特性不同，导致网点扩张值不同，每台印刷机通常需一套定标数据，使每套调频网印版只能适合一台特定的印刷机，又增加了生产的难度。这些都是导致调频加网技术没有在实际生产中广泛应用的主要原因。

3. 混合加网

混合加网的加网特性兼具调幅加网和随机加网的双重优点。既具有调幅加网印刷适性好的优点，又具有调频加网层次再现丰富的优点。

此网点技术也经历了几代的变迁。第一代：调频加网表达细节，调幅加网表现平网，其缺陷是调频和调幅网之间有明显过渡痕迹，网点计算时间很长。第二代：调频加网表达亮调，调幅加网表现中间调，其缺陷是调频和调幅网之间仍有痕迹，网点计算时间仍很长。

通常采用调幅加网技术制作 300lpi 以上的精细印品时，直接制版机的精度都要达到 4000dpi，这样会使输出效率降低，并且对印刷管理、套准提出了很高的要求。而混合加网的一大特点就是在沿用原有输出分辨力（如 2400dpi）的条件下，就能实现超 300lpi 的画面精度且不影响输出速度，也不需要传统的高线数加网工艺所需要的苛刻条件。印刷适性与传统的调幅网点相同，即在现有的印刷条件下就能真正实现 1％～99％网点再现。

在混合网点的基础上，一种全新的 XM（Cross Modulated Screen）网点应运而生，它充分吸取了调频和调幅网的优点，完美地解决了两者的过渡问题，可轻松运用现有印刷设备和工艺在报业轮转机和新闻纸上印刷高网线报纸，最高可达 180lpi，提高了印刷质量。

XM 网点采用调幅网点表达中间调（8％～92％），调频网点表达亮调（0％～8％）和暗调（92％～100％），两者的转换点随网线数的变化而变化，见图 3-9。

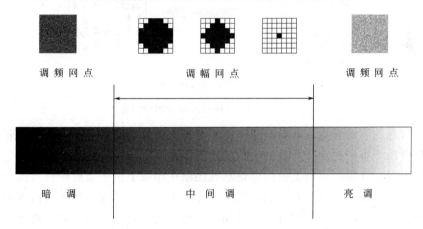

图 3-9　混合加网网点特征

四、CTP 成像技术

纵观 CTP 成像技术主要包括有四大方面：Computer To Plate（计算机直接制版），即脱机直接制版技术；Computer To Press（计算机直接到印刷机），即在机直接制版技术；Computer To Paper/Print（计算机直接到纸张或印品），即直接印刷技术；Computer To Proof（计算机直接出样张），即彩色数字打样。

1. CTP 技术的分类

从性质上可以分为两大类，即在印版上直接成像的 CTPlate 和 CTPress 和在承印物上直接成像的 CTProof 和 CTPaper/Print。第一类技术的特点是将计算机系统中的数字页面直接转换成为印版的图文信息，然后再通过传统的印刷过程将印版上的图文信息转移到承印物上形成最终产品（印刷品），在这个过程中印版成为连接数字页面和印刷品的中介媒介［图 3-10(a)］；后一类技术的特点是将计算系统中的数字页面直接转换成彩色硬拷贝（样张、印刷品），不再使用像印版那样的任何中介媒介［图 3-10(b)］。

2. CTP 的工作原理

印版照排机的扫描机构与激光照排机相似，有内鼓、外鼓和平台三种方式，无论何种方式，CTP 直接制版机由精确而复杂的光学系统、电路系统以及机械系统三大部分构成。

其工作原理是由激光器产生的单束原始激光，经多路光学纤维或复杂的高速旋转光学裂束系统，分裂成多束（通常是 200～500 束）极细的激光束，每束光分别经声光调制器按计

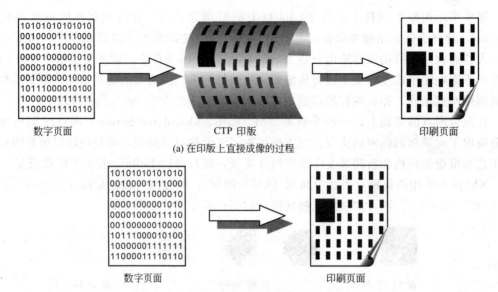

(a) 在印版上直接成像的过程

(b) 在承印物上直接成像的过程

图 3-10　CTP 进行页面输出的原理

算机中图像信息的明暗等特征，对激光束的明暗变化加以调制后，变成受控光束。再经聚焦后，几百束微激光直接射到印版表面进行刻版工作，通过扫描刻版后，在印版上形成图像的潜影。经显影后，计算机屏幕上的图像信息就还原在印版上供平版胶印机直接印刷。每束微激光束的直径及光束的光强分布形状，决定了在印版上形成图像的潜影的清晰度及分辨率。

供计算机直接制版用的版材分为光敏和热敏两大类，相应地就有光敏成像和热敏成像两种技术。图 3-11 是 Agfa 公司的 N91 版材结构，该板材属于光敏版材。

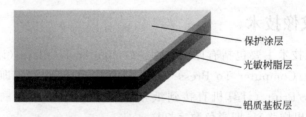

图 3-11　Agfa N91 直接制版版材结构示意图

N91 版材的处理过程是先采用 488nm 或 532nm 的激光束曝光使成像区交联并硬化；曝光后需要经历一个短暂的加热过程，此过程的目的是保证图像记录区域全部硬化；接下来是预冲洗阶段，目的是将最外面的保护层冲掉；最后一步是显影，用于去除全部非图文成像区域。图 3-12 就是整个处理过程的示意图。

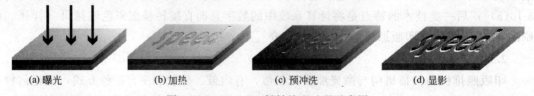

(a) 曝光　　　　　　(b) 加热　　　　　　(c) 预冲洗　　　　　　(d) 显影

图 3-12　N91 CTP 版材处理过程示意图

3. CTP 版面网点特点

与激光照排机相似，CTP 系统在光栅图像处理时，将图像划分成很多的光栅网格，通

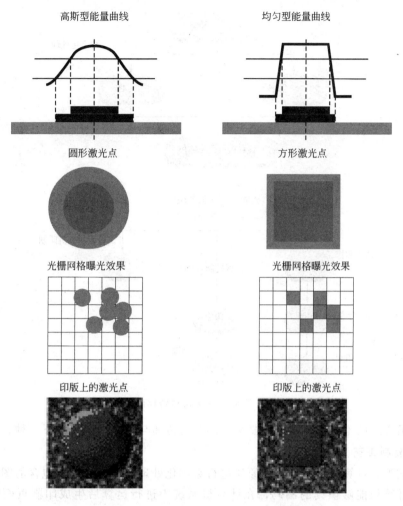

图 3-13　两种网点形状在 CTP 版材上的状态

过曝光在版面上形成大小不同的网点。而网点又是由许多激光点构成的。CTP 系统中，激光点的形状有圆形和方形两种，圆形激光点比光栅网格大，因此网点大小会不精确。同时，由于激光点能量从圆心往边缘逐渐递减，因此形成的网点边缘不锐利陡峭，印刷时油墨容易流动，水墨平衡的调整需要花费更多的时间。而方形激光点和光栅网格完全匹配，能量分布均匀，因此网点边缘锐利清晰，可精至 $1\%\sim99\%$ 的网点，因此印刷时上墨快，油墨更容易达到稳定，准备时间可大大缩短，可以充分提高现有印刷机的生产效率。图 3-13 是两种网点形状在 CTP 版材上的状态。

第三节　印刷页面图文传递与转移规律

一、印刷页面图文传递与转移的途径

总的来说，图文的复制可以归纳为三个复制环节：输入、中间处理和输出。虽然各个生产厂家所用的设备有所不同，但在处理方式上有很多相类似的地方，尤其是图文的输入处理阶段都采用了数字化处理形式。如图 3-14 所示，各种不同的复制工艺。

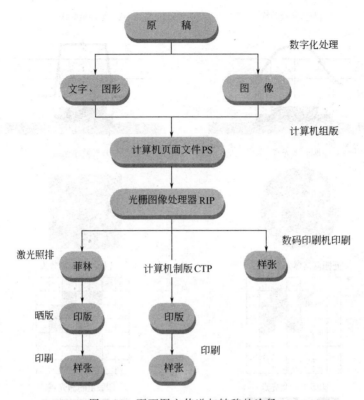

图 3-14　页面图文传递与转移的途径

根据输出方式的不同，目前，印刷页面图文的传递与转移大体有以下三种。

1. 传统复制工艺

传统工艺下，计算机系统首先对原稿进行数字化处理，将页面中所包含的图像、图形和文字转换成计算机能够识读的编码，在计算机系统中进行运算后生成印刷页面的图文。其次，由光栅图像处理器（RIP）对页面进行解释。RIP 的作用是将描述页面的各种图像、图形和文字的 PostScript 语言转换成可以控制激光照排机工作的点阵命令，然后控制激光照排机将图像、图形和文字的点阵信息按分色片的种类不同分别记录在黄、品、青、黑四张分色片上。然后，用传统晒版机将菲林上的图文信息转移到 PS 版上。最后，印版上印刷机再将图文转移到承印物表面。

从传统复制工艺过程可以看出，该工艺有以下主要特点：

（1）虽然工艺成熟，但流程较长，会影响整个产品的制作周期。

（2）图文中间转换环节多，由于设备、材料等因素的限制，图文每进行一次转换都会造成图文信息的损失。

（3）想获得一定质量的印刷品，必须要以数据化、规范化的生产管理作为生产保证。

（4）传统复制工艺中，各复制环节都是在本厂特定的生产条件下进行的，对产品的质量控制也是属于封闭的，不适于目前的开放性的生产环境。

2. 计算机直接制版（CTP）复制工艺

同传统工艺相类似，CTP 复制工艺也是先将原稿进行数字化处理，通过页面组版组成印刷页面，有所不同的是，此时的页面信息是在统一的色彩管理下进行的，页面图文信息的传递与转移不受时间、地点、设备等因素的影响。

然后将页面图文在 PS 版上输出。CTP 系统的印刷页面数据输出设备也需要一个翻译器来理解 PS 语言描述的页面文件。通常 RIP 对传送到数字输出设备上的页面文件进行三项工作：语言转换、项目列表和图像栅格化处理。RIP 对 PS 格式文件语言转换时，是将文件转换为记录装置能够读懂的点阵命令。项目列表工作不是对文件的列表，而是对每个页码中的每一个项目（文字、插图、图像等）以列表的形式进行单独的描述。对文件的栅格化实际上是一种操作指导，它告诉标记装置在什么时候和什么地方标注，使用什么形状的网点，以及其他类似信息。一旦一个 PS 格式文件被送到 RIP，通常认为这个文件就已被确定，它将根据 PS 格式（也包括错误在内）输出版面信息。此时，计算机系统中的页面图文信息就会转移到印版上。最后版面图文信息通过印刷机转移到承印物表面。

由此可以看出，CTP 复制工艺有如下特点：

（1）由于复制环节中没有出菲林，所以简化了生产流程，缩短了制作周期。

（2）由于对产品进行统一的色彩管理，减少了人为因素的影响，因此能够最大程度地保证产品的质量。

（3）简化了生产流程，使企业对设备、操作人员以及工作环境的相应投资降低（不需要用照排机、晒版机以及相应的操作人员）。

（4）更适合开放的生产环境。

3. 数码印刷复制工艺

数码印刷是印刷生产流程完全实现数字信息流程的印刷生产技术，它是将计算机系统中的印刷页面图文直接实现到承印物上，即是将数字文件、数字页面通过网络技术和数码印刷机直接输出成印刷品。数码印刷复制过程是从计算机直接到印刷品的生产过程，印刷生产流程中"无版"和"信息可变"是数码印刷的最大特征。

数码印刷具有以下几个特点：

（1）数码印刷过程中信息传输、传递一定为数字式，任何环节都不会出现模拟信息。数码印刷省略了胶片及印版（在机直接制版印刷方式不属于一般意义上的数码印刷）。

（2）数码印刷产品的页面信息是可变信息，先后输出的印刷品页面信息内容、版式、尺寸大小等可以相同，也可以部分相同或完全不同。

（3）数码印刷通过数字流将印前、印刷和印后整合为一个完整的数字系统。其印刷过程是利用数码印刷系统将数字信息直接转换成印刷品的过程。

（4）数码印刷具有按需印刷的生产能力，可以根据用户的具体要求进行印刷品的制作、生产。

（5）由于数字技术、网络技术的介入，数码印刷可以随时、随地实现印刷品的输出，打破了模拟印刷方式生产印刷品在时间和空间上的限制。

二、不同复制阶段图文传递与转移的规律与要求

在不同的复制阶段，原稿上的图文信息先由印前制版系统转换成为计算机可以识读的数字编码，而后通过激光照排机又将数字编码转换成菲林上的不同面积的黑化，又通过晒版系统将这种页面的黑化状态转换成印版上的亲油单元，最终过印刷机将图文转移到承印物的纸张上。

1. 图像扫描及处理时图文转换的规律与要求

图片是画龙点睛之笔，色彩鲜艳、层次丰富、清晰逼真的图片，给读者以美的享受。很

难想象，一组偏色严重、缺少阶调层次、发虚变形的原稿，会印出美妙的效果。质量差的原稿，虽然可以处理，但要明确一点的是，图片信息只能在原稿的基础上去拾取信息，而不能再造信息。每一次调整都会损失大量层次、颜色信息。

原稿种类、层次范围各不相同，内容、色彩千差万别，复制完成风格一致、满足印刷要求的照片，是扫描和处理工作的中心任务。这项工作的基本原则是忠实于原稿，对图像中的色彩层次满足客户的要求。

（1）在图像扫描处理时，图像的转换规律

① 首先要选择适当的原稿。适合处理的原稿应该是颜色准确、大小适中、层次分明、清晰度好、不虚不毛、色彩鲜艳、颜色丰富、准确、逼真；反差适中，层次分布均匀；印刷品等二次原稿最好是网线 150 目以上印品，且最好不要放大使用；网络下载照片层次少、锐化过度、色彩不准、像素数低，应慎用。

② 扫描分辨率的设置会影响图文精细程度的再现。分辨率设置的越高，图像细部层次和色彩再现越丰富，但同时图像文件会变大，处理速度就会降低。生产实践中通常要结合加网线数，并运用下面的经验公式来设定分辨率。

$$分辨率＝质量系数×缩放倍率×加网线数$$

其中，质量系数的取值在 1.5～2.0 之间，加网线数大时，可以取较小的质量系数，加网线数比较小时（如 133lpi 以下），可以取大一点的系数。比如，印刷要求 150lpi，原大复制，此时扫描分辨率应为：

$$扫描分辨率＝2×100％×150＝300dpi$$

③ 黑白场定标会影响图文层次和色彩再现的范围。如果选择比较暗的高光作为白场点（或者降低定标参数，比如应该设定为 5％，现在设定为 3％），会使图像中高调部分颜色变浅，反差增大；如果选择绝网的部分作为白场点（或者增大定标参数，比如应该设定为 5％，现在设定为 7％），会使图像中高调部分颜色变深，反差降低，缺乏高光的透明感。准确把握黑白场定标是保证图像得到忠实复制的条件。

另外，黑白场定标要与印刷承印物的材质有关。这是由每种承印材料的印刷色调的再现范围决定，新闻纸可复制的阶调范围是 7％～93％，胶版纸的范围是 5％～95％，铜版纸的范围是 3％～97％。通常黑白场的设置要把握能够再现最大阶调范围的原则，以保证原稿的图像色调信息能够忠实地再现出来。

（2）在图片处理过程中还要满足以下几点技术要求

① 图片层次的调整。层次调整的目的有二：一是将网点在印刷过程中的扩大进行补偿，将主要层次集中在 10％～60％ 的视觉敏感区，在调整过程中，也就是使原稿的阶调最大限度地与印刷所能再现阶调相对应，以使图像清晰真实；另一方面，要根据原稿内容及层次分布情况，调整视觉上反应的高、中、低调层次，并符合人们的心理要求。

② 图片的校色调整。校色的目的是为了忠实再现原稿所反映的色彩。在操作过程中，主要掌握纠正由于原稿或扫描所造成的色偏，保证主体部位的颜色准确，保证基本色准确。对于未进行色彩管理的显示器，校色时应看重图片色彩的具体参数值，而不能仅靠屏幕显示来调整图片的色调。

③ RGB 至 CMYK 格式的转换。印刷出片所用的图片格式必须为 CMYK 格式。其分色参数设置将直接影响印刷效果。分色参数中黑版生成范围、最大油墨量、分色模式、网点扩大等都十分的重要，需依印刷条件有所变化，应与印刷情况良好配合。

（3）图像扫描的质量要求

① 要忠实再现原稿的色调，即色彩真实，层次丰富。

② 扫描后图像文件的大小适中，既能满足图像精度要求，又不会影响处理速度。

2. 出菲林时图文的转换规律与要求

利用激光照排机输出印刷页面图文信息，会将页面数字化的图文信息"简单化"地进行输出，即只有"曝光"与"不曝光"的区别，因此，在菲林上无论是图像还是文字，都是栅格化的图像，也就是只要是图文就会形成一定的密度（也就是黑化），具有阻光特性，而非图文部分就具有透光特性了，并且页面输出时会根据印刷页面图文的具体内容，在菲林上显示不同的黑化面积与位置。

（1）软片输出时图文转移的规律

① 软片线性化影响图文的准确输出。在输出菲林前要做的一项重要工作是进行线性化调整，即要求计算机的设定值与输出后菲林上测得的网点面积要一一对应相等。由于众多的非线性因素的影响，设定值与菲林上网点面积测定值不一定相同，这就必须使用发排程序中的软片线性化来调整，经过重新计算后确定出准确的曝光范围，从而保证网点面积能得到准确再现，使图文色调能得以正确还原。避免由于输出软片线性化不好导致的文字发粗、变胖，印刷效果过黑、图片颜色偏差及层次再现欠佳以及色块色彩偏差。

② 菲林的实地密度会影响晒版的质量。通常决定菲林上实地密度的要素是激光值。激光值就是指照排激光器曝光量的大小。在显影、定影条件（温度和时间）相对固定的条件下，胶片实地密度 $D_{实} \geqslant 3.0$，测得 50% 的网点百分比大于 52% 时，可适当减少激光值；测得 50% 的网点百分比小于 48% 时，可适当增加激光值，增大和减少激光值的幅度应使 50% 的网点百分比误差在 ±2% 以内。不同型号的软片激光曝光量会有所不同，因此每次更换软片型号时，应对激光值重新测试，在显影、定影及软片都固定的情况下，激光曝光量也比较固定，有不符合要求的地方可通过软片线性化来调整。避免由于软片曝光、冲洗条件不当而出现的软片底灰过大、密度不足。反映在版面上是版面起脏、实地发虚、低调网点层次丢失、绝网、糊网。

③ 网线角度不当会引起龟纹、色彩表现不良等弊病。

（2）软片输出过程注意事项

① 数据化控制是搞好软片输出过程控制、保证质量的基础。软片输出的数据化控制有两方面的内容，一是保证输出网点的准确，网点误差应控制在 2% 以内；二是软片输出后底灰、最大密度值都要符合要求，底灰密度应小于 0.04，最大密度 $D_{max} \geqslant 3.0$。这需通过对软片曝光、冲洗过程的多次试验，才能找到一组准确的系统参数。并对不同批次的原料，不同时间分别进行相应的调整。针对不同的软片，通过试验和多次线性调整，以使软片达到上述要求。

② 精心操作，认真调整。规范化作业是保证输出质量的重要步骤。输出中要保证各版面参数一致，加网线数符合印刷要求，网角准确不产生龟纹，四块色版重复定位精度在 25μm 以内，套准十字线位置、大小、粗细整齐划一。

（3）分色片质量要求

软片输出后要达到一定的质量要求才能保证晒版的质量。根据国家印刷工业标准 GB/T 17934.2—1999，对分色片质量要求如下。

① 质量　网点中心密度应至少比透明胶片密度值（片基加灰雾）高 2.5（实际应用中，

如果大面积实地区域的密度值大于透明胶片密度值 3.5 以上，通常可满足要求）。

② 网线数 45cm^{-1} 至 80 cm^{-1} 之间。

③ 网线角度 90°、45°、75°、15°。

④ 阶调值总和 单张纸印刷的阶调值总和不超过 350％，而卷筒纸印刷的阶调值总和不超过 300％。阶调值总和过高会发生叠印不牢，背面透印和由于油墨未充分干燥而产生背面沾脏等现象。

⑤ 灰平衡数据（见表 3-1）。

表 3-1 灰平衡数据

阶调值	青网点面积/％	品红网点面积/％	黄网点面积/％
1/4 阶调	25	19	19
2/4 阶调	50	40	40
3/4 阶调	75	64	64

⑥ 外观质量 软片线条要光滑清晰，密度一致。如果是文字部分中间密度大，笔锋等细笔画密度低，就会导致晒出的印版字形缩小，缺笔断划，影响文字质量。软片网点要光洁，没有虚晕，也就是网点中心密度与边缘密度要一致，网点密度要求在 3.0 以上。如果网点中心密度高，四周密度低，带有虚边，就会影响晒版质量。

3. 晒版时图文的转换规律与要求

将原版上表示图文信息的网点用感光方式转移到印刷版材上，同时还要使印版上表示图文信息的部分具有亲油疏水性能，空白部分具有亲水性能，这一信息转移的过程我们称之为平版晒版。晒版时，阳图菲林与 PS 版密着，在紫外光的作用下，印版上的非图文区域的感光乳剂发生光化反应，生成易溶于碱性溶液的物质，在显影时被溶液冲洗掉。未见光部分具有亲油特性。由于阳图菲林图文特征是阻光，空白部分透光，因此 PS 版面上也就只有"曝光"与"不曝光"的区别，"曝光"区域形成亲水单元，而"不曝光"区域形成亲油单元。晒版过程示意如图 3-15 所示。

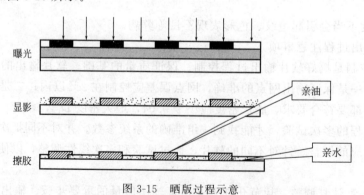

图 3-15 晒版过程示意

晒版时，由于众多的非线性因素使得晒版阶段图文的转移并不是理想的，也就是说，在曝光时间、显影条件等作用下，阳图菲林上的图文特征并不能原翻原地再现在 PS 版上，网点的大小以及线条的粗细都有可能会发生变化。例如，菲林上 50％的网点在曝光不足的情况下，可能会在 PS 版上形成 60％网点；而在曝光过度的情况下，又可能会在 PS 版上形成 45％网点。因此，合理的设定曝光时间、稳定显影条件是保证晒版质量的关键。其中以曝光时间对印版质量的影响最大。

（1）PS 版的质量要求　根据国家印刷质量标准 CY/T 30—1999，对 PS 版的质量要求如下。

① 控制块　在印版制作过程中，应在印版上至少放置一种测控条，以便进行监控。测控条上应有符合规定的标出阶调值精确到 1% 的网点控制块，晒版控制块上的网点形状应是圆形的，加网线数应在 $50 cm^{-1}$ 至 $70 cm^{-1}$ 之间，并且恒定不变。

② 曝光选择　就阳图型版材来说，对印版制作进行控制，通常是用网点控制块来控制的，使未着墨的印版上的 40% 或 50% 的阶调值小于控制条胶片上相应的控制块的阶调值（表 3-2）。

表 3-2　从阳图网目调胶片到平版胶印印版的阶调值减少量

网线/cm^{-1}	阶调值减少量	
	40%控制块/%	50%控制块/%
50	2.5～3.5	3.0～4.0
60	3.0～4.0	3.5～5.0
70	3.5～4.5	4.5～6.0

（2）企业对版面网点与色调层次复制的质量要求　用高倍放大镜观察版面的网点，其外形应是光洁，圆方分明，且网点边缘无毛刺和缺损迹象。网点的形状不能呈椭圆、扁平状。网点颜色黑白应分明，点心不能发灰或有白点，否则，说明网点的感脂性能差。对印版层次色调的检查，可选取高调、中间调和低调三个不同部位。与样稿的单色样张相对比，当印版上的网点比样搞相对区部位的网点略小，印刷后由于各种客观因素的影响，网点增大率在 6% 左右是允许的。若发现细小的点子丢失，表明印版图文太淡。如果低调版面上的小白点发糊，以及 50% 的方网点搭角过多，则说明印版图文颜色过深。以上情况都将影响印刷质量，故应对底版、晒版操作和版材质量进行认真把关。

（3）企业对版面文字和线条复制的质量要求　由于底片修整不周到或晒版操作不当，都容易晒出质量有缺陷的印版，故对版面文字、线条进行检查十分必要。文字检查主要看有无缺笔断划或漏字漏标点符号等情况，发现问题可及时修正或采取补救措施，以保证印刷质量。对线条的检查，要看版面线条是否断续、残缺、多点及线条粗细与样稿是否一致。如果印刷精细产品的套印版，像地图等类印品宜复制相反色的涤纶片进行叠合检查。若所印的图文是蓝色的线条，则应用同样版文、线条呈红色的标准地图涤纶片与之相叠合对准。当地图上的线条呈现近似黑暗色时，表明图文线条准确完好、若某部位呈红色状态，则表明版面有缺线；若有呈现蓝色线条或小点，则说明多点、多线。

4. 印刷阶段图文的转移

由于印版上的图文具有两种不同性质，图文部分亲油而空白部分亲水，所以在印刷阶段，就是利用油水不相溶、印版具有选择性吸附的两大规律，使油墨和水在印版上保持相互平衡来实现网点转移，并以此达到印刷品图像清晰、色彩饱满的效果。

在印刷复制阶段，图文的转移离不开压力的作用，印版上的油墨首先经过压合，转移到橡皮布上，橡皮布上的图文再经过压合才转移到承印物上。经过四色叠印，页面上的图文就会在承印物上表现出来。由于油墨具有延展性，在压力的作用下，图文的线条和网点就会有不同程度的扩大，压力越大，扩展越厉害。这是印刷方式的局限性造成的。

（1）平版胶印产品质量要求　对平版胶印产品质量，按国家印刷标准 CY/T 5—1999 规定。

① 亮调网点再现面积，精细产品 2%～4%，一般产品 3%～5%。暗调是检查印品的实地密度，参数见表 3-3。

表 3-3　暗调密度值

色别	精细印刷品 实地密度	一般印刷品 实地密度	色别	精细印刷品 实地密度	一般印刷品 实地密度
黄	0.85～1.10	0.8～1.05	青	1.35～1.55	1.25～1.50
品红	1.25～1.5	1.15～1.40	黑	1.40～1.70	1.20～1.50

② 层次　亮、中、暗调分明，层次清晰。

③ 套印　允许误差≤0.10mm。套印精度是印刷品质量标准的一项重要指标。CY/T 5—1999规定的套印允差范围较宽，ISO 国际标准规定："任意两色印刷图像中心之间的最大位置误差不得大于四色分色片最小网线宽度的一半"。

④ 网点　网点清晰、角度准确，不出重影，无龟纹产生。精细印刷品 50% 的网点增大值范围为 10%～20%，一般印刷品 50% 的网点增大值范围为 10%～25%。

⑤ 相对反差值，简称 K 值，是控制图像阶调的指标。相对反差值范围见表 3-4。

表 3-4　相对反差值范围

色别	精细印刷品	一般印刷品	色别	精细印刷品	一般印刷品
黄	0.25～0.35	0.2～0.3	品红、青、黑	0.35～0.45	0.30～0.40

⑥ 阶调值总和　标准规定，单张纸平版胶印的阶调值总和不得超过 350%，卷筒纸印刷的阶调值总和不得超过 300%。如果阶调值总和过高，会产生叠印不牢、背面透印和背面蹭脏等现象。

⑦ 颜色　符合原稿，真实、自然、协调。同批产品不同印张的实地密度允许误差为青、品红≤0.15，黑≤0.20，黄≤0.10。颜色要符合印样。

⑧ 外观　版面干净，无明显脏迹；行业标准规定，印刷接版色调基本一致，精细产品允许误差为小于 0.5mm，一般产品允许误差为小于 1.0mm。文字完整、清楚、位置准确。

（2）为满足印刷质量，必须注意的技术要求

① 掌握和控制水墨平衡，只有水墨控制恰到好处，才能使印出的报纸图文清晰、墨色深浅一致，套印才能准确。掌握好水墨平衡关键在于水。在保证不上脏的前提下，把水控制在最小范围内，并使水量和油墨量处在比较稳定的状态。水太少，不仅上脏，而且版面字迹无光泽，浅淡发灰，印迹不实，有时还会出现雪花点；水太大，又会出现印迹不饱满，图文变淡，字迹发虚，无层次等。水墨的绝对平衡是没有的，只有相对平衡。

② 控制车间的环境和温湿度，有利于提高印刷质量。

③ 定期检查传动部分的压力。随着季节的变化，机器长时间不停运转，各部分的压力都会发生微小的变化，这些变化对印刷质量有直接的影响。因为印刷滚筒之间的压力，墨辊之间水辊之间的压力，都对印刷质量的影响至关重要。

④ 加强印刷设备的维护和检查，是提高印刷质量的手段。印刷设备的先进与否，维护与保养是否跟上，对提高印刷质量至关重要。因此在实际工作中，要想提高印品的质量，就必须加强对印刷设备的维护和保养。经常清洗墨辊、墨槽、水箱、水辊和水槽。这种清洗包括每天印刷结束后的清洗，每次换色前的清洗和定期的彻底清洗，不让油墨残留在橡皮布表面的毛孔内。否则日久氧化结膜，降低油墨的吸附能力，使油墨转移率降低。

第四章　油墨和润湿液的传递与变化

有水平版胶印的油墨和润湿液各有自己的传递行程和变化。它们以各自的供墨路和回墨路，供水路和回水路，构建各自的路径：墨路和水路。但是，油墨和润湿液还有共存的区域和乳化的发生。总之，这些都存在于如图 4-1 所示的过程之中。

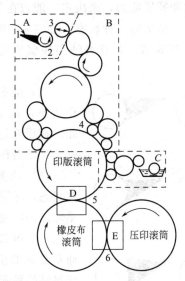

图 4-1　油墨和润湿液在有水平版胶印机上的行程

A—给墨行程；B—转移行程；C—输水行程；D—印版→橡皮布行程；E—橡皮布→承印物行程；

1—墨斗；2—墨斗辊；3—摆动传墨辊；4—着墨辊；5—印版与橡皮布对压；

6—橡皮布和承印物对压

第一节　油墨的传递过程及变化

油墨传递过程分为以下八个阶段：

墨桶→墨斗→墨斗辊→传墨辊→着墨辊→印版→橡皮布→承印物→？

一、油墨流变性能的变化和要求

油墨在传递、转移过程中，其流变性能与其受力状态、温度变化等因素密切相关。从印刷工艺的角度来看，总希望油墨的流变性能能适应作业适性和质量适性的要求，在各个阶段被顺利输送，直至承印物表面及时结膜干燥。

1. 墨桶→墨斗

油墨及时、平稳、可靠地由墨桶传递到墨斗，使墨斗中的油墨保持一定的储量，对于墨斗辊的下墨量稳定十分重要。墨桶中处于静止不动状态的油墨通常通过两种途径传递到墨斗。

（1）屈服值高、触变性大、稠厚的油墨，由印刷操作者借助墨刀传递到墨斗，这在需墨量大、路径远，例如全张或者双全张多色平版胶印机，就显得劳动强度大，效果不佳。现在这类油墨也可采用集中输墨系统，方便、及时、稳定地供墨，在色序变换的印刷场合，均可采用气压式加墨装置（彩图 4-1）。

（2）对于流动性大、几乎呈牛顿流体的高速卷筒纸平版胶印油墨，通常采用专用墨泵远距离集中输墨，来完成此段的传递，但不适合色序变换的印刷场合（彩图 4-2）。

2. 墨斗→墨斗辊

要求油墨始终与墨斗辊保持良好接触。基于墨斗辊一般仅作低速间歇转动，油墨仅仅依靠自身的重力和本身的流动性和铺展能力，来决定它能否在很低的剪切应力作用下，依然良好地和墨斗辊保持接触和黏附。通常有三种状态，如图 4-2 所示。

（1）油墨外观呈水平面的积聚状态，这类油墨屈服值低，黏度小，流动性好，下墨良好，如①分图所示。

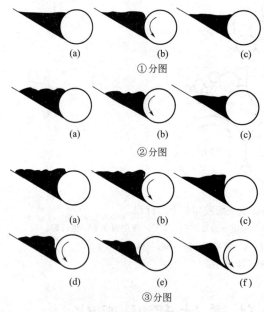

①分图

②分图

③分图

图 4-2　油墨在墨斗中三种典型的状态

（2）油墨外观呈现凸包形、不规则的堆积状态，这类油墨屈服值高，黏度大。因此，在墨斗辊上的黏附性也大，下墨依然良好，见②分图。

（3）油墨外观呈现凸包形、不规则的堆聚状态，尽管墨斗中仍然有足够的油墨，但是却逐渐出现油墨与墨斗辊脱离接触的现象，发生下墨困难、乃至根本不下墨。这类油墨通常是屈服值高、黏度小、触变系数大，缺乏足够的黏附性，见③分图。对于这类油墨，不应该采用加稀释剂（6#调墨油等）的方案，而应勤掏墨斗，暂时破坏其触变结构，迫使油墨与墨斗辊接触，以便在油墨传递至印版图文表面时，能恢复足够的屈服值和触变性，以获得清晰而失真小的图文像素。

实践表明，勤掏墨斗还具有了解墨斗贮墨情况，墨斗清洁程度，墨斗刀片和墨斗辊间隙状况，油墨干性性能等作用。因此，作为规范操作要求之一的勤掏墨斗必须提倡。

3. 墨斗辊→传墨辊

墨斗辊输出的墨层通常呈现厚度不一（即墨斗刀片与墨斗辊之间的间隙大小视图文周向分布多少而定），宽度可变（取决于印刷周期内墨斗辊的转动弧度），（轴向）长度划一的带状墨条。为了使输出的墨条迅速打均匀，由墨斗辊输出的油墨通常要求尽可能宽，而厚度的差别不宜太悬殊，更不能把间隙顶死，否则久而久之造成此处的过度磨损、甚至漏墨到墨斗座内，造成油墨浪费和清洗困难。

4. 传墨辊→着墨辊

油墨在极短的时间内，周期性、频繁地承受剪切、挤压和拉伸应力的作用，此时油墨的弹性力学行为突出。同时，在软质墨辊内耗产生的热量影响下，油墨的黏度变小、触变结构破坏、流动性增大，油墨在墨辊周向迅速打匀。但也不可避免地发生如彩图 4-3 和彩图 4-4 的情况。

对压的墨辊通常是软硬交叉配置的，压缩变形只存在于软质墨辊上。被传递的油墨进入辊隙，首先受到剪切、挤压作用，随着压缩变形加大，油墨受到剪切挤压应力作用也越大，使油墨的密度略微变大、体积略为变小。此时，如果油墨乳化量大，其水滴就会被挤压析出，悬挂在图 4-3 所示的左侧（剪切、挤压侧）。当油墨通过最大压缩区域后，压力减小，油墨受到拉伸（见彩图 4-3），油墨的密度变小、体积略有扩大，同时在油墨内部出现极微小的空泡（Cavities）核。随着辊隙迅速由小变大，使得内部压力小于大气压力的空泡变长、变大、泡壁变薄，直到空泡扩大（Expanding）泡壁破裂、断开（Breaking），即墨层断裂，这就是油墨在传递过程中的空泡现象（见彩图 4-4）。墨层分离时，如果丝头过长，极易飞散出细小的墨滴，发生飞墨故障（图 4-3 的右侧）。印刷速度提高，油墨丝头偏长，环境

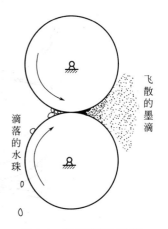

图 4-3　墨辊旋转时两侧的飞墨和水珠

相对湿度低时，更容易引发飞墨。飞散的细小墨滴带有同性电荷，会飘附到承印物表面造成脏点，飘落在工作场地、设备上形成污垢，既造成浪费又污染环境等。为了避免飞墨的发生，可以预作检测：在黏性仪上涂布待印油墨至正常印刷时的量（g/m^2），黏性仪墨辊运转的速度和印刷机的同步，在墨层发生拉伸、断裂的一侧，放置 A3 大小的白纸，黏性仪连续运转 15 分钟，如果有墨滴飘附在纸面，就应该换用丝头短的油墨，或者在飞墨一侧设置与飞墨墨滴同性电荷的隔离防护罩等。

如果润湿液某些组分不合适或者版面润湿液过多等，都会使金属墨辊甚至软质墨辊脱墨，从而引发对应脱墨处的图文印迹密度低于规定值。此时应该及时停机，对脱墨表面作恢复其亲油疏水的处理，同时针对性地调整润湿液的组分或版面的供水量。

平版胶印机的输墨装置大多是长墨路，即便是触变性高、屈服值大的平版胶印油墨也能被均匀延展成印版图文部分所需的墨层。只要环境气温不要过低，平版胶印机运转速度和匀墨时间适当，就能使印刷油墨的表观黏度适度降低，不会出现油墨触变性结构在墨辊上恢复的现象。

着墨辊的径向跳动（印版滚筒空挡）和串墨辊的轴向窜动，都会使被传递的油墨受到一定的径向和轴向的剪切应力的作用，而不是单纯地受周向剪切应力的作用。此时要关注油墨，是否发生堆墨和油墨干结在传墨表面的情况。前者通常是油墨中的固体组分颗粒细度不足，固体颗粒堆积在墨辊（堆辊）、印版（堆版）或橡皮布（堆橡皮布）上，造成堆积处的图文模糊和此处印版的加速磨损。后者是印刷油墨干燥速度过快。应勤抽样检查图文清晰程度（和堆墨有关），留意油墨在旋转墨辊上声音的变化（声音由正常逐渐变大或者主电机电流超标是油墨将干结在传墨表面的征兆），以便及时更换油墨，并清洗传墨表面的堆积物或早期干结的膜层，否则均使墨辊无法传递油墨。

5. 着墨辊→印版

基于有水平版胶印先水后墨的润湿原则，在着墨辊向平版印版图文着墨前，着水辊必须先向印版非图文区域供水，如图 4-4 所示。

着水辊首先与平版印版全面接触，非图文区域是高能表面、表面能远远高于润湿液，极性性质的润湿液自发地、先入为主地润湿高能表面的非图文区域，使其表面能下降，见图 4-4(a)；图文区域的表面是一层非极性的有机膜层，表面能低于润湿液，因此润湿液并不能

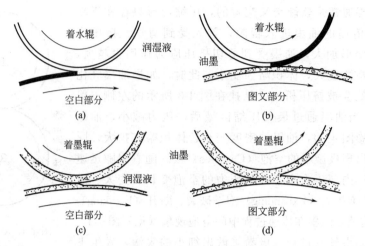

图 4-4　有水平版先水后墨的示意图

润湿图文区域，只能使图文表面的剩余墨层在本印刷周期内发生第一次乳化，见图 4-4(b)。

当着墨辊与印版全面接触时，已有润湿液覆盖保护的非图文区域，按极性理论"相似相亲和，不相似不相溶解、不相亲和"的规律，着墨辊在非图文区域不着墨，着墨辊只是在此处发生本印刷周期的第二次油墨乳化，见图 4-4(c)；着墨辊与图文区域接触时，根据极性理论和物体表面自发吸附低能流体的客观规律，着墨辊上的油墨顺利润湿图文表面，并在此发生本印刷周期的第三次油墨乳化，见图 4-4(d)。

如果印版图文表面能低于油墨的表面能，或者版面润湿液过多等原因均会造成印版图文不上墨。反之，如果印版非图文区域没有足够润湿液的覆盖保护（例如，砂目磨损过度）或者已有脏点未及时清除均会引发脏版，这些脏点有固定的位置。如果脏点是飘浮不定的话，就是浮脏，浮脏是油墨乳化过量引发的。

如果油墨中混有墨皮、纸屑等杂物（油墨表面膜层未清除彻底或者传输管道、软质辊表面的剥落物混入等），沾在印版或者橡皮布上，产生称之为斑点、墨皮的印刷弊病。

着墨辊向印版着墨时，每根着墨辊向印版提供的墨量占印版一个印刷周期所获得的总墨量的百分比，称为着墨辊的着墨率。这个反映着墨机构着墨效果的技术参数原则上是在输墨系统设计墨路走向时确定了的，从印刷工艺的角度来看，希望着墨辊的功能应该有所分工，通常着墨辊为四根，要求前两个着墨辊主要起供墨的作用、着墨率占总量的极大份额；后两个着墨辊主要起铲平补缺、多退少补的收墨作用，其着墨率仅占总量的极小份额。如果着墨辊的着墨率设计不合理，一旦印版图文周向分布犬牙交错、轴向分布悬殊的印刷产品时，容易发生鬼影（幻影）的印刷弊病。有些高速、多色平版胶印机采用着墨辊可轴向窜动、窜动幅度可调的结构，来避免鬼影的出现。这种以增加版面摩擦、降低印版耐印为代价的解决方案，实际使用率很低。由此可见，印刷设备的适性匹配是否良好，性价比是否经济、合理，是选购印刷设备，安排印刷作业，编写印刷传票（施工单）时不能不慎重考虑的。

解读图 4-4 平印胶印先着水和后着墨过程，可以得知：

（1）追求低乳化值（油包水型的乳化——W/O）、无公害的水墨平衡的理念是正确；

（2）增强油墨亲油疏水性能，降低油墨的游离脂肪酸，提高油墨固体组分的分散稳定性、着色力和颗粒细度是油墨发展的必然趋势；

（3）由此选用表面张力低，pH 值呈弱酸性，近乎无色透明，无沉淀的润湿液；

（4）"水小、墨小"的工艺规范和操作要求是可行的、科学的。

6. 印版→橡皮布

在印刷压力作用下，平版印版的图文、非图文均和橡皮布接触，不存在印刷压强突变的情况，因此平版印刷图文像素质量上乘、没有"边缘效应"的缺陷。由于转印橡皮布表面胶层具有良好的亲油疏水的非极性性质，图文印迹墨层顺利转印到橡皮布表面而润湿液最大限度地被阻隔，使纸张类承印物的几何尺寸尽可能少变化，这也是间接印刷优点之一。

在印刷压力作用下，图文印迹墨层在本印刷周期内，不可避免地发生第一次像素扩大变化（通称为网点扩大）。因此，如何使印版和橡皮布之间的印刷压强尽可能理想（指使用理想压强印刷），借助金属墨辊中心通过的冷却介质，及时降低此处油墨温度，使其获得必需的屈服值和触变结构，这对于有效防止像素墨层扩展过量是必需的。

当印版图文区域和橡皮布分开后，仍将有一些油墨留在印版图文表面（称之为剩余墨层），对于印版图文区域来说，这些剩余墨层不仅是必需的而且还要足够，才能使低能表面的图文区域得到有效保护，获得图文区域必需的耐印力。间接印刷的平版印版由于不直接和承印物接触，而是和相对柔软、平滑、富有弹性的橡皮布接触，既使印版图文尽可能逼真地转印，又使两者接触转印的摩擦减少，有助于提高印版的耐印力和像素再现质量，这两大优点正是间接印刷被采纳的原因。

在连续高速印刷过程中，如果上一个印刷周期残留在橡皮布表面的剩余墨层，和本印刷周期印版图文印迹墨层不相重合的话，就会产生称之为重影的印刷故障。这正是大多数间接印刷的缺陷，因为每一个印刷周期几乎不可能将橡皮布上的印迹墨层100％地转印给承印物。

橡皮布长期印刷某种小幅面（又称为小度）印刷品，而后换印另一种大幅面（又称为大度）印刷品时，往往会出现橡皮布表层吸墨性能不均匀的故障（大度的图文、图像之中呈现小度图形、图像影子的故障）。

7. 橡皮布→承印物

此时不可避免地发生图文像素的第二次扩大。间接印刷的印迹墨层比直接印刷多一次转印，才能到达承印物表面，因此像素变化比直接印刷要大。因为印迹墨层尚未结膜干燥之前，胶体或者半固体的像素墨层在印刷压强作用下，发生像素面积覆盖率的变化是必然的。

橡皮布向承印物完成图文墨层转印之后，承印物表面垂直方向就要承受剥离张力的作用，如图 4-5 所示，D 为即将剥离的区域，当承印物欲从黏着的橡皮布上剥离下来时，如果承印物（如纸张）的表层组分结合强度不足与剥离张力抗衡时，就会发生拉毛、掉粉、纸面已印墨层被拉起泡，甚至剥纸一类的印刷故障，其原因如图 4-6 所示。

由图 4-5 可知，橡皮布在印刷时对纸张的实际黏着性越强，剥离张力和剥离角 θ 也越大，引发拉毛、掉粉、墨层被拉起泡、乃至剥纸的可能性也越大。因此，在投料印刷之前，对准备使用的油墨与纸张预作拉毛速度等一类印刷适性匹配的检测是十分重要的，事先发现、预作防范，就可避免

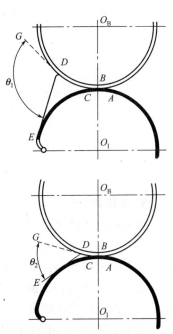

图 4-5　剥离张力和剥离角

工时、工料的浪费和印刷质量的下降。这也是实现计算机集成印刷必须做的前期工作。

如图 4-5 所示，印张在 ED 段承受拉伸应力的作用，如果咬牙咬力小于剥离力抗衡，印张就会整体或者局部从咬牙中拉出，引发后续的套印不准、甚至沾在橡皮布上；如果拉伸应力超过印张的屈服极限，印张产生周向的塑性变形，往往表现为印张上的图文周向尺寸略大于待印色版图文的周向尺寸，以及在印刷压强作用下的某些纸张轴向塑性变形，呈现印张拖梢处的甩角故障。

对于卷筒纸平版胶印来说，当剥离应力超过印刷纸卷的强度极限时，就会发生纸带断裂的故障，因此控制好纸卷的各段张力，同时，卷筒纸平版胶印油墨和单张纸平版胶印油墨相比，其黏度和黏性小于后者、流动性大于后者的目的也在于使高速剥离应力小于纸带的拉伸强度极限。

对于多色平版胶印机来说，图 4-6 中的残余黏性是十分重要的因素，具体表现为后色组橡皮布表面的黏着性大于前色组橡皮布表面的黏着性，原因是残余黏性的存在。如图 4-7 所示，第一色组 M 印版表面图文被设置在左侧，面积占整个印版的三分之二。印刷时，第一色组橡皮布表面及纸张表面的 M 油墨分布和第一色组的印版一一对应、吻合程度极高，第一色组橡皮布不存在残余黏性的因素，由它向纸张转印第一色，属于湿叠干的叠印状态。在第二色组，图文被设置在印版的右侧，面积也占整个印版的三分之二，然而第二色组的橡皮布表面不光有本色组的 C 油墨，还会沾附第一色组的 M 油墨（由于第一色组转印给纸张的油墨没有及时干燥），此时的叠印方式称之为湿叠湿的转印方式，它要求第二色油墨的黏着性小于已印在纸张上的第一色 M 油墨的黏着性，才能避免湿叠湿的印不上、甚至逆套印和混色（见第七章）等故障的发生。对比第一色组橡皮布和第二色组橡皮布，后者表面的黏着性明显大于第一色组的橡皮布，这正是 M 油墨残余黏性存在于第二色组橡皮布表面的结果。

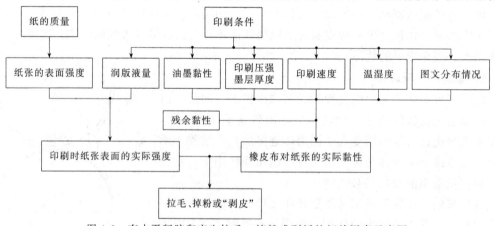

图 4-6　有水平版胶印产生拉毛、掉粉或剥纸的相关因素示意图

8. 承印物→?

通常有两类情况。

（1）转移到印张上的印迹墨层，及时结膜干燥在印张表面并具有使用价值所期望的牢度。但是，此时此刻会发生如下一些印刷质量问题。

透印（strike-through）：当加压渗透深度与自由渗透深度之和大于等于印张厚度时就产生了称之为透印的印刷弊病。这通常发生在油墨稀薄、纸张吸收性强、厚度薄的印刷场合。

背面沾脏（set-off）：印刷的成品或者半成品在堆垛存放时，印张背面沾上了下一张印张正面的印迹墨层。

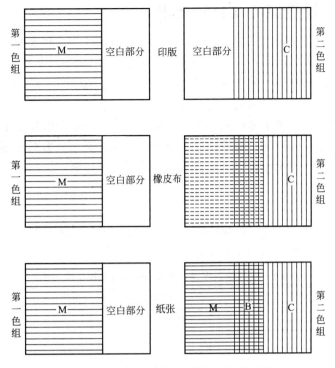

图 4-7　双色机印刷时湿叠湿的转印情况

晶化（crystallization）：又称为镜面化、干过头。印迹墨层在承印物表面完全结膜干燥，形成一层表面能极低的膜层，致使后续的印刷或者印后加工（专色印刷、印上光油、烫电化铝等）无法进行（印不上、烫不上等）。

回粘：印刷品在某些使用场合，接触了某些物品（瓷砖、塑料及某些薄膜等），印迹墨层沾粘其上的情况。

印迹牢度不足：印迹牢度从总体来说有三层含义，即，光学牢度（光学稳定性，耐晒性能）；机械牢度（主要指印迹的耐磨性）；化学牢度（抗溶剂性，化学稳定性等）。机械牢度不足的极端表现就是通常所说的粉化（powdering，chalking）。

总之，上述各类问题的根本避免，应该根据印刷产品使用场合和客户的要求，在印刷前，预作相应的适性检测，就能针对性地有效解决。

（2）另一类称之为贴花转印纸（贴花转印膜）的印刷品，其表面的印迹墨层还需按照一定的工艺流程转印到某些特定的表面（瓷器、T恤衫、搪瓷器皿、轿车的内装饰品、皮肤等），这类转印均有一定的相应要求，例如图形、图像及其色彩失真要小，印迹牢度要符合规定要求等。

二、油墨呈色性能的变化和要求

油墨在传递、转移过程中，呈色性能的变化和它在何时何地与何种着色剂相遇以及传墨表面的清洁程度等密切相关，而色料的混合或者叠印都是按色料减色规律而表现的。因此在印刷时，如何尽可能避免逆套印、混色、变色、叠印率低、网点变化过量以及与其他非正常色料相遇的发生是十分重要的。

三、油墨干燥性能的变化和要求

油墨在传递、转移过程中，干燥性能的变化与它归属何种干燥类型（氧化结膜干燥、渗透干燥、溶剂挥发干燥、UV干燥、EB干燥和IR干燥等），油墨乳化的实际情况，干燥装置的运行状况以及环境条件（温湿度）等因素密切相关。此外，还和承印物性质、墨层厚度、润湿液性能、水墨平衡等因素息息相关。

掌握油墨在传递过程中干燥性能变化是十分重要的，否则会引发不干、背面沾脏、压印滚筒筒体堆积印迹墨层等问题。要使印迹墨层及时干燥，必须对影响印迹干燥的因素有一个全面的认识。例如，纸质承印物以普通氧化结膜干燥油墨印刷，影响印迹墨层及时干燥的主要因素是：

1. 纸张

（1）纸张的 pH 值　油墨印在酸性纸上干燥得慢。因为酸性越大，阻碍或破坏油墨氧化聚合反应的程度也越严重。如表 4-1 所示。

表 4-1　空气温、湿度，纸张 pH 值对油墨干燥的影响

生产环境条件 纸张的 pH 值（胶版纸）	不同相对湿度和温度条件下油墨的干燥时间/h	
	RH 65％,18℃	RH 75％,20℃
6.9	6.1	12.4
5.9	6.6	14.1
5.5	6.7	23.3
5.4	7.0	30.1
4.9	7.3	38.0
4.7	7.6	60.0
4.4	7.6	80.0

（2）纸张的结构　表面粗糙、结构疏松、渗透性大（吸收性强）、施胶度小的纸张会促进干燥。粗糙和疏松的纸吸收性势必强，因此印迹墨层在其上面当然快干。同样墨量的印迹，在表面光滑和坚韧的纸上比在表面粗糙和疏松的纸上，显得墨层厚些，它和空气接触的机会也少，因此，在表面光滑和坚韧的纸上印迹干得慢。

（3）纸张的含水量　纸张的含水量对油墨的渗透和氧化干燥都有一定程度的影响。含水量高的纸，其纤维处于松弛状态，分子间的引力削弱，毛细孔被水层薄膜阻塞，削弱了它对油墨的吸收能力和对氧的吸收能力；同时，纸张中水分子的蒸发，也要从有印迹墨层的部分逸出，这就大大降低了油墨氧化聚合干燥的速度或者渗透干燥的速度。

2. 润湿液

润湿液的酸性越强，油墨干燥所需的时间也就越长。实验表明，润湿液的 pH 值由 5.6 下降到 2.5 时，印迹干燥时间由 6h 延长到 24h，为原需时间的 4 倍。这是因为润湿液中氢离子浓度增加，就会加剧它和金属盐类催干剂的置换反应，使催干剂原有的分子结构遭到破坏，从而失去了催干作用。通常润湿液 pH 值在 3.8 以上，对于印迹油墨的影响不大。印刷生产中往往可以看到，润湿液酸性越强，白燥油加得越多，印版表面不多久就呈现很深的黄颜色，这也证明了润湿液 pH 值过低会明显地和催干剂发生反应，生成黄色的铬酸铅 $PbCrO_4$，降低了白燥油的催干作用。

3. 水墨平衡和油墨乳化值的大小

水墨平衡未掌握好，水大墨大造成油墨严重乳化，也会使油墨的干燥时间延长。因为分

散在油墨中的微小的润湿液液滴（包括润湿液中的某些组分），阻碍着油墨的干燥进程，只有当水分蒸发之后，油墨的干燥才能比较顺利地进行。因此，表现提高控制版面水分的工艺技术水平，力求使用最少量的润湿液进行印刷。

4. 油墨

各类油墨的干燥速度不尽相同，通常由有机颜料制成的油墨比无机颜料制的油墨干燥得慢。因为各种无机颜料大多是金属的盐类，从催干剂的作用可知，对于干性植物油有催干作用的金属盐，其强弱顺序大致为：

$$Co 钴 > Mn 锰 > Pb 铅 > Ce 铈 > Cr 铬 > Fe 铁 > Zn 锌 > Ca 钙$$

例如，铬黄是铬酸铅和硫酸铅的混合物，如铁蓝（又称亚铁氰化铁钾）等。因此，一般由无机颜料制成的油墨，干燥得比较迅速。但是，采用炭黑（元素碳）为颜料的黑墨，因炭黑无催干作用，所以这类黑墨的干燥速度就比较慢。

大多数有机颜料对连接料的干燥并无催干作用，相反有的能延缓干燥，有的还相当显著，抑制连接料的氧化、聚合反应，起着抗氧剂的作用。凡是有机颜料结构上有苯酚、萘酚、苯胺、胺等基团时，它们对连接料的氧化聚合反应都有减缓作用。例如，金光红的化学结构式上有萘酚基团，因此，金红墨干燥得很慢。又如，射光蓝的化学结构上有多个苯胺基团，射光蓝墨具有较强的抗干燥的能力，如果调配油墨时，加一定量的射光蓝墨作提色之用时，则应考虑干燥速度问题，以防不干。射光蓝墨不应在印刷中单独使用，否则不仅干性无法满足要求，而且油性太重，容易脏版。

上述分析对油型平版胶印油墨具有十分重要的现实意义。而树脂型油墨中的干性植物油的比例越小，树脂凝固的特性就越明显，颜料性质对干燥速度的影响相对就减少。

5. 图文分布和墨层厚度

大面积均匀分布的图文，由于润湿液在该处消耗均匀，所以油墨的乳化也较一致，只是靠近该处的印迹不易干燥。

同理，平版印刷上图文所占的面积越少，油墨乳化值越大，尤其容易发生印迹不干现象。对此，除了适当增加催干剂的用量之外，更重要的是严格控制版面水分，减少油墨的乳化，保证印迹油墨的及时干燥。

印迹墨层过厚，会减少墨层中间部分与空气的接触，尤其是墨层表面形成薄膜之后，这层薄膜就会阻碍空气中的氧进入膜层下方的印迹油墨之中。因此过厚的印迹墨层，干燥速度只能很慢。所以，在实际印刷过程中，控制墨层是十分重要的。

为此，在工艺操作中，务必防止和避免由于各种错误的判断和工艺所造成的墨层过厚，例如：

（1）由于其他原因引起的印迹不结实，而错误地加厚印迹墨层。

（2）版面"水"分过大造成的墨淡，却通过加大供墨量来提高墨色浓度。

（3）片面强调印迹要鲜艳和厚实，不适当地加大供墨量。

（4）油墨着色力过低，却以加大印迹墨层厚度的途径来补救。

6. 辅助剂的影响

透明冲淡墨（维利油）的主要成分是 $Al(OH)_3$ 和连接料，$Al(OH)_3$ 不仅本身不干，还要吸附催干剂，使催干剂失效；同时，$Al(OH)_3$ 吸湿性强，遇水易离解，在印刷中会增加油墨的乳化，反使印迹墨层慢干。

白油本身就是白色不透明的乳化物，质地疏松，极易促进油墨乳化，众多微粒状态的润湿液混入印迹墨层中，再逐渐蒸发掉，阻碍了油墨的氧化聚合进程，降低了印迹墨层的干燥速度。

在印刷过程中，当纸张出现掉粉、拉毛现象时，要加入一定量的撤黏剂，以降低油墨的黏性，撤黏剂是不干性辅料，又含有蜡类物质、比重较小，会浮于墨层表面，妨碍连接料的氧化聚合结膜，使印迹墨层慢干。

因此，这类不干性辅料不可过量使用，而且即使适量使用，也要适当地增加催干剂的用量。另一方面，催干剂也不能过量使用，因为过量使用，不仅会使油墨在传递、转移过程中发生早期干燥，造成传墨困难；而且燥油本身又是典型的乳化剂，会促使油墨乳化和印版图文的脏糊。

7. 环境温湿度和印制品的堆放情况

（1）环境温度的影响　温度升高，分子内能增大，运动速度也就加快，促使干性植物油分子中的活化基团结合生成更多的过氧化物，加速氧化聚合反应，因而干燥加速。

氧化聚合干燥是放热反应，放出的热量反过来又促进了印迹的干燥。

夏天，一般亮光快干油墨，不加燥油也能很快干燥，而冬天则需要加些催干剂。油型油墨中的黄墨，在冬天一般只需加放 $1\% \sim 2\%$ 的燥油已能及时干燥，如果印刷用纸有利于干燥的话，不加燥油也能及时干燥。但在冬天，燥油加放量需要成倍地加放。因此，根据环境温湿度调节催干剂的加放量，对控制印迹干燥是十分重要的。

环境温度不仅对氧化聚合结膜型的油墨干燥影响很大，而且对于渗透干燥和溶剂挥发油墨也是如此。

（2）环境湿度的影响　环境湿度的高低对乳化油墨中的水分蒸发速率起着决定性的作用，同时，由于湿度的增高，空气中氧气的活动性也会削弱，降低了干性植物油对氧气的吸入，从而使干燥速度减慢。由表 4-1 可知，对于 pH 值接近 7 的胶版纸，相对湿度由 65% 升到 75% 时，干燥时间延缓了 1 倍多；对于 pH 值为 4.4 的胶版纸来说，相对湿度由 65% 增加到 75% 时，干燥时间延缓了十余倍。因此，车间湿度的控制，对于掌握印迹干燥速度来说是十分重要的。

（3）印制品的堆放对印迹干燥的影响　印刷制品的堆放情况和干燥大有关系，如果印张面积大、纸面光滑、堆叠较高，空气很难同印迹墨层接触，由于供氧不足，必然使干燥放慢，尤其是印张的中部。而印张面积小、纸面粗糙，又是少量堆放的，则有利于和空气充分接触，因此对干燥有利。

8. 干燥装置的性能和效果

印迹墨层干燥类型及状态与干燥装置的匹配程度，干燥装置关键器件的干燥性能、效果与状态的实际情况等密切相关。

第二节　润湿液的传递过程及变化

润湿液传递过程分为以下八个阶段：

润湿原液和添加剂（低级醇等）

水和回流的润湿液→水箱内润湿液→水斗→水斗辊→传水辊→着水辊→印版→?

一、润湿液的传递和转移

润湿液的传递和转移是有水平版印刷所特有的，并会不可避免地和油墨混合，使油墨乳化（W/O）。其传水方式有，连续式传水和非连续式传水；着水路径有，达格伦着水路径和非达格伦着水路径；印版接收润湿液的方式有，接触式润湿方式和非接触式润湿方式等。

1. 连续式传水和非连续式传水

图 4-1 是非连续式传水，特征是采用摆动传水辊。

图 4-8 是连续式传水，印刷时传水辊同时与水斗辊及串水辊接触传水，其润湿均匀性优于非连续式传水。

2. 达格伦着水路径和非达格伦着水路径

图 4-1 是非达格伦着水路径，着水辊和着墨辊是各自独立的。

图 4-9 是达格伦着水路径，着水辊和着墨辊是合二为一的。

达格伦润湿装置比非达格伦润湿装置更容易实现良好的水墨平衡。

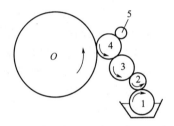

图 4-8　接触式连续润湿装置

1—水斗辊；2—计量辊；3—串水辊；

4—着水辊；5—压辊

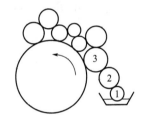

图 4-9　达格伦润湿装置

1—水斗辊；2—传水辊；3—着墨辊

3. 接触式润湿和非接触式润湿

图 4-1 是接触式润湿方式，供水路和回水路构成封闭回路。

图 4-10 是非接触式润湿方式之一的喷水式润湿装置，供水路和回水路不构成回路，因此水斗和水箱及其储存的润湿液比接触式润湿装置清洁。

现代多色平版胶印机的润湿装置都采用了自动补加低级醇和润湿原液的循环供液系统，液温能根据需要控制在规定范围之内（4～15℃），并能显示和记录电导率、pH 值、表面张力、硬度、低级醇比例等技术参数；一旦超过设定还能警示甚至自动调整。

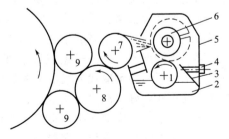

图 4-10　喷水式润湿装置

1—镀铬水斗辊；2—水斗；3—刮刀；

4—调节螺栓；5—防护罩；6—压缩空气室；

7—传水辊；8—串水辊；9—着水辊

为了使硬质水辊具有良好的亲水性能，通常采用镀铬表面。基于现代平版胶印几乎都使用了低表面张力润湿液，无需太多润湿液就能将印版非图文表面保护起来，软质着水辊表面不必设置水辊绒布套，既避免了棉纤维混入油墨之中成为印刷弊病的隐患，又有利于实现低乳化值的水墨平衡。

二、润湿液的类别和主要技术指标

1. 润湿液主要分为以下三类：

（1）普通润湿液

磷酸 H_3PO_4（85%）	200mL	阿拉伯树胶	120g
磷酸二氢铵 $NH_4H_2PO_4$	210g	水	3000mL
柠檬酸	100g		

（2）低级醇类润湿液

磷酸 H_3PO_4（85%）	15mL	乙醇 C_2H_5OH	250mL
磷酸二氢铵 $NH_4H_2PO_4$	25g	阿拉伯树胶	10g
柠檬酸	30g	水	1000mL

（3）非离子表面活性剂类润湿液

磷酸 H_3PO_4（85%）	15mL	2080（聚氧乙烯聚氧丙烯醚）	约占总量的0.1%
磷酸二氢铵 $NH_4H_2PO_4$	25g	阿拉伯树胶	10g
硝酸铵 NH_4NO_3	80g	水	1000mL

三大类润湿液的特点可由图4-11得到描述。

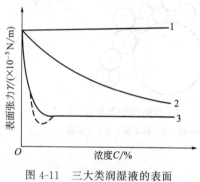

图4-11　三大类润湿液的表面
张力和浓度关系
1—普通润湿液（传统的电解质类润湿液）；
2—低级醇类润湿液；3—非离子
表面活性剂类润湿液

第一类润湿液由于表面张力几乎和同温度水的表面张力一致，无法实现低乳化值的水墨平衡，20世纪70年代中期之前，这类润湿液只能用于着水辊必须包水辊绒布套的润湿装置。

第二类润湿液是低级醇类润湿液，是目前采用较普遍的润湿液。低级醇（这里指乙醇和异丙醇）是一种表面活性物质，能降低润湿液的表面张力，使润湿液在印版空白部分的润湿性能大大提高，减少了版面的用"水"量和油墨乳化的程度，有利于实现较佳的低乳化值的水墨平衡。

低级醇另一个特点是挥发快，具有较大的蒸发热，在它挥发的同时，能带走大量的热量，使印版表面温度降低，从而减少了版面起脏。但是，润湿液中低级醇的挥发将使润湿液的表面张力升高，如果不及时补加，润湿性能变差而脏版。同时，当空气与低级醇类蒸气的体积比达3.3%~19%时，极易引燃爆炸。

由于低级醇价格较贵，为了减少挥发，通常此类润湿液液温控制在4~15℃，低级醇类润湿液适用于质量要求高的精细产品印刷。

第三类润湿液是非离子型表面活性剂类润湿液，这类润湿液是近20余年发展起来的。用非离子表面活性剂取代低级醇类配制的低表面张力润湿液，不仅具有与前者相似的表面张力低、润湿性能好、润湿液用量少、油墨的乳化值低等优点，还具有不易挥发、成本低、无毒、安全、不干扰润湿液中正负离子的作用等优点。所以这类润湿液在国外已成为高速多色平版胶印机上使用的理想的润湿液之一。非离子型表面活性剂类润湿液和低级醇类润湿液统称为低表面张力润湿液。

2. 润湿液的主要技术指标

（1）表面张力　润湿液的表面张力要与印刷油墨的乳化易难相适应，不容易乳化的油墨，其润湿液的表面张力可适当降低些，总之润湿液的表面张力应略大于印版的图文处的表面张力或印迹墨层的表面张力。在相同的印版上，表面张力低的润湿液只需较少的量（其水膜薄）就可将空白部分覆盖保护起来，表面张力高的润湿液，则反之。因此，前者只需较少的版面水量，就能进行正常的印刷；后者则不够，不然就会脏版。

（2）导电率　用测控导电率的数值大小，来控制润湿液中润湿粉或润湿原液的浓度（即阴阳离子浓度）是近几年被国内许多印刷企业接受的，比较有效的控制方法。过去，通常用 pH 值的高低来衡量润湿液中润湿粉或润湿原液的多寡，相比之下，由于同离子效应及缓冲溶液的存在和工艺需要，润湿液浓度变化很大，其 pH 值的波动却很小，显然以 pH 值的大小来衡量润湿液浓度的高低，效果

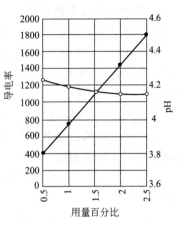

图 4-12　导电率、pH 值和润湿液浓度的对应关系

是很迟钝的。因为，润湿液浓度的变化就是其正负离子浓度的变化，这在导电率上，就有灵敏的变化，用导电率的大小反映润湿液浓度的高低是精准的、有科学依据的，如图 4-12 所示。

（3）pH 值　润湿液的氢离子浓度的高低要与油墨的油性大小相匹配。油性大的油墨，由于其游离脂肪酸高而容易脏版，因此润湿液的 pH 值要适当降低些，并以使印版刚不起脏为限。在印刷过程中，要求润湿液的 pH 值不仅要合适，还要稳定，因此润湿液通过缓冲溶液分步电离的途径，采用多元酸或者酸式盐作为主要组分实现此目的。

（4）水的硬度　水是润湿液的基本组分，达 90％以上。硬度是水的一项质量指标，一般把 1L 水中含有 $1×10^{-2}$ g 氧化钙称为 1 度（1°或称德国度），水的硬度在 8°以下称为软水，8°以上为硬水，硬度大于 30°的为最硬的水。水的硬度偏高，将使润湿液在印刷过程中，和印刷油墨中的某些组分发生反应，生成不溶于水的钙盐（脂肪酸钙）或镁盐（脂肪酸镁），并引起脏版问题。

硬水有暂时硬水和永久硬水之分，暂时硬水如井水，其中的酸式碳酸镁等加热后分解，使硬度降低，后者是指海水，由于含的是钙、镁的硫酸盐或盐酸盐，其硬度不随加热而变化，因此称为永久硬水。用阳离子交换树脂可使硬水软化。

（5）色度值　对于彩色印刷来说，润湿液最好是无色透明的，否则会影响印刷时的色彩真实的再现，因为润湿液的颜色在印刷过程中，对所印色墨起着减色过程的作用。

（6）沉淀量　所谓沉淀是指从溶液中析出固体物质的现象，这是由于化学反应生成溶解度小的物质的缘故。由于润湿液的某些组分（尤其是润湿粉）在水中的溶解度不够高而出现沉淀的弊病。然而，在有水平版印刷过程中，有时纸粉、纸毛、喷出的粉尘或水辊绒毛也会混入润湿液中，堵塞供水管、回水管，使自动循环供液装置失效。因此消除润湿液中的沉淀物成为必需的措施，同时检查润湿粉在水中的溶解情况也成了必需的一个项目。

（7）泡沫量　众所周知，这里是指分散在润湿液中的气泡，其大小大约在 10^{-5} cm 以上。当水斗中的润湿液存在泡沫时，将使有泡沫处的水斗辊输出的润湿液量偏小，小于没有泡沫处的水斗辊输出的润湿液量，造成输水量控制困难。因此，必须及时清除水斗中的泡沫（一般使用消泡剂）。

（8）液温　液温一般控制在 4～15℃，是比较恰当的，可及时降低版面温度，使印版图文墨层有合适的流变性能，能有效控制像素变化，减少脏版的发生。

（9）无毒、无害、无污染　符合 ISO14000 要求，例如没有重金属离子的公害等。

3. 几种常见离子的作用

润湿液中几种常见阳离子和酸根阴离子其大致作用和基本情况如下：

（1）H^+——用来夺取 PVA 平凹版空白部分的锌的外层电子，使之成为 Zn^{2+}，起置换作用。而 Zn^{2+} 是补充和生成高能无机盐层磷酸锌所必需的。利用 H^+ 酸性的清洗作用，清除空白部分上的墨脏。

（2）PO_4^{3-}——通过 PO_4^{3-} 与 Zn^{2+} 结合，在 PVA 平凹版空白部分生成不溶于水的高能的无机盐层磷酸锌；或者在 PS 版空白部分生成不溶于水的高能无机盐层磷酸铝，来替换被磨损完的氧化铝氧化层。

（3）NO^{3-} 等——起氧化剂作用，使无机盐层在空白部分能迅速、连续、细密而牢固地形成。

（4）K^+，Na^+，NH^+ 等——起感胶作用，使润湿液中的亲水胶体（阿拉伯树胶等）的胶粒电荷减少，而絮凝成较大的胶团，并被印版的空白部分上的无机盐层所吸附，形成一层亲水胶体层于空白部分的最表面，起到增强亲水疏油的作用。

（5）Zn^{2+}——起同离子效应的作用，保证无机盐层磷酸锌的形成，来源源不断地补充被损耗了的磷酸锌。

4. 磷酸和磷酸酸式盐的作用

润湿液中磷酸的作用，主要有三方面：

（1）磷酸是一种中强酸，具有除去印版空白部分上的油脏，使图文清晰的作用。

（2）磷酸能使阿拉伯树胶游离出更多的阿拉伯酸，增加润湿液的羧基，增强亲水胶体被无机盐层的吸附能力，进一步提高印版空白部分的亲水疏油性能。

（3）磷酸与 Zn^{2+} 或 Al^{3+} 发生反应，生成磷酸锌或磷酸铝，以不断补充被磨损了的无机盐层或氧化铝氧化膜层。而这两种磷酸盐都具有较强的吸附亲水胶体的特性。

（4）酸式磷酸盐调节和稳定润湿液的 pH 值。

5. 表面活性剂的分类

从结构上看，表面活性剂分子是一种两亲分子，它们由亲水（憎油）的极性基和亲油（憎水）的非极性基所组成的，而且这两部分形成不对称的结构。它们会在水溶液中，相对水介质采取独特的定向排列的姿态。

由图 4-11 各类物质水溶液的表面张力 γ 与浓度 C 的关系曲线来看，具有曲线 3 关系的物质，称为表面活性剂。其水溶液在溶质（表面活性剂）浓度 C 很低的时候，随着溶质浓度的微小增加，表面张力 γ 急剧减小，当 γ 降到一定程度后（此时该溶液的浓度仍很小），就下降得很慢，或者不再下降了（有时，当溶液中含有某些杂质时），可能出现表面张力最小值的情况，即曲线 3 的虚线部分。这类物质一般有肥皂、洗涤剂、油酸钠等水溶液。如，油酸钠在水中的浓度为 0.1％时，水的表面张力由 0.072N/m 降到了 0.025N/m。

人们把具有曲线 2 特征的物质称为表面活性物质，它与表面活性剂的共同之处是均能使水的表面张力降低，不同之处是后者在水溶液中，达到一定浓度后，溶质分子就会发生缔合形成"胶团"，表现为再增加水溶液中表面活性剂的浓度，其表面张力 γ 却很少增加或者不再增加，这种现象是表面活性物质的水溶液所不具备的。

表面活性剂除了具有很高的表面活性（即在水中加入很少量，溶液的表面张力即可达到很低值的性质）外，同时还具备其他一些独特的性质，例如：润湿、乳化和破乳、起泡和消泡、洗涤和加溶等，而表面活性物质则不具备这些性质。

总之，表面活性剂的分子可以看成是在一个碳氢化合物分子上加了一个（或一个以上）极性取代基而构成的。这个极性取代基可以是离子，也可以是不电离的基团，并由此区分为离子型表面活性剂和非离子型表面活性剂两大类。

（1）离子型表面活性剂分为如下三种。

① 阴（或负）离子表面活性剂　羧酸盐类（如脂肪酸钠盐等），磺酸盐类（如烷基苯磺酸盐、烷基奈磺酸盐、烷磺酸盐、石油磺酸盐），硫酸酯盐，磷酸酯盐。

② 阳（或正）离子表面活性剂：这类表面活性剂绝大部分是含氮的化合物，它们是伯胺盐，仲胺盐，叔胺盐，季胺盐（即 NH_4^+ 中的四个 H 原子均被有机基团 R1、R2、R3 和 R4 所取代，故称为季胺盐类）。

③ 两性表面活性剂：其分子结构和蛋白质中的氨基酸相似，在分子中同时存在酸性基和碱性基（酸性基主要是羧基，磺酸基或磷酸基等；碱性基主要是氨基或季铵基）。

大多数两性表面活性基的性质受溶液 pH 值的影响。例如：氨基酸型的 $R—RNHCH_2—CH_2COOH$，在 pH 值较低时为阳离子性，在 pH 值较高时则为阴离子性。又如甜菜碱型的 $R—N^+(CH_2)_2—CH_2COO^-$，在等电点以下呈阳离子性，在等电点以上则成为"内盐"，而不显示阴离子的性质。

只有一类两性表面活性剂的性质与溶液的 pH 值无关，这类表面活性剂的阳离子部分是季胺离子，阴离子部分是强酸根离子，酸、碱强度相当，形成的"内盐"呈中性，所以在任何 pH 值时，均处于电离状态，使其性质基本不受 pH 值影响。

（2）非离子型表面活性剂。它在水溶液中不电离，其亲水基主要是：羟基和聚氧乙烯基。由于它在溶液中不是离子状态，所以稳定性高。把非离子表面活性剂作为润湿液的组分，它不会和润湿液中的其他电解质发生化学反应产生沉淀。因此，选用非离子表面活性剂，来降低润湿液的表面张力到某一个合适的值，是最适宜不过的。目前，放入润湿液中的2080（聚氧乙烯聚氧丙烯醚）和6501（烷基二乙醇酰胺）都是非离子表面活性剂。

6. 表面活性剂的作用

纯水的表面张力是 $0.07275N/m$（20℃时），在水中加入少量的表面活性剂，水的表面张力就会显著下降。这是因为表面活性剂分子都是由亲水的极性基团与亲油的非极性基团构成的两亲分子，当它置于水中后，根据极性相似相溶、相亲的原理，其极性基团倾向于水中，非极性端倾向于翘出水面，或者朝向非极性的溶剂。由于每一个表面活性剂的分子都有这种倾向，就必然使尽可能多的表面活性剂分子分布在溶液的表面（或界面上）。这样定向排列的表面活性剂，使溶液表面原先不平衡的力场得到某种程度的平衡，从而降低了水的表面张力（或界面张力），见图 4-13。

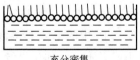 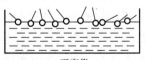

充分密集　　　　　　　　　不密集

图 4-13　硬脂酸分子在水面上的姿态示意图

因此，溶液表面张力下降的程度，取决于溶液表面（或界面）吸附的表面活性剂的量，即决定于表面活性剂在表面层的浓度。

表面张力随表面活性剂在表面层的浓度变化而变化的规律，可以用吉布斯吸附方程来描述为：

$$\Gamma = -(C/RT) \cdot (\mathrm{d}\gamma/\mathrm{d}C) \tag{4-1}$$

式中　　Γ——溶质在表面层的吸附量，又称为表面过剩，即表面浓度和浓度之差。这里是指表面层吸附的表面活性剂的量，$\mathrm{mol/cm^2}$；

C——表面活性剂在溶液中的摩尔浓度，mol；

T——绝对温度，K；

R——克分子气体常数（8.31441 ± 0.00026），$\mathrm{J \cdot mol^{-1} \cdot K^{-1}}$；

$\mathrm{d}\gamma/\mathrm{d}C$——溶液表面张力 γ 随浓度 C 的变化率。

　　通过吉布斯吸附方程，计算出不同浓度下的表面活性剂的吸附量 Γ，来绘制等温状态下表面活性剂吸附量 Γ 与浓度 C 的关系曲线，如图 4-14 所示。在表面活性剂浓度 C 不高的时候，Γ 和 C 成线性正比关系，这时 $\mathrm{d}\gamma/\mathrm{d}C$ 是近似的常数（即曲线在此段是直线）。随着溶液中表面活性剂的增加，吸附量迅速增加（表面张力迅速下降）。当表面活性剂浓度 C 达到一定值时，吸附量增加甚少（表面张力 γ 下降甚少），最后达到一个极限 Γ_{max}，此时曲线也成为一条水平线，$\mathrm{d}\gamma/\mathrm{d}C$ 则趋于零。

　　由 Γ-C 曲线，还可以分析溶液表面膜的状态。表面活性剂分子倾向于分布在溶液的表面，并以非极性的碳氢键翘出水面，极性端留在水中，作定向排列，形成表面膜。这时的表面已不再是原来纯水的表面了，而是掺有亲油的碳氢化合物分子的表面了，由于极性和非极性分子之间相互排斥，水溶液的表面张力就下降，当溶液中表面活性剂分子较少时，它就采取平卧的方式，碳氢键与水面平行（见图 4-2）。随着表面活性剂浓度 C 的增加，表面张力线性下降。当表面活性剂分子以斜向竖立状态排列于溶液表面时，溶液的表面张力之降低不再和表面活性剂的浓度成线性关系，这时 Γ-C 关系（见图 4-14）是介于直线与水平线之间

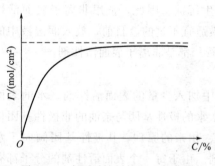

图 4-14　表面活性剂的 Γ-C 的曲线

的过渡曲线部分，如果再增加表面活性剂，溶液表面则趋于由表面活性剂分子遮盖的状态，成为密集的表面活性剂的单分子膜层，每个表面活性剂分子的碳氢键成直立状态，垂直于液体表面，这时表面膜的浓度已饱和。此时，再增加表面活性剂，单分子膜中已没有表面表面活性剂分子的立足之地，多余的表面活性剂只能聚集成胶团，此时表面张力不再下降了，达到了极限，反映在 Γ-C 曲线（图 4-14）上，是水平线部分。

　　溶液中表面活性剂溶于水中之后，溶液的表面张力在表面活性剂处于低浓度时，随着表面活性剂浓度的增加而急剧下降，但下降到一定程度后，就下降得很慢或者不再下降如图 4-15 所示，如果把此图中的横坐标改为 $\lg C$，纵坐标仍为表面张力 γ，则得图 4-16 的 γ-$\lg C$ 曲线关系图。当 $\lg C$ 为某一值时，表面张力达到最小值，图 4-16 中的 E 点是溶液表面张力的转折点，E 点之后，溶液表面张力随 $\lg C$ 的变化而变化得极小或者不变。如果继续增加表面活性剂的浓度，表面活性剂分子的非极性端指向液体内部，亲水的极性端朝向溶液外，形成最稳定的状态，相互缔合成为胶团，此时的浓度称为胶团临界浓度，用 CMC 来表示（Critical Micelle Concentration），此又称为临界胶束浓度，这时溶液的表面张力也达到了最小值。如图 4-16 所示；表面活性剂的 CMC 值越低，说明它的表面活性越好，即只需极少量的表面活性剂，就可显著地降低溶液的表面张力。

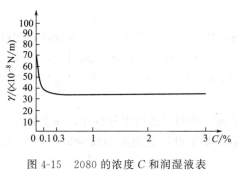

图 4-15　2080 的浓度 C 和润湿液表
面张力 γ 的关系曲线

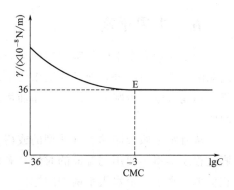

图 4-16　2080 的浓度 C 的对数值和润湿液
表面张力 γ 关系曲线

三、决定润湿液 pH 值的因素

（1）油性大的油墨，润湿液酸值偏大些，否则易脏版。因为不论是油型油墨还是树脂型油墨，在乳化之后因发生水解的缘故，总会或多或少地从干性植物油中生成一些游离脂肪酸（RCOOH），它们的 R 基很大，RCOOH 的电离常数又很小，并且亲油性很强。当润湿液的 pH 值偏高时，OH^- 浓度增加，H^+ 被中和，$ROOC^-$ 游离出来，成为典型的阴离子表面活性剂，在图文与空白的交界处定向吸附，形成油脏。为此，必须适当提高润湿液的酸度，才能清除这种油脏。

（2）深色的油墨比浅色油墨的润湿液酸性要大一些。

（3）在印刷时，印迹墨层厚度厚的产品比薄的更需要酸性偏高些的润湿液。

（4）用于实地版的润湿液其酸性比网线版的偏高，粗网线版比细网线的也偏高。

（5）温湿度高的印刷车间，由于油墨更易水解，为此也要适当加大润湿液的酸性。

（6）纸质差的印刷产品，要求润湿液的酸性加大些。

（7）润湿液的 pH 值要印前事先估计，印刷中应根据具体情况及时调整。

四、亲水胶体的作用与特性

1. 亲水胶体是有水平版胶印不可缺少的重要材料，它的作用主要在于：

（1）涂布在版面上，起到防止版面氧化起脏，便于印版保存的作用。

（2）版面刚油腻起脏时，用它揩擦版面，可以去脏，使有水平版空白部分亲水疏油能，提高图文的清晰度。

（3）加在润湿液中，补充损耗了的亲水胶体层，具有巩固和稳定空白部分的亲水能力的作用，提高印版的耐印力。

2. 有水平版胶印使用的亲水胶体必须具备以下一些特性：

（1）这些亲水胶体能溶于水，并且是可逆的，干结后再放入水中，能再次变为胶体溶液。

（2）胶液呈弱酸性，对版面的腐蚀性小。

（3）胶液应具有良好的疏油亲水性能，对固体表面有很好的吸附活性。

（4）胶液在感胶离子的作用下，具有良好的絮凝性能。

五、水墨平衡

为了保护有水平版印版的空白部分,在印刷过程中,每次上墨之前,必须保持一定厚度的润湿液于空白部分表面,这层水膜不能太薄,否则达不到保护空白部分的目的,但这层水膜又不能太厚,否则又会产生待印油墨严重乳化和印迹墨层色密度(偏低)达不到要求的问题。

从有水平版胶印油墨(油型的或树脂型的)结构以及润湿液的组分可知,在平版胶印刷过程还不得不使用润湿液的时候,有水平版胶印油墨不可避免地或多或少地要产生乳化,相应地带来了一个水墨平衡的问题。

1. 水墨平衡的含义

所谓有水平版胶印的水墨平衡,是指在印刷速度和印刷压力一定的情况下,在保证图文印迹色彩还原、灰平衡、各色密度及阶调值符合客户要求的前提下,使用最少的供墨量和使空白部分限制在规定限度的面积之内的前提下,使用最少的供水量,这就达到了水墨平衡。

2. 水墨平衡的宽容度

所谓水墨平衡的宽容度,即水墨平衡的允差范围,其含义是在一定的印刷速度和印刷压力下,控制润湿液的供给量,若印版图文部分的墨层厚度为 $2\sim3\mu m$,而空白部分的水膜厚度约为 $0.5\sim1\mu m$ 时,油墨所含润湿液的体积百分率为 $15\%\sim26\%$,这都属于实现了有水平版胶印的水墨平衡。可见宽容度是相当大的,当然所印得的产品必须是客户认可的。

有人通过实验测得,在油墨含水量为 21% 时,用高倍显微镜观察到分散在油墨中的水珠直径约为 $0.76\mu m$,形成的是 W/O 型乳化油墨,此时印刷质量符合要求。

3. 实现水墨平衡的措施

(1)印刷工艺方面的措施

① 强调和实现有水平版胶印规范化操作——"三平":滚筒平,墨辊平,水辊平;"三小":压力小(理想压力),水小和墨小(达到乳化值尽可能低的水墨平衡);"三勤":勤看印样(包括勤看版面水分),勤掏墨斗,勤洗橡皮布(和印版)。

"三平"是实现水墨平衡的几何条件;"三勤"是实现水墨平衡的操作和检验;"三小"是实现水墨平衡的指导思路(在保证印刷质量的前提下使用最小的水量和墨量实现最佳的水墨平衡),具体的措施是逐次减少供墨量和供水量而不是简单地认为:"水小"加水、"墨小"加墨。而是"水小"减墨、"墨小"减水,更容易实现理想的水墨平衡。总之,做"减法"比做"加法"更能远离"水大墨大"的误区,达到乳化值尽可能低的水墨平衡,获得良好的印刷质量。

② 预作印刷物料(纸张、油墨、润湿液)检测,使三者匹配、协调,是实现水墨平衡的物质基础。例如,采用表面强度和表面能适宜的承印物,以油性小、疏水性能强、着色力高、颗粒细度和流变性、干性相称的平版胶印树脂油墨和 pH 值 $6\sim7$、低表面张力的润湿液印刷。

③ 逐步实现印前、印中、印后全过程的数据化、标准化、规范化和环保化。

(2)印刷材料方面的措施

① 挑选和使用有利于实现低乳化值水墨平衡的印刷材料,以满足印刷质量的要求。

② 通过预测,一方面可以在印前做到心中有数,以便采取相应的工艺措施;另一方面

及时把将会发生的问题向客户以及原、辅材料制造厂商沟通和说明情况。

③ 研发数字化、环保节能、分辨率和耐印力更高的无水平版及其油墨等配套材料。

（3）印刷设备方面的措施

① 改进有水平版胶印机的润湿装置，使之更有利于实现水墨平衡。例如，采用连续供水的结构和类似达格伦的润湿方案及印刷适性更好的润湿液等。

② 选用设计得更先进、更合理的有水平版胶印机，以满足水墨传递和平衡，色调逼真，套印准确，印刷反差，叠印率，实地密度，印迹固着，干燥，牢度和光泽，像素高保真等方面的要求。

③ 研制智能化、网络化、数字化、环保节能的高速多色无水平版胶印机。

第三节　油墨传递和转移的量化描述

油墨在传递和转移过程的量化描述，表现为油墨传递到印版时的量化描述（见图 4-17）和油墨（印迹墨层）转移到承印物上时的量化描述。前者主要是匀墨系数、着墨系数、贮墨系数、打墨线数和着墨率等；后者是叠印率和以 W·F 油墨转移方程为代表的各种各样的油墨转移方程。

一、油墨传递到印版时的量化描述

1. 着墨系数 K_Z

着墨辊对印版着墨均匀程度的技术指标，要求 $K_Z > 1$。

$$K_Z = \frac{\pi L \sum D_Z}{S_Y} \tag{4-2}$$

式中　L——墨辊轴向长度，mm；

　　$\sum D_Z$——着墨辊直径之和，mm；

　　S_Y——印版（满版实地）面积，mm^2。

2. 匀墨系数 K_Y

匀墨机构对传墨辊传出墨条打匀能力的技术指标，要求 $K_Y > 3$。

$$K_Y = \frac{\pi L (\sum D_C + \sum D_Y)}{S_Y} \tag{4-3}$$

式中　L——墨辊轴向长度，mm；

　　$\sum D_C$——匀墨机构中串墨辊直径之和，mm；

　　$\sum D_Y$——匀墨机构中匀墨辊和压辊直径之和，mm；

　　S_Y——印版（满版实地）面积，mm^2。

3. 贮墨系数 K_C

匀墨和着墨机构实现一批印品墨色均匀程度的技术指标。

$$K_C = \frac{\pi L \sum D}{S_Y} \tag{4-4}$$

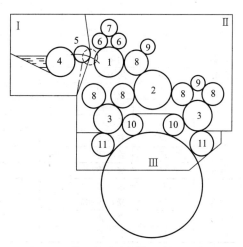

图 4-17　某平版胶印机输墨装置示意图

Ⅰ—供墨机构；Ⅱ—匀墨机构；Ⅲ—着墨机构；

1、2、3—串墨辊；4—墨斗辊；5—摆动传墨辊；

6、8—匀墨辊；7、9—重辊（压辊）；10、11—着墨辊

式中　L——墨辊轴向长度，mm；

　　　$\sum D$——匀墨和着墨机构中所有墨辊直径之和，mm；

　　　S_Y——印版（满版实地）面积，mm^2。

4. 打墨线数 N

油墨由上串墨辊传至着墨辊所经历的先合后分（先剪切挤压后拉伸断裂）的次数（接触点数），是稠厚油墨被延展打均匀频数高低的指标。长墨路 $N>10$，有利于周向打匀稠厚油墨（见图 4-18 和表 4-2）。

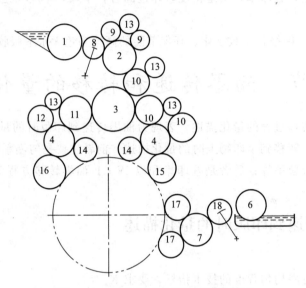

图 4-18　J2108 输墨及润湿装置示意图

表 4-2　J2108 水辊和墨辊技术参数一览表

编号		名称	数量	直径/mm	材料
供墨部分	1	墨斗辊	1	80	45$^#$钢
	8	摆动传墨辊	1	60	橡胶
匀墨部分	2	上串墨辊	1	86.15	硬塑料
	3	中串墨辊	1	115.85	硬塑料
	4	下串墨辊	2	86.15	硬塑料
	9	匀墨辊	2	50	橡胶
	10	匀墨辊	3	70	橡胶
	11	匀墨辊	1	80	橡胶
	12	匀墨辊	1	60	橡胶
	13	重辊（压辊）	3	50	硬塑料
着墨部分	14	着墨辊	2	60	橡胶
	15	着墨辊	1	70	橡胶
	16	着墨辊	1	80	橡胶
润湿部分	6	水斗辊	1	85	镀铬
	18	摆动传水辊	1	64	橡胶（包水辊绒布套）
	7	串水辊	1	86.15	镀铬
	17	着水辊	2	64	橡胶（包水辊绒布套）

5. 着墨率 Z

着墨辊的着墨率是指着墨辊依次向印版图文部分供墨时，各根着墨辊向印版提供的墨量（用墨层厚度 μm 或 g/m^2 来计算）占印版所获得总墨量的百分率（%）。

计算着墨率的前提条件如下。

① 油墨在各印刷副间传递时，均满足墨层中间断裂的条件，即 $\beta \approx 50\%$；

② 印版是满版实地，不需要润湿液，墨斗下墨量均匀一致；

③ 输墨装置已处于供墨量和需墨量平衡一致的理想状态，所以印迹墨色（墨层）已前后深淡一致；

④ 未发生"飞墨"故障，油墨由墨斗转移到承印物表面，中途没有任何损失。

⑤ 承印物吸墨性能良好。

[**例题 4-1**]　已知某种平版胶印机的输墨装置采用墨辊对称排列的传墨路线，其中四根着墨辊 A1，A2，B1，B2，求这四根着墨辊的着墨率 Z_{A1}、Z_{A2}、Z_{B1} 和 Z_{B2} 各为多少？

由图 4-19 可排出十六元一次方程组为：

$m_1 - m_2 = 100$

$m_2 = (m_1 + m_3)/2$

$m_3 = (m_4 + m_9)/2$

$m_4 = (m_3 + m_5)/2$

$m_5 = (m_6 + m_7)/2$

$m_6 = (m_5 + m_{15})/2$

$m_7 = (m_4 + m_8)/2$

$m_8 = (m_6 + m_7)/2$

$m_9 = (m_2 + m_{10})/2$

$m_{10} = (m_9 + m_{12})/2$

$m_{11} = (m_8 + m_{12})/2$

$m_{12} = (m_{11} + m_{13})/2$

$m_{13} = (m_{10} + m_{14})/2$

$m_{14} = (m_{11} + m_{13})/2$

$m_{15} = (m_{14} + m_{16})/2$

$m_{16} = (m_{15} + 0)/2 = 100$

排出四根着墨辊的着墨率计算公式为：

$Z_{A1} = (m_6 - m_{15})/(m_{14} - m_{15}) \times 100\%$，$Z_{A2} = (m_8 - m_6)/(m_{14} - m_{15}) \times 100\%$，

$Z_{B1} = (m_{11} - m_8)/(m_{14} - m_{15}) \times 100\%$，$Z_{B2} = (m_{14} - m_{11})/(m_{14} - m_{15}) \times 100\%$。

经计算得：$m_1 = 550$；$m_2 = 450$；$m_3 = 350$；$m_4 = 300$；$m_5 = 250$；$m_6 = 225$；$m_7 = 275$；$m_8 = 250$；$m_9 = 400$；$m_{10} = 350$；$m_{11} = 275$；$m_{12} = 300$；$m_{13} = 325$；$m_{14} = 300$；$m_{15} = 200$；$m_{16} = 100$。

着墨辊 A1 的着墨率 $Z_{A1} = 25\%$，

着墨辊 A2 的着墨率 $Z_{A2} = 25\%$，

着墨辊 B1 的着墨率 $Z_{B1} = 25\%$，

着墨辊 B2 的着墨率 $Z_{B2} = 25\%$。

图 4-19 中的四根着墨辊绝对平均地向印版提供油墨，而且各为 25%，这种着墨率配置的输墨装置不合理，尤其在印刷大块实地和网点图文犬牙交错的印件时，极易发生实地部分"鬼影"的故障。

为了消除实地部分"鬼影"的故障，着墨辊的着墨率应该有所侧重，即先与印版接

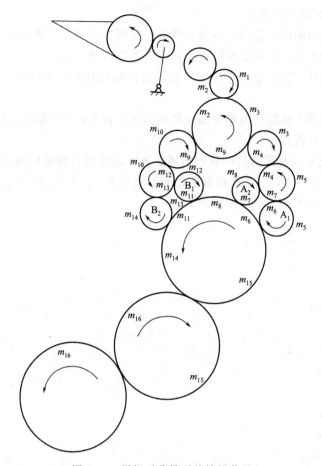

图 4-19　墨辊对称排列的输墨装置

触供墨的着墨辊，着墨率应占尽可能大的比例，以使后续几根着墨辊起到填平补齐的作用，来消除"鬼影"。

二、叠印的量化描述

1. 叠印的含意和计算

多色印刷到目前为止有两种工艺处理方法。

（1）单色机印刷　前、后套色间隔时间一般为数小时，前后色墨的叠印，属于湿叠干状态。

（2）多色机印刷　前、后套色间隔时间通常不超过1秒，属于湿叠湿的叠印状态。它与湿叠干的呈色效果有明显的差异，并且越是暗调部位，这种差别越是严重；叠印次数越多的地方，这种差距也越大。

多色机印刷的叠印效果一般总低于由单色机印刷的叠印效果；叠色面积大的区域，叠印效果高低对它的呈色效果的影响也越大；叠色次数越多的部位，其叠印效果一般较低。目前以叠印率这个物理量来描述叠印效果的好坏，它不仅反映了印迹墨层的转移程度，也反映了色彩再现的逼真程度。

2. 叠印率的定义和计算公式

叠印率是指三原色油墨实地块相互叠印时，后印原色墨主密度转移到先印原色墨层上的百分率，用英文单词（Trapping）的第一个字母"*T*"来标记。

因此，对四色平版胶印印刷来说就有黄、品红、青三原色实地印刷所组成的三种间色块和一个复色块的叠印率计算公式。即间色块：

$$T_{1+2}=\frac{D_{1+2}-D_1}{D_2}\times100\% \qquad (4\text{-}5)$$

式中　D_{1+2}——第二原色实地印在第一原色实地上，所得间色块中含有第二原色的主密度值；

　　　　D_1——第一原色实地块中含有第二原色主密度的量值（因为到目前为止，三原色油墨都带有程度不同的灰度和色偏）；

　　　　D_2——第二原色实地块中含有自身基本色的主密度值。

显然，式(4-5)的分子项和分母项，都是由该分母项原色块测其主密度时所用的滤色镜在（1+2）间色块，第一原色块以及第二原色块上测得的密度值。

其余两个间色块的叠印率计算公式分别为：

$$T_{1+3}=\frac{D_{1+3}-D_1}{D_3}\times100\% \qquad (4\text{-}6)$$

$$T_{2+3}=\frac{D_{2+3}-D_2}{D_3}\times100\% \qquad (4\text{-}7)$$

则复色块的叠印率计算公式为：

$$T_{1+2+3}=\frac{D_{1+2+3}-D_{1+2}}{D_3}\times100\% \qquad (4\text{-}8)$$

3. 计算叠印率 *T* 的前提条件

光凭上述叠印率的计算公式，还不能求得叠印率数值，还必须已知：

（1）印刷色序；

（2）待测的原色实地块、间色实地块和复色实地块；

（3）所使用的彩色反射密度仪的性能、特点和型号；

（4）所有密度值均要扣除承印物的对应密度值。

[例题 4-2]　已知某印刷品的印刷色序是①青；②品红；③黄。由 GRETAGD-152 彩色反射密度仪测得的密度值（已扣除承印物的对应密度值），如表 4-3 所列。

则得：

$$T_{1+2}=\frac{D_{1+2}-D_1}{D_2}\times100\% =\frac{1.42-0.30}{1.14}\times100\%\approx98.25\%,$$

$$T_{1+3}=\frac{D_{1+3}-D_1}{D_3}\times100\% =\frac{1.12-0.08}{1.04}\times100\%=100\%,$$

$$T_{2+3}=\frac{D_{2+3}-D_2}{D_3}\times100\% =\frac{1.54-0.52}{1.04}\times100\%\approx98.08\%,$$

$$T_{1+2+3}=\frac{D_{1+2+3}-D_{1+2}}{D_3}\times100\% =\frac{1.54-0.54}{1.04}\times100\%\approx97.12\%.$$

叠印率之高低反映了多色印刷叠色部位呈色效果优劣的一个质量指标，成为印刷质量好坏的一个测试项目。为此，许多发达国家把原色、间色和复色块作为印刷质量测控条所必须具备的基本段块，还根据叠印率 *T* 之大小，来划分印刷产品的等级。例如，有人就提出：

表 4-3　由叠印率测试段测得的数据一览表

滤色镜 实地色块	各色实地密度值		
	R	G	B
黄（Y）	0.02	0.06	1.04
品红（M）	0.08	1.14	0.52
青（C）	1.02	0.30	0.08
大红（R＝M＋Y）	0.11	1.20	1.54
绿（G＝C＋Y）	0.99	0.37	1.12
蓝紫（B＝C＋M）	1.06	1.42	0.54
黑灰（N＝C＋M＋Y）	1.08	1.43	1.55

$T=95\%\sim100\%$ 是极好的印刷产品；

$T=85\%\sim95\%$ 是好的印刷产品；

$T=70\%\sim85\%$ 是可以接受的印刷产品；

$T<70\%$ 是不能接受的印刷产品。

总之，叠印率 T 的测定和计算已经成为客观评判印刷质量优劣的一个重要方面。

三、W·F 油墨转移方程简述 *

所谓油墨转移方程就是指，在油墨由印版向承印物转移过程中，转移到承印物上的墨量 $y(x)$ 与印版原有墨量 x 及其他相关因素之间关系的数学表达式。其中，$y(x)$ 又简称为转移墨量。

1955 年美国人沃尔克和费茨科提出的油墨转移方程（简称为 W·F 油墨转移方程）最有代表性。这是因为它所讨论的承印物是如今使用得最普遍的纸张，而涉及油墨转移的相关因素中，承印物中的纸张尤为复杂，问题覆盖面也最广大。由此，W·F 油墨转移方程成了讨论所热点。

1. W·F 油墨转移方程的来由和前提条件

前提条件：印版是实地满版，承印物是纸张，表面具有毛细结构和微观不平度。

所以实际印刷时，在印刷压力的作用下，印版上的油墨并不能使对应面积的纸张全都覆盖，图 4-20 是实地印刷后纸张表面着墨情况的放大照片。在其他条件均相同的情况下，通常涂料纸的着墨情况好于非涂料纸的着墨情况，因为前者的平滑度好于后者。在同样单位面积的纸面上，涂料纸的着墨面积率高于非涂料纸的着墨面积率。所以，纸面实际转印上的墨量只能是实际着墨面积率与印版向纸张转移墨量（理论）最大值的乘积。

设定印版原有墨量为 x，转移到承印物上的实际墨量为 $y(x)$。则有：

$$y(x)=F(x)\times Y(x) \qquad (4-9)$$

式中　$F(x)$ ——印刷时，单位面积纸面与油墨接触面积之比值，$0\leqslant F(x)\leqslant1$；

　　　$Y(x)$ ——印刷时，单位面积纸面内，印版向纸张转移墨量的最大值。

图 4-20　实地表面着墨情况的放大照片

显然，$F(x)$、$Y(x)$ 和 $y(x)$ 均是 x 的函数。

既然单位面积纸面和该面积内实际接触油墨的面积之比为 $F(x)$，又可称为着墨面积率；那么该单位纸面积与未接触油墨的空白区域面积之比是 $[1-F(x)]$，也可称之为未着墨面积率。而且，$F(x)$ 对 x 的变化率 $\dfrac{\mathrm{d}F(x)}{\mathrm{d}x}$ 同 $[1-F(x)]$ 成正比，故

$$\frac{\mathrm{d}F(x)}{\mathrm{d}x}=k[1-F(x)] \tag{4-10}$$

式中，k 是比例系数。分离积分变量，不定积分上式，得

$$\ln[1-F(x)]=-kx+\mathrm{C} \tag{4-11}$$

式中，C 是积分常数，当 $x=0$ 时，$F(x)=0$，则 $\mathrm{C}=0$，(4-11) 式变为

$$F(x)=1-\mathrm{e}^{-kx} \tag{4-12}$$

$F(x)$ 是在 $0\leqslant x\leqslant\infty$ 区间上的连续单调增函数，同时 $0\leqslant F(x)\leqslant1$。实际是，当 x 相对大时，$F(x)$ 很快就趋近于 1 了。

$Y(x)$ 是单位面积纸面内，印版向纸张转移墨量的最大值，在印刷时它是分两步完成的，见图 4-21。首先，在印刷压力作用下加压渗透（机械投锚效应）进入纸面凹陷或孔隙之中的墨量（又称之为固定化墨量），以 $b\times\Phi(x)$ 表示；此时还留在印版上的墨量被称为自由墨量，以 $[x-b\times\Phi(x)]$ 表示，在范德华力（分子间二次结合力）的作用下，在自由墨量拉伸分裂时，有一部分自由墨量被转移到纸面上，其转移率以 f' 表示；自由墨量的转移量写为 $f'[x-b\times\Phi(x)]$。

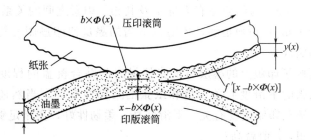

图 4-21　墨量分配示意图

其中，b 是该纸面凹陷或孔隙所能接纳固定化墨量的最大值，它和该纸表面几何状态密切相关。$\Phi(x)$ 是该纸面实际固定化墨量与固定化极值墨量之比值，又称为纸面凹陷后孔隙油墨填入率，$[1-\Phi(x)]$ 就是填入固定化墨量后仍空出的凹陷或孔隙的容积与极值容纳墨量之比。

$$Y(x)=b\times\Phi(x)+f'[x-b\times\Phi(x)] \tag{4-13}$$

$\Phi(x)$ 对 x 的变化率 $\dfrac{\mathrm{d}\Phi(x)}{\mathrm{d}x}$ 与 $[1-\Phi(x)]$ 成正比，因为 $[1-\Phi(x)]$ 越大，油墨固定化的概率就越高。另一方面，极值容纳墨量 b 越小，油墨固定化的速度就越快，因此 $\dfrac{\mathrm{d}\Phi(x)}{\mathrm{d}x}$ 与 b 成反比。则有

$$\frac{\mathrm{d}\Phi(x)}{\mathrm{d}x}=\frac{1-\Phi(x)}{b} \tag{4-14}$$

分离积分变量，得

$$\frac{\mathrm{d}[1-\Phi(x)]}{1-\Phi(x)}=-\frac{\mathrm{d}x}{b}$$

积分此式，得

$$\ln[1-\Phi(x)]=-\frac{x}{b}+C$$

上式中的积分常数 C，在 $x=0$ 时，$\Phi(x)=0$，则 $C=0$，上式则为

$$\Phi(x)=1-e^{-\frac{x}{b}} \tag{4-15}$$

将 (4-12) 式，(4-13) 式和 (4-15) 式代入 (4-9) 式中，得

$$y(x)=(1-e^{-kx})\{b(1-e^{-\frac{x}{b}})+f'[x-b(1-e^{-\frac{x}{b}})]\} \tag{4-16}$$

(4-16) 式就是 W·F 油墨转移方程。

2. 油墨传递和转移量化描述的意义

(1) 油墨传递过程的量化描述（匀墨系数、着墨系数、贮墨系数、打墨线数和着墨率等）是表征印刷机输墨系统印刷适性优劣的重要参数。

(2) 三原色墨层叠印过程的量化描述——叠印率是反映三原色墨层叠印效果优劣、呈色范围大小、最终色彩偏向的重要指标。叠印率低下的原因可能是：

① 色序安排不当；

② 印刷压力不足；

③ 水墨供给失调；

④ 印刷适性不配。

(3) 油墨转移过程的量化描述——W·F 油墨转移方程是以数学表达式的方式形象阐述承印物上的转移墨量 $y(x)$ 与印版原有墨量 x 及其相关因素之间的关系。

① 印版墨量 x（g/m²）必须足够，才能以适当的墨量使印迹图文转移到承印物上，获得逼真再现原稿的印刷效果。

② k（m²/g）反映了印版上的墨层与纸张接触时的贴合覆盖的程度，又称为纸张的印刷平滑度，它既和纸张的平滑度有关，也和纸张的柔韧性有关，当然还和印版上的墨量 x 以及黏度、流动性，甚至印刷速度有关。平滑度高、柔韧性好，墨量足够，黏度适度，流动性适宜，印刷速度理想，k 值就高。

③ b（g/m²）是表征印刷压力作用下，瞬间注入纸面凹陷孔隙之中的固定化极限墨量值。印刷压力理想，印刷速度越低，纸张平滑度越差，则 b 值越大。同时，油墨的塑性黏度越大，b 值越小。

④ f' 是自由墨量的转移率（%），它和油墨的流变性能（塑性黏度、屈服值和拉丝短度、油墨连结料的黏性）以及环境温度密切相关。

因此，油墨转移方程的讨论，对纸张和油墨的适性匹配具有指导作用，对纸张和油墨的研发具有理论意义。

第四节　油墨和润湿液的管理和控制

一、油墨流变性的管理和控制

油墨流变性的管理和控制主要包括以下方面：

(1) 印刷过程中，不得擅自在油墨中加入辅料，即使经有关技术部门同意，也必须按量加放，记录存档，并注意流变性能等参数的变化；

（2）按工艺流程要求，控制油墨温度在规定范围之内；

（3）环境温湿度应稳定在规定的范围之内；

（4）拉毛速度的检测。

纸张发生拉毛、掉粉、剥纸的原因主要是由两方面的因素造成的：首先是纸张的质量，其次是印刷条件。

所谓纸张的质量，在这里是指纸张的表面强度，也就是在纸张平面（定义为 x-y 平面）的单位面积上，垂直于该平面的（Z 方向）的抗分层、抗撕裂、抗掉粉、抗拉毛的能力，简称为 Z 强度。它是衡量纸张表层纤维、填料、胶料以及涂料（如果是涂料纸的话）之间结合力之大小的物理量。实践表明，表明强度高的纸张在印刷时掉粉少。因此，纸张的表面强度又称为抗拉毛强度。

纸张表面强度对于有水平版胶印来说，是印刷适性中很重要的一个质量指标，尤其是印刷大面积的实地或图文时。纸张的表面强度 T 之高低，在印刷界通常用纸张的临界拉毛速度 V 来表征。目前，大多通过印刷适性仪来测定这个 V 值。V 的测定是在恒温、恒湿条件下进行的，固定印刷压力和墨层厚度（均要和实际印刷条件相接近），采用不同黏度的油墨（最好是实际待印的油墨），以不同速度（分离速度），在印刷适性仪上印出墨条，再测量纸条上连续出现填料白点、涂料白点或纸张起毛或起泡的起始点，然后在速度-压力曲线表上查出拉毛速度。拉毛速度越高，表明这纸张的表面强度越大。

因此，平版胶印用纸一旦确定之后，其表面强度的最大值也就固定了。这样，印刷过程中纸张是否会拉毛，主要取决于印刷条件了。然而，在平版胶印中，纸张总会或多或少地碰到润湿液，尤其是抗水性差的纸张，吸水越多，原有的表面强度也就削弱得越多，并使纸张的湿拉毛现象越严重。所以，平版胶印的水墨平衡对纸张在印刷时的实际的表面强度的影响是举足轻重的。因此，纸张的表面强度 T 必须大于油墨对纸张的黏着力 F_i 与橡皮布对纸张的黏着力 F_b 以及高速印刷时印迹墨层在橡皮布与纸张之间产生的离心力 F 之和。

由于平版胶印机使用的转印橡皮布，通常不随意调换，印刷速度一般也不随便增加或减小。因此，橡皮布对纸张的黏着力 F_b 以及机器运转时橡皮布上印迹油墨对纸张所产生的离心力 F_L 均很少变化。因此，通常改变的是油墨对纸张的黏着力。随着油墨黏性（Tack）的增大而增大。因此，油墨的黏性越大，纸张的掉粉、拉毛现象越加严重。

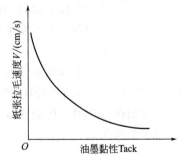

图 4-22　纸张拉毛速度与油墨黏性关系曲线

由纸张拉毛速度与油墨黏性变化的关系曲线（如图 4-22 所示）可知，纸张的拉毛速度随油墨黏性的增加而减小。

大量实验表明，对于任何一种纸张，在印刷压力和墨层厚度一定时，纸张的拉毛速度 V 和油墨的塑性黏度 η' 之乘积是一个定值，并用符号 C 表示。而纸张的表面强度 T，又与这个乘积 C 成线性关系，故有：

$$C = \eta' V$$
$$T = k\eta' V$$

因此，对于每一种纸张都有自己的常数 C，这就是 VVP 原则，C 被称为 VVP 值。当纸张确定后，T 就是一个定值，那么油墨的塑性黏度 η' 增加，纸张的拉毛速度 V 就变小；η' 越

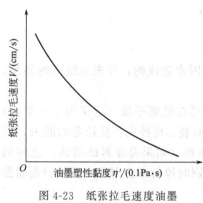

图 4-23 纸张拉毛速度油墨
黏度的关系曲线

大，纸张的拉毛现象也越严重。如图 4-23 所示，这是纸张拉毛速度 V 与油墨塑性黏度之间的变化曲线。在油墨的塑性黏度 η' 一定时，印刷速度成了纸张在印刷时是否会发生拉毛现象的关键因素。印刷速度越大，纸张越容易拉毛，随着印刷速度的增加，纸张由小范围的拉毛发展成大面积的拉毛，甚至出现分层剥离或断裂。

另一方面，温度下降，油墨的黏性黏度均有所上升，都使纸张的拉毛速度相应降低。拉毛有湿拉毛和干拉毛之分。

干拉毛发生在单色凸版印刷及单色平版胶印（前后套色间隔数小时）上，由于印迹油墨的内聚力以及印迹油墨对纸张的黏着力均大于纸张组分（如纤维之间）的结合力，或者大于承印物表面对前套印迹墨层之间的结合力时产生的。

湿拉毛是平版胶印印刷时，润湿液转移到承印物表面（尤其是对纸张等），引起纸张表面强度削弱而发生的拉毛现象。多色平版胶印机由于后色组橡皮布上的残余黏性的存在，造成后色组比前色组更易发生拉毛、掉粉或剥纸。

为了避免和解决拉毛、掉粉或剥纸故障，通常有两种方案。一种是车到山前必有路，故障发生后停机琢磨解决之；另一种是预作印刷适性检测（例如，拉毛速度检测），防患于未然，使拉毛、掉粉或剥纸消除在萌芽之中。

为此，以印刷适性仪作拉毛速度检测，已被越来越多的印刷企业重视和采用。印刷适性仪也理所当然地成为热点的仪器。见本章末所示的附图——印刷适性仪、相关配件及其测试试样示意图。

在印刷适性仪上检测待印纸张拉毛速度时，要注意：

（1）在印刷适性仪上测得的纸张拉毛速度对应着不发生干拉毛现象的最高印刷速度。

（2）在平版胶印机上不发生湿拉毛现象的最高印刷速度显然小于不发生干拉毛现象的最高印刷速度。

（3）在纸张表面强度未知的现状下，预测待印纸张的临界拉毛速度（国产印刷适性仪由图 4-24 和图 4-25 曲线测得），再把此拉毛速度换算成印刷速度，见公式（4-17），以便根据企业实际情况（机型、印刷速度），合理匹配纸张、油墨和润湿液，尽最大努力避免和减少拉毛现象的发生。

$$\left(\frac{1}{R''_B}+\frac{1}{R''_I}\right)V_Y^2=\left(\frac{1}{r_1}+\frac{1}{r_2}\right)V_L^2 \tag{4-17}$$

式中　R''_B——橡皮布滚筒包衬后的自由半径，cm；

　　　R''_I——压印滚筒包衬后的自由半径，cm；

　　　r_1——印刷适性仪印刷盘半径，cm；

　　　r_2——印刷适性仪扇形盘半径，cm；

　　　V_L——测得的拉毛速度，cm/s；

　　　V_Y——相应的印刷速度，cm/s。

二、油墨色彩的管理和控制

使用彩色反射密度仪和色度仪作如下测控：

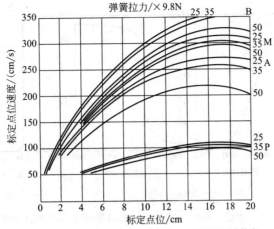

图 4-24　印刷适性仪速度曲线图 1

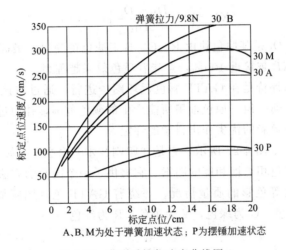

图 4-25　印刷适性仪速度曲线图 2

（1）印刷时监测油墨的色度值（$L*$、$a*$、$b*$）和实地密度值 D_{vy}、D_{vm}、D_{vc} 和 D_{vk}；

（2）控制水墨平衡，了解油墨乳化后的色泽变化情况；

（3）监测多色印刷时的叠色效果和呈色范围；

（4）三原色油墨呈色效果的检测。

从光学的观点看，自然界的光谱色是最理想的颜色。如能用光谱色中的黄、品红和青颜色来制造三原色油墨，那是最理想的了。这时油墨各种原色应该是吸收 1/3 的光谱波长，而反射或透射 2/3 光谱波长，如图 4-26 所示，用实线表示理想的黄、品红和青颜色的分光曲线。但是现在所制造的色料颜色与光谱色相差很远，所以实际上所有三原色油墨的颜色与理想要求的差别是很大的。例如理想的黄、品红和青颜色的分光曲线与实际颜色的分光曲线如图 4-26 所示，由图可以看出理想的三原色颜色和实际三原色油墨的差别。除此以外，油墨还受墨膜的影响，例如不论吸收性多强的墨膜，它也要把入射的光线反射出 4% 左右。

因此，实际三原色总带有一些色相误差 CS 和灰度 G，而且其效率 XL 小于 100%。计算公式为：

色相误差值
$$CS = \frac{D_M - D_L}{D_H - D_L} \times 100\%$$
(4-18)

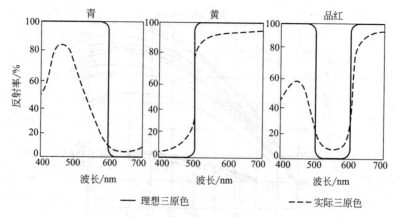

图 4-26 理想三原色与实际三原色油墨的光谱功率分布曲线

灰度值
$$G = \frac{D_L}{D_H} \times 100\% \tag{4-19}$$

效率
$$XL = \left(1 - \frac{D_M + D_L}{2D_H}\right) \times 100\% \tag{4-20}$$

式中，D_H、D_M、D_L 是某原色块由 R、G、B 三滤色镜测得的最高密度值、中等密度值和最低密度值；效率 XL 越接近 100%，意味着显色效果越理想。

三原色油墨色彩的评价是在 GATF 彩色色环图中进行，通过在该色环图上所绘制的六边形图案。可以了解任何一组三原色油墨所能产生的颜色范围，并通过多组三原色油墨的相对比较，对三原色油墨色彩的优劣作出科学的评定。

GATF 彩色色环图如图 4-27 所示，它是"印刷技术基金会"（原为 LTF 美国平印技术基金会）所制定的油墨色相与饱和度的图案。它提供了一个简便的方法来检查和表示三原色油墨的色相误差与灰度等色彩的质量情况。环绕着 GATF 色环图圆周上的字母 M 表示品红，B 为蓝色，C 为青色，G 为绿色，Y 为黄色，R 为红色。

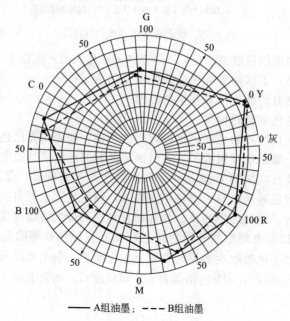

图 4-27 A、B 两组油墨在 GATF 彩色色环图中的位置

GATF 色环图有六个颜色区域，圆周上指向中心的直线，各格代表 10% 的数字，它共有 6 个 0～100 的颜色区域，色相表注在圆周上，品红、黄、青为 0，红、绿、蓝为 100。由边缘移向圆心为不同灰度的同心圆，边缘为 0，中间为 100。在图内能以不同的颜色画上所有相应的点，然后进行分析比较。各色点的位置是根据反射密度计对这组油墨的测定与计算而求得的色相误差值和灰度值来确定。色相误差值的数字，应移向该色的最小密度值的滤色片颜色方面，然后根据灰度值向中心移动。

如表 4-4 是将 A、B 两组三原色油墨与它们叠印后的间色用反射密度计测量和计算的结果。从该表中求得 B 组品红色油墨的色相误差为 36.8%，其中红色滤色片的密度值为最小，所以该品红油墨的色相由理想的 M(o) 处向右即偏向红色移动三格半多些。因灰度为 11.7%，故小点还应向中心移动一格多些。这样就能确定 B 组品红墨在 GATF 图的位置。B 组的黄色和青色油墨也可用同样的方法求得数据，点入图内。

表 4-4　两组三原色、三间色油墨的密度值、色相误差、灰度和效率

类　　别		滤　色　镜			色相误差/%	灰度/%	效率/%
		R	G	B			
A 组	黄　　（Y）	0.03	0.06	1.12	2.8	2.7	96
	品红　（M）	0.09	1.25	0.35	22.4	7.2	82.4
	青　　（C）	1.27	0.40	0.12	24.3	9.4	79.5
	大红　（R）	0.11	1.30	1.30	100	8.3	79.5
	绿　　（G）	1.45	0.41	1.37	92.3	28.3	
	蓝紫　（B）	1.51	1.72	0.43	83.7	25	
B 组	黄　　（Y）	0.03	0.07	1.10	3.7	2.7	95.5
	品红　（M）	0.14	1.20	0.35	36.8	11.7	72.1
	青　　（C）	1.23	0.5	0.14	33	11.4	74.4
	大红　（R）	0.16	1.15	1.30	86.8	12.3	
	绿　　（G）	1.50	0.45	1.35	85.7	30	
	蓝紫　（B）	1.40	1.76	0.66	67.3	37.5	

对于间色油墨也同样能表示在图内。如 A 组油墨的红色，经密度计测量对蓝滤色片的密度值为 1.30，对绿滤色片的密度值为 1.30，对红滤色片的密度值为 0.11。用公式(4-18) 和公式(4-19) 计算色相误差值 CS 与灰度值 G，列入表 4-4 中。色相的偏向除本色滤色片外，以其余两滤色片的密度值小的方向为准。例如 A 组红色是偏向蓝色。

在三原色油墨测量中，色相误差数值以小为佳。而二色叠印成间色的色相误差数值，则愈大愈好。至于灰度则不论原色，间色都以数值小为佳。

将黄、品红、青三原色油墨和它们所叠印后的红、绿、蓝间色的各类密度值和经计算得各点数据都画在 GATF 色环图上，然后将各点用直线依次连接，所围成的面积大致规定了这一组油墨所能产生颜色的范围限度。任何线外的点是代表那些比这组油墨所能产生的更饱和的色彩，而这组油墨所能产生的两色混合最饱和的色彩将在这直线上，同时能比较该二组三原色油墨色彩的优差程度。

这个图表还能表示所应用的实际三原色油墨的色相及灰度与理想油墨的差异程度。同时也表示了同一组三原色油墨印在不同纸张上或油墨层上所产生的变化而引起色相误差和灰度的改变程度。

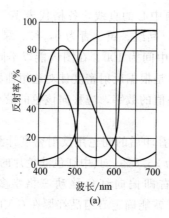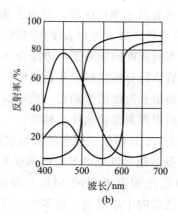

(a)　　　　　　　　　　　　　　　(b)

图 4-28　A、B 两组三原色油墨的光谱功率分布曲线

　　将图 4-28 两组油墨的光谱分布曲线（由分光光度计测得）和图 4-27 GATF 色环图进行对照比较，反映印刷质量是一致的。A 组油墨色相准，饱和度大，反射率高，色相误差小，灰度小，效率高，故色彩鲜艳，组色范围大。

　　此外，这个图表也能表明一组三原色油墨的叠合色彩的范围及第二色油墨附着在第一色油里层上的情况和油墨的透明程度；也可以预计两种原色相重叠后应该产生的间色，并把这个预计数据的计算结果与实际叠印后颜色的测量数据相比较。预计二原色叠印后所产生的间色情况，可以由这两种油墨的密度值来确定，而这个间色的密度值应该是这两种油墨分别对各滤色片的密度值之和，用与计算单色油墨的相同方法计算预计叠印间色的色相误差和灰度值，并将这些数据与实际叠印后的各数据相比较。

　　例如预计表 4-4 中 B 组的黄墨和品红墨叠印成的色相。先将黄色和品红色对三种滤色片的密度值分别相加，而得对红色滤色片的密度值为 0.17，对绿色滤色片的密度值为 1.27，对蓝色滤色片的密度值为 1.45。然后用上述相同的公式计算，其结果所表示叠印后的色相应是红色。预计其色相误差为 85.9%，且色相偏向黄色，因除本色滤色片外，绿滤色片的密度值较小，灰度是 11.7%，将这些预计数据与实际叠印后 B 组红墨的测量数据相比较，实际色相误差为 86.8%，灰度为 12.3%，与预计有些差别。

　　假使叠印的第二色油墨是完全透明，且第二色油墨能很好地附着在第一色墨层上。那么，叠印后的实际色调应该是与所预计的色调相同，但在实际生产中，由于第二色油墨的透明度，墨层厚度，或纸张与油墨适应性能等因素，使叠印后的色调，一般从预计的色调移向第二色，因而产生差别。例如 A 组的叠印后红墨，预计数据与实际数据有差别，尤其红色的偏向和预计的不一致。

　　由于印刷机向高速多色发展，油墨有湿叠湿、湿叠干之区别，所以测量实地密度值的印迹有干、湿测量之区别。在印出 30s 以内为湿测，30min 以后为干测，测得的密度值是不同的，一般相差 10% 左右，湿测时偏高，所以有些密度计附有偏振滤光镜，则能消除这种差别。

三、油墨干燥类别的选择和注意事项

　　（1）根据承印物类型和特点，选择干燥类别合适的油墨印刷。例如，铜版纸以（渗透和氧化结膜干燥的）快固着油墨印刷；报纸、新闻纸印刷以渗透干燥的油墨印刷；PVC 薄膜或者卡片以 UV 光固着干燥油墨印刷等。

（2）控制水墨平衡，了解油墨乳化后的干性变化情况。

（3）了解印刷时的墨层厚度和实地密度的对应关系。

（4）了解印刷时的干燥装置的工作情况和干燥效果。

（5）加压渗透（机械投锚效应）和自由渗透（分子间二次结合力）　油墨中的颜料等固体组分以颗粒形式分散悬浮在连接料中，悬浮是依靠分子间力以及颜料之间所具有的毛细吸附力。为了使油墨具有良好的印刷适性，油墨中连接料的量通常超过颜料颗粒之间空隙的容纳量，所以油墨未印到纸张上之前还是胶体状态，通常颜料在连接料中悬浮得很好。

油墨印到纸上后，纸张纤维之间的毛细孔就会把连接料吸进去，但是颜料间的孔隙也存在毛细吸附力，当纸张吸收连接料到一定程度时，颜料间的毛细吸附力就会和纸张毛细吸附力达到平衡，使颜料颗粒周围仍保持一定量的连接料，这是十分必要的，否则颜料就会在承印物上无法固着，甚至脱落下来。

当纸张处于压印区域时，由于印刷压力的作用，使大部分毛细孔被压瘪，使一定量的油墨压入未完全封闭的毛细孔内，这就是加压渗透。压力撤除后，由于纸张的敏弹性，一部分毛细孔立即恢复吸附作用，吸收油墨中的连接料，如果毛细孔的空隙大于颜料颗粒直径，则连部分颜料也会被纸张吸入。对于涂料纸来说，主要是连接料中的溶剂部分，能很快地被压瘪后立即恢复的毛细孔所吸收，使颜料以及剩余的连接料固着在纸面上。

因此，印迹油墨在纸张上的渗透过程是由加压渗透（在印刷压力作用下）和自由渗透（印刷压力撤除后）两个阶段构成，加压渗透的吸收深度可用奥尔松公式（4-21）计算得。自由渗透的吸收深度可用卢卡斯—华西伯恩公式（4-22）求得，整个渗透过程的吸收深度是加压渗透深度和自由渗透深度之和。

加压渗透深度
$$h_J = \frac{R}{2}\sqrt{\frac{P_Y t_Y}{\eta}} \tag{4-21}$$

自由渗透深度
$$h_Z = \sqrt{\frac{R\gamma \cos\theta t_Z}{2\eta}} \tag{4-22}$$

式中　t_Y——加压渗透时间（即像素转印时间），s；

$\quad\quad t_Z$——自由渗透时间，s；

$\quad\quad R$——纸张表面毛细孔半径，cm；

$\quad\quad \eta$——油墨的黏度，Pa·s；

$\quad\quad P_Y$——印刷压强，Pa；

$\quad\quad \gamma$——油墨的表面张力，10^{-3}N/m；

$\quad\quad \theta$——油墨、空气和纸面毛细孔之间的接触角。

[**例题 4-3**]　已知某油墨黏度 $\eta = 0.6$Pa·s，纸张纤维毛细管内孔半径 $R = 0.26\mu m = 2.6 \times 10^{-5}$cm，加压渗透时间 $t_Y = 2 \times 10^{-3}$s，自由渗透时间 $t_Z = 2 \times 10^{-3}$s，油墨表面张力 $\gamma = 0.039$N/m，油墨与毛细孔之接触角角 $\theta = 0°$，印刷压强 $P_Y = 4.905 \times 10^6$Pa，则加压渗透深度 h_Y 为：

$$h_Y = \sqrt{\frac{P_Y \cdot R^2 \cdot t_Y}{4n}} = \sqrt{\frac{4.905 \times 10^6 \times (2.6)^2 \times 10^{-10} \times 2 \times 10^{-3}}{4 \times 0.6}}$$

$$\approx \sqrt{27.6315 \times 10^{-7}} = 16.6 \times 10^{-4} \text{cm} = 16.6\mu m$$

自由渗透深度 h_Z 为：

$$h_Z = \sqrt{\frac{\gamma \times R \times t_Z \times \cos\theta}{2\eta}} = \sqrt{\frac{0.039 \times 2.6 \times 10^{-5} \times 2 \times 10^{-3} \times 1 \times 10^2}{2 \times 0.6}}$$

$$\approx 4.1 \times 10^{-4} \mathrm{cm} = 4.1 \mu m$$

则总的渗透深度 $h = h_Y + h_Z = 20.7\mu m$。约为常用印刷用纸厚度（0.1mm）的五分之一左右。

本例题说明了吸收性承印物（例如植物纤维抄造的纸张）在印刷时所面临的透印故障发生的可能性和原委。同时，也从另外一个侧面说明了透印和背面沾脏、打空滚及透影（由于承印物不透明度不足造成的视觉感受遗憾的一种印刷缺陷）的差别。

油墨在纸张上的渗透与众多因素有关，在印刷过程中，主要是：

① 连接料的流动性越大，则渗透量也越大。因此，过于稀薄的油墨在使用时，必须特别注意其渗透情况，以免渗透到纸张背面产生透印。

② 低黏度的连接料，渗透量大。增加黏度，则能减少渗透量。

③ 渗透时间（加压渗透和自由渗透）t 越长，渗透量越大。如果伴随发生油墨的氧化聚合反应，会使油墨黏度逐渐增大，渗透逐渐趋小。因此，油墨干结得越快，渗透量越小。

④ 多孔、疏松、吸收性强的纸张极易使油墨渗透。反之，表面平滑、结构紧密的纸就不易渗透。

⑤ 有些涂料纸表面虽平滑，但未经轧光处理，其涂料层的吸收性很强，使印迹油墨的渗透量相应较大。

⑥ 纸张的含水量以及润湿性质也同油墨的渗透量有关。纸面与油墨越亲和（接触角 θ 越小），则渗透也越大。

（6）背面沾脏与蹭脏黏性及黏性增值的关系　背面沾脏或粘连发生的主要因素是印迹墨层干燥时黏性增值之峰值超越了蹭脏黏性的缘故。这个峰值较低为好，以不超过沾脏黏性（图 4-29 中，虚线处）为限，这在制造油墨时，通过调整树脂与油墨油的拼混比例来实现。

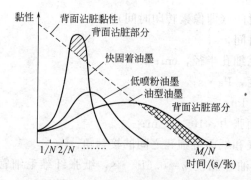

图 4-29　印迹墨层的黏性增值与印速及背面沾脏之关系

为了避免或减少背面沾脏的发生，一般可采用以下工艺措施：喷粉、夹衬纸、晾夹板等，在印刷机结构上，采取延长前后色组之间的传纸时间（采用倍径传纸滚筒和倍径压印滚筒的结构），增加最后一个色组到收纸装置的传纸时间（设置加热干燥装置以及副收纸板、高收纸架等结构）等。

在印迹墨层厚度符合要求的前提下，背面沾脏既和印迹干燥过程的黏性增值有关，还和此印张受到多少正压力（此印张上方的纸张的定量和张数）的作用有关。快固着印迹墨层的黏性增值较大，因此无需多少印张压在其上，纸堆不太高时就会产生背面沾脏。油型油墨的残余黏性较小，没有足够的正压力是不会产生背面沾脏的，所以背面沾脏一般发生在印刷品高纸垛的下部。

（7）不同干燥类别的油墨必须和相应的承印物及干燥装置匹配（关注废气排放是否符合环保标准），并注意墨层厚度和油墨调配的相关要求。

四、印迹牢度的检测与控制

（1）从总体来说，印迹牢度的含义有三方面内容

① 光学牢度（光学稳定性，光牢度）　印刷品的图文必须有足够的光学稳定性，尤其是在紫外线照射下，要有足够的耐晒度。其耐晒程度可通过带有一定照射强度 UV 光源的专用耐晒测试仪来测试。

② 机械牢度（主要指印迹的耐磨性）　不少印刷品如：货币、信用卡、交通 IC 卡等，这些印刷品要有足够的机械强度（耐磨性）。它们的实际耐磨强度，可以通过涂层耐磨仪测定得知。

③ 化学牢度（抗溶剂性，化学稳定性）　包装肥皂、油脂、酸、碱、盐一类化学物品的盒袋等，如果其印迹图文没有足够的化学稳定性而褪色、变色，显然是不能接受的包装印刷品。

（2）提高印迹牢度的工艺措施

① 提高光牢度

a. 选用耐晒的专用油墨；

b. 涂覆耐晒的上光浆或薄膜。

② 提高机械牢度

a. 在所印油墨中适量添加抗擦剂（聚乙烯蜡一类物质）；

b. 适度提高印刷用墨的干燥速度；

c. 在印刷品表面上光；

d. 在印刷品上覆膜（有亚光膜或高光膜之区别）。

以上都是提高印迹牢度的工艺措施，尤其是第③、④种工艺措施，效果尤为明显，已为许多包装用印刷工艺流程所选用。

③ 提高化学稳定性　选用物理、化学性能稳定的油墨和承印物来印刷，或者在印后作上光、覆膜处理，使图文印迹被物理、化学性能稳定的膜层覆盖保护起来。

五、传水、传墨表面的清洁和检查

① 定期清洁和检查润湿装置的水辊、水斗、管道、浮筒、器皿、滤网、阀门、传感器、仪表和绝热材料等，使润湿液的供给、回流、洁净和组分比例的稳定和自动添加。

② 定期清洁和检查输墨装置的墨斗、墨斗刀片、墨辊等，使供墨稳定。特别是软质辊表面状态的变化。

传水表面应该有良好的亲水性能（极性性质为主），传墨表面应该有良好的亲油性能（非极性性质为主）。同时，它们的表面均应有足够的毛细结构，否则无法正常工作。如图 4-30 所示，从左到右是这些表面毛细结构逐渐损失的情况。

优良(新)　　　尚可　　　需更换(旧)

图 4-30　软质墨辊表面新旧状态对比

③ 有水平版的表面状态，如图 4-31、图 4-32、图 4-33 和图 4-34 所示。

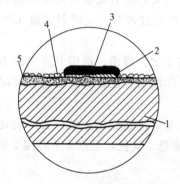

图 4-31　PS 版表面结构

1—铝版；2—重氮感光树脂层；3—油墨层；

4—亲水胶体层；5—毛细结构的氧化铝层

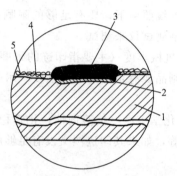

图 4-32　多层金属版表面结构

1—铁版；2—铜层；3—油墨层；

4—亲水胶体层；5—镀铬层

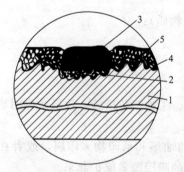

图 4-33　平凹版表面结构

1—锌版；2—腊克层（图文部分）；3—油墨层；

4—无机盐层；5—亲水胶体层

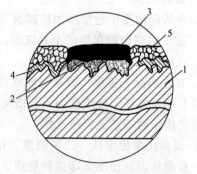

图 4-34　蛋白版表面结构

1—锌版；2—硬化蛋白膜；3—油墨层；

4—无机盐层；5—亲水胶体层

就机械强度（耐磨性）比较：多层金属版＞PS 版＞平凹版＞蛋白版；

就图文的亲油着墨性比较：PS 版＞多层金属版＞平凹版＞蛋白版；

就图文像素的解像力比较：PS 版＞多层金属版＞平凹版＞蛋白版；

就印版晒制的质量稳定性：PS 版＞多层金属版＞平凹版＞蛋白版；

就印版的印刷适性相比较：PS 版＞多层金属版＞平凹版＞蛋白版。

因此，PS 版是有水平版胶印的首选版材。

(a) A1-3 印刷适性仪

(b) 匀墨器

(c) A2-3 印刷适性仪

(d) 弹簧加速器

(e) AIC2-5 印刷适性仪

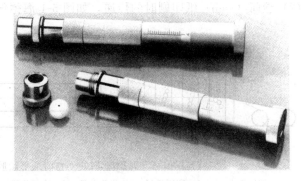

(f) 精准给墨的注墨器

(g) 拉毛、剥纸试样

附图　印刷适性仪、相关配件及其测试试样示意图

第五章 承印物的传递与变化

所谓承印物是指接受油墨或吸附色料或改变形体并呈现原稿图文信息于表面，而自身成为印刷品的各种物质。在印刷过程中，承印物不仅被传递，同时还发生几何尺寸、表面膜层、表面强度、表面润湿状态及空间位置、含水量等物理量和化学性质的变化。

第一节 印刷过程中承印物的传递

一、承印物的传递过程和关键环节

现在大量采用的承印物仍然是纸张，由于纸张在传递和转移过程可能发生的情况又几乎涵盖了其他承印物可能发生的情况，因此，本章主要讲述纸张在传递过程中的各个阶段和常见的问题。

所谓纸张就是指由植物纤维为主要组分而抄造成的薄层材料。供印刷的纸张从外形来看，主要分为单张纸和卷筒纸。

（1）单张（sheet）纸印刷时的传递，见彩图 5-1 SM74DI 平版胶印机。

待印纸垛→堆栈到输纸装置的堆纸台→输纸台板→前规定位→侧规定位→递纸装置递纸→第一色组压印滚筒咬牙控制纸张并印刷→传纸装置传纸→下一色组压印滚筒咬牙控制纸张并印刷……→收纸链条咬牙控制纸张→收纸台收理控制纸张→停机或者不停机换收满纸张的收纸台→? 等等，共 12 个阶段。

（2）卷筒（web）纸印刷时的传递，如图 5-1 海德堡 M-600 卷筒纸平版胶印机示意图。

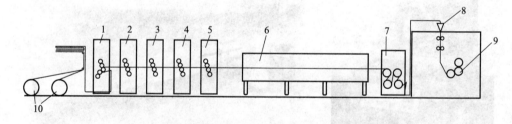

图 5-1 海德堡 M-600 卷筒纸平版胶印机示意图

1—加印机组；2～5—印刷机组；6—烘干装置；7—冷却装置；8—三角板；9—滚折装置；10—纸卷

待印纸卷→停机（或者不停机）换纸卷→人工穿纸或者自动穿纸→各区段纸带张力调整→印刷→（烘干）干燥→冷却→收卷或者折页、裁切或者模切压痕、分切等，共 8 个阶段。

二、承印物在传递过程中易发问题

承印物在传递过程中易发问题因所处阶段的不同而有所不同；也因为，承印物是卷筒纸还是单张纸而有所差别，因此分别阐述。

1. 单张纸印刷

（1）将待印纸垛→堆栈到输纸装置的堆纸台上

① 折角

a. 纸张原先就折角；

b. 堆垛不慎才造成的折角；

c. 输纸时发生的折角。

② 颠倒

a. 将单面涂料纸或者单面非涂料纸堆放颠倒，造成印迹图文印刷在本不该印刷的没有涂料的一面或者没有施胶的一面；

b. 一面印刷完成需印刷另一面时，将大翻身的半成品堆放成小翻身，或者将小翻身的半成品堆垛成大翻身；

c. 未按施工单所规定的正拉、反推等要求堆纸。

③ 粘连

a. 纸张静电而粘连；

b. 半成品上印迹墨层过厚而粘连；

c. 涂料纸遇水后而粘连；

d. 纸张分离不彻底等造成的粘连（装纸时，纸张未抖松；输纸器的吹风不足等等），会引发双张、多张、输纸歪斜，空张，输纸堵塞等输纸故障。

④ 破损（窟窿、裂缝）的纸张造成该纸张正面图文有缺损（窟窿处的印迹墨层转印到了压印滚筒表面），并使后续四五张纸的反面呈现类似"打空滚"的（大小和位置对应着窟窿、印迹逐次趋浅的）印刷弊病。

⑤ 纸堆平整程度未达到要求，甚至夹有杂物硬块

a. 纸张堆垛不整齐，造成输纸困难；

b. 半成品上印迹或者大面积实地造成的厚度不一，堆垛时未垫平整等，引起输纸和定位的不正常；

c. 所转印的图文变得模糊、像素失真严重、甚至使对压的橡皮布、印版、滚筒表面损坏，乃至"闷车"——轧停机器。

⑥ 纸张呈现紧边、荷叶边或者卷曲，造成输纸或定位不准或者弓皱等印刷弊病。

⑦ 承印物几何尺寸偏差超标

a. 周向尺寸偏差超标，引发套印不准或者周向图文不完整的情况；

b. 轴向尺寸偏差超标，引发轴向一侧（侧规所对的一侧，例如，拉规对面——朝外；推规对面——靠身）呈现类似"出血"的情况或者轴向图文不完整的情况。

⑧ 堆错纸张或者校版纸

a. 纸张的定量、品牌未确认清楚，甚至纸种或者丝缕混杂，产生废品和套准困难；

b. 放错校版纸，造成校版无效和工时浪费。

⑨ 混入湿的吸墨纸，造成后续四五张白纸或者半成品作废，发生称为吸墨纸未干的印刷弊病。

⑩ 纸垛四周的纸粉、纸毛或纸屑未及时清除，或者纸张表面强度偏低掉粉、掉毛严重，造成印刷品的斑点瑕疵增多，印刷质量下降，而不得不增加橡皮布的清洗次数，致使印刷成本增加和交货期的推迟。

（2）堆纸台→输纸台板

① 歪张、空张（断张）、双张或者多张：使印刷无法正常进行。一般是由于：

a. 由于纸张粘连；

b. 输纸装置失效或者未正确调节。

② 输纸堵塞

a. 某些机件阻碍纸张的输送；

b. 线带等机件失效；

c. 纸张粘连等。

③ 纸张碰脏受损

a. 输纸装置润滑后未妥善清洁，沾污纸张；

b. 墨层未及时干燥，与某些机件（压纸轮或挡条、挡板）接触而沾污等等。

（3）纸张在前规处定位（周向定位）时，纸张在前规处整体或者单边的走过头或者走不到。

① 纸张在前规处整体或者单边的走过头

a. 输纸装置与定位装置动作不合拍，应该检查前规前挡纸板回足——刚刚进入定位位置，此时纸张咬口距离其的尺寸，对照印刷机《使用说明书》中的关键机件动作时刻表的规定要求调整；

b. 输纸歪斜：例如输纸线带松紧不一，压纸轮压力不一或者下压有快慢，检查送纸吸嘴动作的协调性和有效性，检查输纸线带的松紧以及压轮对其的压力和作用方向等；

c. 纸张尺寸偏差超标，随机抽检裁切后某刀纸最上一张和最下一张的尺寸偏差；

d. 纸张在前规定位时，其拖梢和压纸轮（毛刷轮）距离不符合要求；

e. 输纸线带运行不正常，例如接缝不合要求等；

f. 前规的上挡纸舌或定位板几何位置不符合要求等。

② 纸张在前规整体的或者单边的走不到

（4）纸张在侧规定位（轴向定位）的问题

① 定位时间不符合要求

a. 机件相对位置走动，对照印刷机《使用说明书》中的关键机件动作时刻表的要求，正确调节到准确状态；

b. 机件磨损所致，修理磨损件或者换用备件。

② 纸张在拉规处整体或者单边的拉过头或者拉不到（推规处整体或者单边的推过头或者推不到）

a. 侧规压纸轮动作不准确，对照印刷机《使用说明书》中的关键机件动作时刻表的规定，调节到准确状态；

b. 机件磨损所致，修理磨损件或者换用备件；

c. 拉纸力或者推纸力过大或者过小；

d. 拉纸距离或推纸距离过大或者过小；

e. 侧规的上挡纸舌或定位板几何位置不符合要求等。

（5）递纸装置与定位装置交接失败

a. 定位失效，使纸张受损或者纸张失控掉入机器内部。对照印刷机《使用说明书》中的交接机件动作时刻表，调节到规定状态；

b. 交接失效，并使交接机件（交件——定位机件，接件——递纸机件）受损、失效，需要修理受损的机件或者使用备件替换失效的机件。

（6）递纸装置与压印滚筒咬牙交接控制纸张

① 交接失误

a. 定位失效，使纸张受损或者纸张失控掉入机器内部。对照印刷机《使用说明书》中的交接机件动作时刻表，调节到规定状态；

b. 交接失败，并使交接机件（交件——递纸咬牙，接件——压印滚筒咬牙）受损、失效，修理受损的机件或者使用备件替换失效的机件。

② 递纸方式和定位效果的关系，例如下摆式递纸装置有利于高速印刷时的精准定位、平稳交接和高质量印刷。

（7）压印滚筒咬牙控制纸张并印刷→传纸装置传纸

① 咬牙咬力不足（所有咬牙咬力不足或者个别咬牙咬力不足）；动作不协调（所有咬牙或者个别咬牙张闭不同步或者不灵活）与印刷时纸张所承受剥离张力不相抗衡时，将发生套印不准、弓皱、重影（如果是倍径压印滚筒或者倍径传纸滚筒时，还将有 AB 重影发生的可能性）。

② 甩角 在印刷压强作用下，纸张在有水平版印刷润湿液的影响下，印张拖梢两角呈现向（朝外和靠身）外侧甩开的形状变化，n 色印刷时，纸张甩角 n 次，各次甩角程度是逐次锐减的，n 次甩角结果在纸张的拖梢最终呈现如同倒梯形的角线和拖梢两角套印不准的情况。

③ 纸张表层组分结合牢度与印刷时纸张所承受的分离功不相抗衡时，将发生拉毛、掉粉甚至剥纸等印刷弊病。

④ 交接时刻不合适的设计（例如，此交接过程被设定在此印张正在此处压印的时段内）或者交接次数过多的设计，容易造成交接不稳和套准困难。

⑤ 交接失误

a. 交接失效，使纸张受损或者纸张失控掉入机器内部。对照印刷机《使用说明书》中的交接机件动作时刻表，调节到规定状态；

b. 交接机件受损、失效，修理受损的机件、使用备件替换失效的机件。把交接机件的相对位置调节正确。

（8）传纸装置传纸→下一色组压印滚筒咬牙控制纸张并印刷

印张在被转移的过程中，尚未结膜干燥的墨层一旦碰上某些机件就会发生脏污，尤其是 B—B 型单张纸的平版胶印机，印张拖梢极易飘动不定而碰脏。因此，最好选用具备空气导纸系统的印刷机，使尚未结膜干燥的印张由气垫托着。

（9）最后一色组压印滚筒咬牙控制纸张并印刷→收纸链条咬牙控制纸张

① 咬牙咬力不足，同（7）的①，但是不会发生 AB 重影。

② 为收纸顺利和避免碰脏

a. 启用与图文墨层干燥形式相匹配的干燥装置；

b. 配备和使用平纸器；

c. 气垫型防蹭脏装置的配置和使用；

d. 使用副收纸板装置通过晾夹板收纸；

e. 适度喷粉避免或缓解背面沾脏。

（10）收纸链条咬牙放纸→收纸台处收理纸张

① 放纸过早或者过晚　造成印张冲出或者接不出，调节放纸早晚的控制凸轮。

② 收纸不齐　检查真空吸气减速轮减速效果，左右两侧理纸板的距离以及动作协调性和有效性，前后理纸板的距离以及动作协调性和有效性，收纸台上方风扇吹风风力以及风扇实际配置的合理性；由于印迹墨层厚，纸堆起伏不平时，要关注平纸器的有效性等。

③ 接纸接不出，印张掉在收纸渠道，堵塞收纸渠道，甚至于损伤收纸机构，必须迅速停机，将堵塞的纸张彻底去除，检查相关机构是否受损，必须修复受损的机件或者以备件更换失效的机件。

④ 印张堆放过高，印迹墨层层数多、印迹墨层未及时干燥，纸张正反面又相当平滑时极容易发生背面沾脏。

a. 选用着色力高的油墨，并采用底色去除或非彩色制印工艺，减少各色印刷的墨量和油墨叠印的层数；

b. 选用干燥形式与承印物匹配良好、能及时干燥的油墨印刷；

c. 合理安排作业流程，使印迹墨层的黏性增值变化曲线始终低于实际的蹭脏黏性线（见图 4-29）；

d. 晾夹板；

e. 上光保护　采取上亚光或者高光等表面整饰措施；

f. 喷粉　必须适度，以利于环境保护、员工健康和设备保养，更有利于印后加工的作业顺利。

前三项是治本措施，但是必须预作适性匹配检测才能实现；后三项措施是治标的措施。

⑤ 印刷时，一旦发现疑似印刷弊病应及时对症解决，并在收纸处做好夹条标记。

（11）收纸台收理印张→停机或者不停机换收纸台

停机或者不停机换收纸台机构失效，造成收纸不齐，纸张跌落在工作场地，接纸接不出、收纸堵塞、甚至损伤收纸机构。

（12）停机或者不停机换收纸台→？（印刷完毕或再次输纸在同一面印专色或印刷反面）

成品、半成品以及看样台上的抽样样张必须规范堆放，以免倾倒、碰脏、颠倒、混杂、重压或者出现荷叶边、紧边、卷曲等问题。每一阁脚成品或半成品必须妥善保管，标记应清晰而正确。

2. 卷筒纸印刷

（1）待印纸卷→停机换纸卷

① 纸卷种类匹配错误，例如电脑票据卷筒纸印刷机上印刷无碳复写纸时，上纸（面纸）、中纸和底纸的装纸错误等。

② 纸卷圆度不符合要求，换用圆度符合要求的纸卷或者将圆度不合要求的纸卷覆卷到合乎标准。

③ "白破"应清除彻底。

（2）人工穿纸或者自动穿纸，要避免出现以下情况：纸带有异物、破损或接头不牢、穿纸路径错误等。

（3）各区段纸带张力调整→印刷时，要避免出现以下情况：纸带张力波动超标，纸带漂移，纸卷收卷不整齐，擦脏，擦伤，拉毛、掉粉、剥纸，纸带断裂等。要及时清除过纸辊、转向辊、浮动辊、调整辊等表面的墨迹污垢，检查纸带的（张力大小）松紧情况。

（4）印刷→不停机换纸卷时，要避免出现以下情况：纸张种类匹配错误，纸卷圆度不符合要求，前后纸卷接头粘结不牢，破损或者有异物，纸带张力不稳定，纸带漂移，纸带断裂等。

（5）印刷→干燥装置→冷却装置 干燥装置要和印迹墨层的干燥类型匹配，同时干燥效果、冷却效果和对纸卷的影响程度，必须在工艺规定的范围之内。要避免出现以下情况：拉毛、掉粉、剥纸，纸带断裂，不干等问题。

（6）冷却装置→收卷或者模切压痕及分切等时，要避免出现以下情况：纸卷收卷不整齐，不干或者模切、压痕偏差超过标准或者模切、压痕后清废困难、收理不齐，擦脏等。应清除三角板表面的墨迹污垢，检查吹气孔畅通情况及风量大小，检查模切、压痕装置或折页装置运行状况等。

第二节　承印物的管理和监控

一、承印物的几何尺寸和外观形状

1. 几何尺寸的变化

纸张一类的承印物在有水平版印刷的过程中，因印刷压力和润湿液的共同作用，几何尺寸通常有如下规律性的变化，如果纸张含水量上升，其周向尺寸和轴向尺寸均有所增大。丝缕方向和压印滚筒轴向一致的，其周向尺寸增大量大于轴向尺寸的增大量；丝缕方向和压印滚筒周向一致的，其周向尺寸增大量小于轴向尺寸的增大量。

在印刷压力作用下，纸张的周向和轴向均有不同程度伸长，对于单张纸来说在拖梢区域这两种方向的伸长尤为明显。因此，选用抗压强度高、塑性变形小的承印物，印刷时采用理想压力和水小、墨小的水墨平衡是正确的。

2. 外观形状的变化

纸张在有水平版印刷时的外观变化显然明显于无水平版印刷，因为在相同图文的承印物上，前者还要承受润湿液的影响，并存在水墨是否平衡和平衡得如何的问题。若堆垛的成品或者半成品起伏不平，也不利于再次输纸印刷。

二、承印物的含水量和机械强度

1. 含水量的变化

有水平版印刷时，由于纸张存在吸湿性，印刷的结果之一是纸张含水量的上升。因此，通过调湿处理降低纸张对水分的敏感程度是有效的；同时，在有水平版印刷时，使用最少量的润湿液，或者选用几何尺寸几乎不受润湿液影响的其他承印物等成为关键。

2. 机械强度的变化

由于润湿液和压印后剥离张力的作用，纸张表面组分的结合牢度有所下降，同时，纸张周向的抗拉强度也有所下降。因此，从选材角度来看，选用强度和牢度合适的承印物来承印印刷质量档次要求高的印刷品是十分重要的。换一个角度，从印刷工艺的角度来看，为已经选定的承印物选用适宜的油墨、印速、印刷压强等也是十分重要的。总而言之，印刷之前的印刷物料检测和印刷适性的匹配工作是至关重要的。

三、成品、半成品和吸墨纸、校版纸的收理和堆垛

1. 收理成品和半成品的要求

成品或半成品的收理和承印物的收理相似，只是成品或半成品的收理更要小心谨慎，因为其表面有了印迹墨层和或多或少地接触了润湿液，纸张变得不如原先平整坚挺，能不能收理得整齐，收理时会不会擦脏或留有手印，成了规范操作的关注点。

2. 吸墨纸的要求和收理

（1）干、湿要分开，规格要区别，放取要方便；

（2）及时清除失效的吸墨纸，例如已经使用多次、表面墨层已经饱和的吸墨纸，破损、折角、弓皱的吸墨纸要坚决剔除。

3. 校版纸的要求和收理

（1）品种要分开，规格要区别，标记要清晰，放取要方便；

（2）及时清除失效的校版纸，例如已经破损、折角、弓皱和其他不能作为套印基准的校版纸要坚决清除。

第三节 套印准确的概念与套印的监控

印刷是一种复制原稿图文信息于承印物上的工艺技术，套印准确又是所有印刷产品共同的质量要求。

一、套印准确的概念

基于平面上任何点、线、面等像素的位置均可以二维直角坐标系的坐标值得到精确的描述和定位。因此，套印准确的概念是指每张、每面图文所在位置的偏差值均在套印误差的允许范围之内时，称之为套印准确。

二、套印不准的表现形式

1. 对同一张印张来说

（1）整体套印不准。

（2）局部套印不准。

（3）正、反面套印不准。

2. 对同一批产品的前后印张来说

（1）前后印张的上下或来去尺寸不一，但各个印张自身却是套准的（发生在多色机上）。

（2）前后印张，间隔性的套印不准。

三、引发套印不准的主要因素

1. 机械性套印不准

由于机械结构设计上的欠缺和机构调节的误差以及零件磨损引起的套印不准。

（1）机械结构性套印不准，可分为：

① 咬牙张闭机构咬力不足。

② 倍径滚筒设计和制造精度不高引发的套印不准，有时是间隔性的套印不准。

③ 纸张交接失控。

④ 定位机构和递纸机构制造精度不够。

⑤ 上述机件磨损过度。

（2）由机构调节失误引起的套印不准，可分为：

① 咬牙咬力调节不当。

② 咬牙牙垫高度调节失误。

③ 交接关系调节不正确。

④ 纸卷张力未调节好。

⑤ 倍径滚筒齿轮调节误差。

⑥ 输纸机构、定位机构、递纸机构未调节到位。

2. 材料性套印不准

（1）原版精度不高。原版的精度是保证套印准确的前提。在印前准备阶段，复制大面积的原稿，只要严格保证各色版的几何尺寸稳定，图文的套准是有保证的。但是，在同一张软片上要拼排许多小块图文（如邮票、瓶贴等）或者多个小面积的图文拼晒成大面积的印版时，就要特别注意各个色版的准确性。因为，拼排或拼晒（套晒）时，若每次间隔误差为 0.02～0.05mm，那么在 n 次连续拍、拷、晒后就要乘以 n，误差累积就相当大了。所以，应该在整页拼版或直接制版等软、硬件高精度保证的系统上制作原版或印版。

（2）纸张含水量不均匀。

（3）纸张丝缕方向不一。

（4）前后色印版厚度安排不合理（对于 PS 版，已不存在这种情况）。

（5）承印物裁切误差。

（6）卷筒纸不圆度产生的套印不准。

3. 工艺性套印不准

（1）滚筒包衬厚度不合理。

（2）印版装拉失误。

（3）橡皮布裁剪以及安装不当。

（4）版面水分过大。

（5）生产环境温湿度变化超标。

（6）纸张粘连。

（7）输纸、定位、递纸、压印、传纸等机构未调节正确。

（8）纸带张力未控制好。

不同幅面的印刷机遇到的套印精度问题也有很大差别。例如，全张、甚至双全张的平版胶印机，如果整个幅面是由众多小图文拼成的，又要求全面套印准确时，其套准难度远远超过对开和四开等小幅面的印刷机上的印刷。也就是说，印刷的幅面越大，遇到的套准难度也越高。

因此，工艺性套印不准的问题是本课程讨论的重点。

四、套印的监控和适时调整

套印的监控和适时调整是十分重要的，高速印刷时尤为重要。

1. 套印的监控和适时调整

过去和目前，主要还是依赖印刷操作人员的经验，借助放大镜观察、发现和测量套印偏差，然后通过拉版，借滚筒，调节定位装置，由操纵台遥控微量调节印版滚筒的轴向位置、周向位置以及对角倾斜，这个过程对经验的依赖程度高，所花费的时间较多，在高速印刷时往往显得比较被动和把握不大，损失较大。

2. 套印的全自动监控和智能化适时调整

借助套印自动监控装置，作到智能化地适时调整，（例如，海德堡的 CPC4 套准控制装置、海德堡 CPC24 图像控制系统等）来适应高速印刷的及时、快速、高精度的套准印刷以及显现套印状态对色彩影响的程度。

五、印版装拉和图文尺寸的变化

平版胶印印版的版材主要是铝为版材的 PS 版（预涂版），厚度有的只有 0.15mm 或者 0.30mm，它们的延展性较大，在外力作用下容易变形，而且在外力去掉后，变形也不易消除。

在圆压圆的平版胶印机上，不论是自动、半自动装版，还是手工装版，都将使印版先后产生两种不同的变形：弯版的纯弯曲变形和紧版时的拉伸变形。

1. 印版的纯弯曲变形

平版印版装到滚筒上之后，就由过去的平面成为近似圆筒形的曲面，就会使印版正面和背面的实际长度（L）发生变化。如图 5-2 所示。

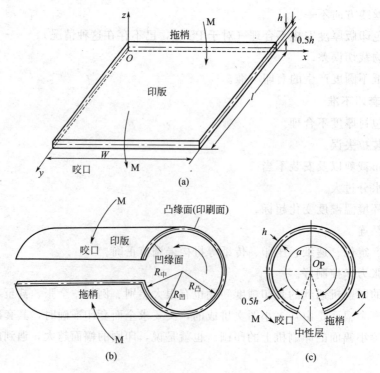

图 5-2   平版印版纯弯曲变形前后的示意图

平版在纯弯曲过程中。与 zoy 平面相平行的任何一个横截面，都将保持在原先的平面内，仍平行 zoy 平面，仅仅只是围绕 x 轴转过一个 α 角度。如果设想平版是由纵向（y 轴方向）的金属晶格（金属晶体）组成，随着平版的纯弯曲，将使横截面（平行于 zoy 平面）成为扇面形状，印版的凹面金属晶格将缩短，印版的凸面金属晶格则伸长，中间必然有一层晶格尺寸不变，即所谓的"中性层"，而且"中性层"正好在版厚的二分之一处。矩形平版纯弯曲后，中性层周向的尺寸等于印版纯弯曲变形前在 y 坐标上的长度 L。印版纯弯曲后，印版的印刷面即为凸缘表面，这里的周向伸长也最严重。

在平台式（圆压平）平版胶印打样机上，平版不需纯弯曲，所以不存在印版图文尺寸变化的情况，故印版正背面 y 坐标上的长度 L 是一致的。

在圆压圆的平版胶印机上，若印版纯弯曲装上印版滚筒正好覆盖一周时：

$$L_{中}=L_{原}=2\pi R_{中}=L \tag{5-1}$$

式中，$R_{中}$ 为中性层到印版滚筒旋转中心之半径。此时，中性层对应的包角 α 也是 $360°$，同时印版凸缘面（即印刷面之弧长）的 $L_{凸}$ 为：

$$L_{凸}=2\pi(R_{中}+\frac{1}{2}h)=2\pi R_{中}+\pi h \tag{5-2}$$

式中，h 为印版的厚度。

此时，印刷面的 $L_{凸}$ 与中性层 $L_{中}$ 之差为：

$$\Delta L=L_{凸}-L_{中}=2\pi R_{中}+\pi h-2\pi R_{中}=\pi h \tag{5-3}$$

实际情况是当印版纯弯曲包在印版滚筒上时，其包角 α 总小于 $360°$。故有：

$$L（印版原长度）=L_{中}<2\pi R_{中}。$$

因为 $\alpha<360°$，对于中性层：$\dfrac{L}{2\pi R_{中}}=\dfrac{\alpha}{360°}$；$L=\dfrac{\alpha}{360°}2\pi R_{中}$；

凸缘表面：$\dfrac{L_{凸}}{2\pi(R_{中}+0.5h)}=\dfrac{\alpha}{360°}$；$L_{凸}=\dfrac{\alpha}{360°}(R_{中}+0.5h)2\pi$；

式中，$L_{凸}$ 为印版弯曲后，凸缘面之弧长。

因此，印版纯弯曲后，凸缘表面弧长与中性层之弧长的差值为：

$$\Delta L=L_{凸}-L_{中}=L_{凸}-L=\frac{\alpha}{360°}\pi h \tag{5-4}$$

[**例题 5-1**]　J2108 的印版滚筒包角 $\alpha=270°$，印版厚度 $h=0.5mm$，当印版纯弯曲包在印版滚筒上时，印刷面弧长 $L_{凸}$（凸缘面弧长）与印版原长（L 即 $L_{中}$）之差值为：

$$\Delta L=L_{凸}-L_{中}=\frac{\alpha}{360°}\pi h=\frac{270}{360}(0.5)\pi\approx1.18(mm)$$

由式(5-4)可知，ΔL 随滚筒包角 α 的增大而增加。当 $\alpha=0°$ 时 $\Delta L=0$，这是平台式平版胶印打样机；当 $\alpha\approx360°$ 时，ΔL 达到极大值。ΔL 与版厚 h 成正比。同时 ΔL 在周向上是均匀分布的。

由于平版胶印机正向多色、高速、卷筒方向发展，使 α 角日趋接近 $360°$。为了减少印版纯弯曲引起的 ΔL 值（图文周向上的伸长值），只能限制印版厚度 h 值。例如，PS 版的厚度一般控制在 $0.3mm$ 或者 $0.15mm$。又如多层金属版，表面铬层不能镀得太厚，否则会因 ΔL 的偏大，使铬层表面局部开裂，出现细小的裂缝，反而使空白部分出现裂缝状的油脏。

因为　　　　　　　　　　$L_{凸}=\dfrac{\alpha}{360°}(R_{中}+0.5h)2\pi$，

且
$$\Delta L = \frac{\alpha}{360^\circ}\pi h,$$

故
$$\frac{\Delta L}{L_凸} = \frac{\frac{\alpha}{360^\circ}\pi h}{\frac{\alpha}{360^\circ}(R_中 + 0.5h)2\pi} = \frac{h}{2R_中 + h},$$

则
$$\Delta L = L_凸\frac{h}{2R_中 + h} = = L_凸\frac{0.5h}{R_中 + 0.5h} \tag{5-5}$$

又因为 $L_凸 = L + \Delta L$，$R_中 = R_凹 + 0.5h$，$R_凸 = R_中 + 0.5h$
将此代入式(5-5)，得：

$$\Delta L = L_凸\frac{h}{2R_中 + h} = L_凸\frac{h}{2(R_凹 + 0.5h) + h} = L_凸\frac{h}{2R_凹 + 2h} = L_凸\frac{0.5h}{R_凹 + h} \tag{5-6}$$

式中，$R_凸$ 为印版凸缘面到印版滚筒圆心之距离（凸缘面半径）；$R_凹$ 为印版凹缘面到印版滚筒圆心之距离（凹缘面半径）。

2. 印版的拉伸变形

在圆压圆的平版胶印印刷机中，平版印版不只是被纯弯曲，还得在印版滚筒上被拉到一个规定的周向（上下）和轴向（来去）的位置，然后以一定的张力绷紧在印版滚筒上。因此，又存在拉伸形变的情况。

金属薄版在张力 T 的作用下，其伸长值 $\Delta L_紧$ 与张力 T、长度 L 成正比，与其横截面 S_{XOZ} 以及弹性模数 E 成反比，即：

$$\Delta L_紧 = \frac{TL}{ES_{XOZ}} \tag{5-7}$$

式中　T——作用于印版的张力（紧版拉力）；

　　　L——印版印刷面原有的周向长度；

　S_{XOZ}——印版横截面积；

　　　E——金属薄板的弹性模数。

由式(5-7)可知：

(1) 平版印版依靠咬口和拖梢两端版夹的拉力，紧紧贴在印版滚筒上。根据印版纯弯曲变形的特点，平版印版凸缘面受到的拉力最大，所以该处的拉伸形变势必也最大。因此，在校正规矩拉版紧版时，必须尽可能地减少拉版次数（最好是一次拉版到位）和拉版张力 T，以保证只有最小的拉伸值 $\Delta L_紧$ 有条件的，应该使用恒力矩扳手，以使 $T_A = T_C$，并且大小合适。

(2) 印版面积 S_{XOY} 越大（$S_{XOY} = WL$）拉动印版的拉力 T 值也越大，才能克服背面摩擦力 F。因此，印刷面积 S_{XOY} 大的平版胶印机和版厚 h 极薄的 PS 版（例如，全张、双全张的印版），尤其应注意印版拉伸形变的后果。所以，四色平版胶印机往往采用各色组印版滚筒配置轴向和周向微量移动功能的机构，并要求咬口版夹的定位销与印版咬口定位孔对准贴合，来保证印版装平（印版咬口与印版滚筒轴线平行），以降低拉版难度和减少拉版次数。

(3) 对长度 L 和宽度 W 一定的印版来说，印版厚度 h 越大，横截面积 S_{XOZ} 也越大。所以在 E、T 取一定值的时候，h 越大，拉伸值 $\Delta L_紧$ 也就趋小。

平版印版装在印版滚筒上后，实际的受力情况还不能由上述的拉伸变形的简单公式(5-7)得到如实的描述。因为，印版在滚筒上受到拉力后，总有一部分转化为对滚筒的正压力，同时印版在绷紧或挪动时，还存在印版凹缘面与滚筒之间的摩擦力（静摩擦或滑动摩擦）。这就使印版沿圆周方向的拉力（张力）分布不可能一致，而且张力的分布和大小还和包角 α、印版背面摩擦系数 f 等因素有关。例如：J2101 平版胶印机的包角 $\alpha=144°$；J4102 的包角 $\alpha=250°$；J2108 胶印机的包角 $\alpha=270°$；JJ204 的包角 $\alpha=353°$。

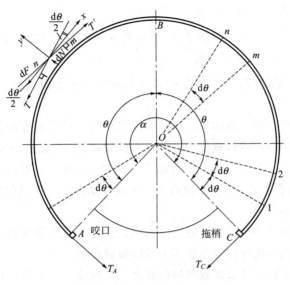

图 5-3 平版印版装上滚筒后紧版的受力情况

如图 5-3 所示，A 和 C 分别是平版胶印机印版滚筒的咬口和拖梢，印版在这两处受到的拉力分别为 T_A 和 T_C。B 为印版圆周方向的中点，即有：

$$\angle AO_P B=\angle BO_P C=\theta=\frac{\alpha}{2}$$

在印版的 BC 段中，任意一极其微小的弧段 mn，所对圆心角 $\mathrm{d}\theta$ 角度，故令：m 点上拉力 T'，n 点上拉力为 T，且 $T'=T+\mathrm{d}T$，f 为滑动摩擦系数，当处于力的平衡状态时，则：

$$\sum X_i=0，(T+\mathrm{d}T)\cos\frac{\mathrm{d}\theta}{2}-T\cos\frac{\mathrm{d}\theta}{2}-f\mathrm{d}N=0，$$

$$\sum Y_i=0，\mathrm{d}N-(T+\mathrm{d}T)\sin\frac{\mathrm{d}\theta}{2}-T\sin\frac{\mathrm{d}\theta}{2}=0，$$

其中：$\sin\frac{\mathrm{d}\theta}{2}\approx\frac{\mathrm{d}\theta}{2}$；$\cos\frac{\mathrm{d}\theta}{2}\approx1$；$\mathrm{d}F=f\mathrm{d}N$；

$\frac{\mathrm{d}T\mathrm{d}\theta}{2}$ 为两个微小量乘积之半，可忽略不计；$\mathrm{d}F$ 为弧段 mn 内的摩擦力，$\mathrm{d}N$ 为弧段 mn 上的正压力；$\mathrm{d}\theta$ 和 $\mathrm{d}N$ 均为微小量，印版自重不计。由上可得：

$$\mathrm{d}T-f\mathrm{d}N=0，\mathrm{d}N-T\mathrm{d}\theta=0，$$

则：
$$\frac{\mathrm{d}T}{T}=f\mathrm{d}\theta$$

上式两边积分，得：
$$\int_{T_B}^{T_C}\frac{\mathrm{d}T}{T}=\int_0^{\theta}f\mathrm{d}\theta$$

$$\ln\frac{T_C}{T_B}=f\theta$$

故 $T_C=T_B\mathrm{e}^{f\theta}$ 或者 $T_B=T_C\mathrm{e}^{-f\theta}$ (5-8)

式中，θ 为弧度数。

例如，$\alpha=270°=2\theta$，$f=0.5$，则由式(5-8) 得：

$$T_B=T_C\mathrm{e}^{-f\theta}=T_C\mathrm{e}^{-f\frac{\alpha}{2}}=T_C\mathrm{e}^{-1.78}=0.3079T_C;$$

如果，$\alpha=270°=2\theta$，$f=0.6$，则：

$$T_B=T_C\mathrm{e}^{-f\theta}=T_C\mathrm{e}^{-f\frac{\alpha}{2}}=T_C\mathrm{e}^{-1.41}=0.2432T_C;$$

又如，$\alpha=353°=2\theta$，$f=0.5$，则：

$$T_B=T_C\mathrm{e}^{-f\theta}=T_C\mathrm{e}^{-f\frac{\alpha}{2}}=T_C\mathrm{e}^{-1.540}=0.2143T_C。$$

由式(5-8) 可知：

(1) 装在印版滚筒上的平版印版，在拉版或紧版时，其圆周方向各个微小弧面 mn 所受到的张力并不一致，越靠近咬口或拖梢，其张力值越接近 T_A 或 T_C（即越大，以 T_A 或 T_C 为上限值）；越接近 B 点（见图 5-3），张力越小，并以 T_B 值为下限值。当 T_A 和 T_C 一定时，T_B 之大小与滑动摩擦系数 f，包角 α 值有关，f 或 α 值增大，T_B 则趋小；即印版沿滚筒周向方向的张力分布越不均匀。

(2) 装版时，拉力 T_A 和 T_C 必须适当。否则，首先造成印版拖梢或咬口部位的拉伸变形过量和套印不准，甚至造成咬口或拖梢部分的印版被拉裂。

(3) 晒版时，为了减少拉版次数和拉版幅度，印版咬口（上下）和来去尺寸必须晒制准确，千万不要歪斜，装拆印版时，在印版和滚筒上要做好标记以作为装拉版的基准。或者采用更先进的定位系统，从分色制版（整页拼版）、晒版到印刷使用配套的定位孔、定位销装置，来保证印版的高精度、高质量和装版的高速度、高效率。

(4) 印版越薄（h 越小），紧版时越要注意：既要绷紧印版，又不能使拉力过大。

(5) 装版操作要规范化，拖梢边要预先弯曲成标准的形状，印版插入版夹中，必须到达规定的位置（由咬口版夹专用孔可以检查印版是否安装到位）。印版滚筒应该具有周向和轴向微量移动的装置，甚至有微量的歪斜校正装置，以减少拉版次数和拉版难度。

(6) 印版滚筒包角 α 越大（即滚筒利用率越高），拉版张力在印版上的分布也越不均匀。在包角小的滚筒上，印版不易拉伸变形；包角大的滚筒，极容易使平版印版拉伸变形过大，因此拉版时必须做到：利用印版版夹配备的轴向顶移机件，通过印版的周向放松、轴向对角顶移来消除摩擦力过大对歪版拉正时的不利影响。

(7) 拉版时，印版拉伸变形值的大小又和滑动摩擦系数 f 值有关。例如，印版背面和其他衬垫材料之间的 f 值之选定，如果这两表面过于毛糙，f 值就会偏大，造成拉版和紧版时的拉力过大和拉伸变形超标以及拉力分布的悬殊。

(8) 出现了印版全自动拆装的机构。

(9) 而后出现了印刷机上直接制版印刷，既提高了套印的精度，又简化了操作。

3. 印版装拉对套印的影响

平版印版装上印版滚筒之后，除了存在平均分布的纯弯曲变形外，还在拉版、紧版的过程中产生拉伸变形。拉伸变形值不仅与印版厚度、拉力大小有关，还和装版操作是否规范密切有关。否则，会引起不正常的印版变形，为此：

拉动印版时，必须把另一端的拉力撤除后，才能开始拉版。否则会产生过量的拉伸变形，并集中在施力的版夹附近。

轴向移动印版时，必须撤除印版的周向张力。否则，会如图 5-4 所示，印版在 T_A、T_C

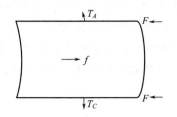

图 5-4　印版在背面摩擦力
作用下的轴向变形

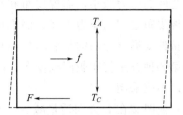

图 5-5　周向拉力未撤，单边
轴向位移使印版变形

尚未撤除时，就施加轴向顶力 F 于咬口、拖梢，结果在印版背面摩擦力严重阻碍下，印版成为双曲边四边形，造成套印不准。

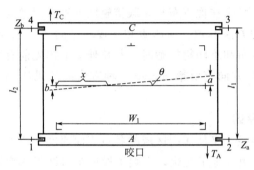

图 5-6　歪版拉正示意图

如图 5-5 所示，在 T_A、T_C（$T_A > T_C$）尚未撤去时，就施加轴向顶力 F 于拖梢，使印版变为平行四边形，也造成套印不准。

如果印版图文必须在朝外或靠身两侧作不等量或不同方向的周向移动时，对于包角大、曲率半径小的印版滚筒来说，要在拉版之前，先撤除咬口和拖梢两端的拉力，并借助版夹两侧的支顶螺栓的作用，再对角施力 T_A 和 T_C 来实现。如图 5-6 所示，其中 a、b、W_1、l_1 和 l_2 均为已知值（可在印张上测得）。

六、滚筒衬垫增减与图文周向尺寸的变化

在印刷过程中，滚筒衬垫厚度的增减会造成承印物上图文 L 方向上的变化。同类型机器相互套印时，或多色机的各色组，必须严格使衬垫厚度保持一致。有时为了解决某些套印误差，可以利用这种变化关系，在允许的范围内，通过改变滚筒衬垫厚度的办法，来满足图文在 L 方向上的套合需要。

滚筒衬垫的改变，实质上就是改变三滚筒之间的自由半径关系，但必须使衬垫的增减量控制在允许的范围之内，一般 J2101 的滚筒衬垫增减值控制在 0.1mm 之内，中速机控制在 0.05mm 之内，高速机范围更小，否则会使滚筒之间的表面摩擦过大；理想压力被破坏；造成着水辊、着墨辊与印版的接触不良（压力偏大或偏小）。

上述不良情况又会在印版耐印力、网点变形等方面影响产品的印刷质量。

1. 滚筒衬垫增减与图文周向尺寸变化的关系和计算

（1）衬垫增减与图文周向尺寸变化的关系　改变衬垫厚度，必须具备以下条件：滚筒衬垫厚度原来是标准的，并达到了理想压力。为了满足周向套准的要求，可以适当改变滚筒衬垫厚度。

为使图文在 L 方向适量增加，有以下几种方法。

① 减少印版滚筒衬垫厚度的同时，增加橡皮布滚筒衬垫的厚度，使衬垫的增量相同。

② 减少印版滚筒衬垫的厚度。

③ 增加橡皮布滚筒衬垫的厚度，其他不动。

上述三种方法都能使图文在 L 方向有所增长。第②种方法，操作简单，但会使印版与

橡皮布之间的压力减小，而橡皮布和承印物之间的压力不变。第①种方法比第②种麻烦，但印版和橡皮布之间的压力未变，而橡皮布同承印物之间的压力增加，使橡皮布同承印物接触时发生挤伸变形（伴随的是后凸包明显）。因此 L 方向的增量，第①种方法比第②种方法显著。因第③种方法使印版同橡皮布之间，以及橡皮布同承印物之间的压力同时增加，副作用大，所以不应采用。

（2）使图文在 L 方向适量减少，有以下两种方法。

① 增加印版滚筒衬垫的厚度。

② 增加印版滚筒衬垫厚度的同时，减少橡皮布滚筒衬垫的厚度，使衬垫的增减量相同。

上述两种方法均可使印刷的图文在 L 方向有负增量。第①种方法操作方便，但使印版同橡皮布之间的压力增加，潜进变形（前凸包）发生在橡皮布与印版接触区前沿，而橡皮布跟承印物之间的压力不变。第②种方法比第①种方法麻烦，但印版和橡皮布之间压力未变，而橡皮布与承印物之间的压力有所减少，在橡皮布和承印物接触时，其挤伸变形比先前有所减少，甚至出现相反的潜进变形，因此图文在 L 方向有负增量，第②种方法的效果比第①种方法明显。

2. 衬垫增减后引起 L 方向图文尺寸变化的原因

滚筒衬垫增减后，不仅改变了滚筒的自由半径，又使压印区域的各点表面速度和速差发生了变化，还使原图文尺寸（L 方向）对应的包角发生了变化，影响了橡皮布与纸张的变形值，从而使转移到承印物上的图文尺寸在 L 方向发生了变化。

（1）增减印版滚筒衬垫总厚度，将使图文尺寸在印版滚筒上的包角有所改变　同一图文的印版，如果印版及其衬垫的总厚度有所改变，将使印版滚筒包衬后的自由半径发生变化，这样，在 L 方向印版中性层不变的前提下，其图文周向尺寸所对应的包角将是一个变量。则有：

$$\alpha = \frac{L_{图中}360°}{2\pi(R_凹+0.5h)} = \frac{L_图 360°}{2\pi(R_凹+0.5h)} = \frac{L_{图中}360°}{2\pi(R''_P-0.5h)} = \frac{L_图 360°}{2\pi R''_P} \tag{5-9}$$

$$\alpha_1 = \frac{L_{图中}360°}{2\pi(R_凹+\Delta h_P+0.5h)} = \frac{L_图 360°}{2\pi(R''_P+\Delta h_P-0.5h)} = \frac{L'_图 360°}{2\pi(R''_P+\Delta h_P)} \tag{5-10}$$

式中，α 为印版滚筒包衬后，图文周向尺寸所对的包角，又称为印版图文周向转移角；α_1 为印版滚筒衬垫增减后，此时 $L'_图$（图文周向尺寸）对应的包角，又称为 $L'_图$ 的周向转移角；$R_凹$ 为印版滚筒衬垫未增减前，印版凹缘面到印版滚筒轴线之距离；R''_P 为印版滚筒衬垫未增减前，印版滚筒包衬后的自由半径；$L_图$ 为印版滚筒衬垫未增减前，印版图文周向尺寸（它和 R''_P 相对应）；$L'_图$ 为印版滚筒衬垫增减后，印版图文周向尺寸（它和 $R''_P+\Delta h_P$ 相对应）；$L_{图中}$ 为印版图文周向尺寸所对应的中性层尺寸，在印版滚筒衬垫增减时，它是一个不变量；h 为该印版的版厚，在这里它是一个变量（除非是版厚一致的 PS 版）；Δh_P 为印版滚筒衬垫增减量，$\Delta h_P>0$，为印版滚筒总衬垫增加；$\Delta h_P<0$，表示印版滚筒总衬垫减少（负增量）。当 $\Delta h_P<0$ 时，$\alpha_1>\alpha$，纯弯曲变形的 ΔL 也趋大；$\Delta h_P>0$ 时，$\alpha_1<\alpha$，纯弯曲变形的 ΔL 则趋小。

对于传动比为 1 的三滚筒来说，强制性的齿轮传动保证了这三滚筒的角速度相等，不同包角（α 和 α_1）所对应的弧长之差，将在表面速度不相等的互相摩擦滑移之中消除掉。所以，虽然只是印版滚筒包衬厚度的增减，尽管尚未印刷，但已具备了使图文在 L 方向上变化的条件。

（2）橡皮布变形值的变化　橡皮布的变形也是影响图文尺寸的一个常见因素。橡皮布用于传递印迹墨层，同时，橡皮布又是弹性体，改变橡皮布滚筒的 R''_B 或接触压力，必使橡皮布的变形在印刷过程中发生改变。图 2-29 是圆压平的情况。在圆压圆时，在压印滚筒与橡皮布滚筒之间，增加橡皮布的挤伸变形（即把橡皮布滚筒上的衬垫总厚度适当增大些），橡皮布上的图文在 L 方向上就会有正增量，转印到承印物上的图文自然也要变长；反之，橡皮布的挤伸变形减小，或者出现潜进变形时，图文尺寸就会相对地变短。

（3）承印物变形值的变化　印刷时，橡皮布和承印物之间的压力若增加，会使承印物的受压变形增加，尤其是塑性变形大的承印物，L 方向的正增量，必然使印张上的图文尺寸相应地增加。而且这个压力越大，承印物同橡皮布的附着越牢固，剥离时，也会使承印物及其承印物上的图文尺寸在 L 方向有正增量。不过，当橡皮布滚筒衬垫调节的范围限制在 0.1mm 之内时，则对承印物受压变形的影响就极小，甚至可以忽略不计。

3. 衬垫增减及图文尺寸在 L 方向变化的计算

印刷过程中，如果其他条件不变，仅仅改变滚筒衬垫厚度，使图文尺寸的变化，只发生在周向（即承印物的 L 方向——上、下方向）时，那么其变化量可以通过计算，求出的值大小，并在生产实践中应用。

在速比为 1 的三滚筒之间，L_P 设为包在印版滚筒上的图文周向尺寸，对应的包角 α_P 为：

$$\alpha_P = \frac{L_P}{2\pi(R'_P + h_P)} 360° \tag{5-11}$$

$$L_P = 2\pi\alpha_P \frac{(R'_P + h_P)}{360°} \tag{5-12}$$

式中　R'_P——印版滚筒筒体半径；

h_P——印版滚筒衬垫总厚度（印版和衬纸总计厚度）。

对于橡皮布滚筒，设 L_B 为橡皮布上图文的周向尺寸，则相应的包角为：

$$\alpha_B = \frac{L_B}{2\pi(R'_B + h_B)} 360° \tag{5-13}$$

$$L_B = 2\pi\alpha_B \frac{(R'_B + h_B)}{360°} \tag{5-14}$$

式中　R'_B——橡皮布滚筒筒体半径；

h_B——橡皮布及其衬垫总厚度。

对于压印滚筒，设为 L_I 印在承印物表面图文周向的尺寸，则对应的包角为：

$$\alpha_I = \frac{L_I}{2\pi(R'_I + h_I)} 360° \tag{5-15}$$

$$L_I = 2\pi\alpha_I \frac{(R'_I + h_I)}{360°} \tag{5-16}$$

式中　R'_I——压印滚筒筒体半径；

h_I——承印物的厚度。

在单位时间内，速比为 1 的三滚筒的转角 $\alpha_P = \alpha_B = \alpha_I = \alpha$。因此，欲使 $L_P = L_I$，应该使：

$$h_P + R'_P = R'_I + h_I$$

不然：

$$\Delta L_{I-P} = L_I - L_P \neq 0$$

则有：

$$\Delta L_{I-P} = L_I - L_P = 2\pi\alpha \frac{(R'_I + h_I - R'_P - h_P)}{360°} = 2\pi \frac{\alpha (R''_I - R''_P)}{360°}$$

$$= 2\pi \frac{\alpha}{360°} (\Delta h) \tag{5-17}$$

式中，Δh 为承印物表面高于印版表面的数值，在这里 R''_I 为常数，因此 Δh 实质上成为由于 h_P 变化造成印版前后两个之差值。$\Delta h = \Delta R_I - \Delta R_P = R''_I - R''_P$ 中，ΔR_I 为印张表面高于压印滚筒齿轮分度圆半径的数值；ΔR_P 为印版表面高于印版滚筒齿轮分度圆半径的数值。

由式（5-11）得：$\dfrac{\alpha_P}{360°} = \dfrac{L_P}{2\pi(R'_P + h_P)}$ 代入式（5-17）中，得

$$\Delta L_{I-P} = \frac{L_P \Delta h}{R'_P + h_P} = \frac{L_P \Delta h}{R''_P} \tag{5-18}$$

式中，R''_P 为印版滚筒包衬后的自由半径。

式（5-18）适用于各种非倍径的平版胶印机在印刷各种幅面印张时的印刷场合。

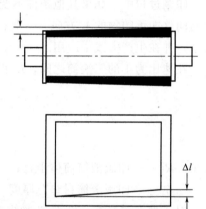

为了避免在实际印刷操作和调整时的仓促计算，各机台应针对本机台各种可能的 R''_P、L_P，找出 Δh 与 ΔL_{I-P} 的对应数值关系，供实际印刷时查对，来减少停机时间，避免操作的错误。

4. 衬垫不均匀的影响

在平版胶印过程中，如果不重视印版、橡皮布及橡皮布下的衬垫厚度的测量，或者调节不当，将造成压力不均匀；或者错误地包衬，造成 R''_P 和 R''_B 沿滚筒轴向或周向分布的不均匀，会使图文的实际大小也有相应的变化。

衬垫及压力的不均匀往往是不规则的，则引起图文尺寸的变化也是不规则的。如图 5-7 和图 5-8 所示，印版衬垫不适当，造成图文在 L 方向的尺寸不一（有 ΔL 存在）。

图 5-7 印版衬垫不均匀对图文尺寸影响之一

同样，橡皮布滚筒衬垫的不均匀也会出现类似的情况。如图 5-9 所示。

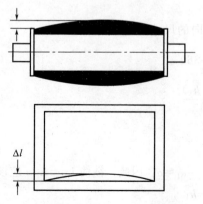

图 5-8 印版衬垫不均匀对图寸影响之二

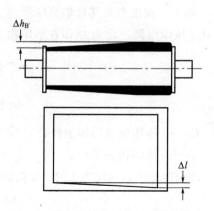

图 5-9 橡皮布衬垫不均匀对图寸影响

七、橡皮布形变与印迹图寸的变化

1. 橡皮布松紧与图文周向尺寸变化的关系

（1）橡皮布整体松紧与图文尺寸变化的关系　由橡皮布的变形规律可知，橡皮布在印刷过程中，究竟是产生挤伸变形（后凸包），还是产生潜进变形（前凸包），取决于：

① 橡皮布和印版、橡皮布和承印物接触区域内速差的大小和方向。

② 橡皮布的可压缩性和伸长率（延伸性）。

在同样大小和方向的绷紧力作用下，伸长率不同的橡皮布其变形程度必然也不同。这个伸缩率显然和橡皮布的质量有关，同时还取决于橡皮布在滚筒上的绷紧程度。绷紧得适当，伸长率则趋小，图文尺寸变化趋小（最好使用恒力矩扳手，确保橡皮布绷得松紧合理，过紧、过松都不适合正常印刷的需要）。反之，如果橡皮布过松，则会出现重影。

在印刷过程中，橡皮布必发生挤伸变形或潜进变形。包衬后，已获得图文印迹的橡皮布其受力状态也已确定。所以，在印刷中途调换橡皮布，或者改变同一张橡皮布的绷紧程度，都会使承印物上将获得的图文在 L 方向上发生变化。

[**例题 5-2**] 某 J2108 平版胶印机的印版图文包角为 $270°$，印版滚筒自由半径 $R''_{P2} = 150mm$，印版厚度 $h = 0.3mm$，若印版衬垫总厚度减少 $0.05mm$，那么 $R''_{P1} = R''_{P2} - 0.05mm = 149.95mm$（见图 5-10），则将使承印物上图文 L 方向发生变化，如图 5-9 所示，由式（5-17）得：

$$\Delta L_{I1-P1} = L_{I1} - L_{P1} = 2\pi \frac{\alpha_2 \Delta h}{360°} = 2(3.14)\frac{270°}{360°}(0.05mm) \approx 0.236mm$$

图文 L 方向对应的中性层长度 $L_{中}$，为：

$$L_{中} = 2\pi R_{中2}\frac{270°}{360°} = 2\pi(R''_{P2} - 0.5h)\frac{270°}{360°} = 706.15148870mm$$

当印版滚筒自由半径 $R''_{P2} = 150mm$ 时，图文周向尺寸 L_{P2} 为：

$$L_{P2} = \frac{2\pi\alpha_2}{360°}R''_{P2} = \frac{270°}{360°}(2\pi)150mm = 706.8583471mm$$

当印版滚筒自由半径由 $R''_{P2} = 150mm$，变为 $R''_{P1} = 149.95mm$；则 $R_{中1} = R''_{P1} - 0.5h = 149.8mm$，但中性层始终是一个常数，此时中性层 $L_{中}$ 对应的包角 α_1 为：

$$\alpha_1 = \frac{360°L_{中}}{2\pi R_{中1}} = \frac{360°(706.15mm)}{2\pi(149.8mm)}$$
$$= 270.0901202°$$

此时凸缘面图文周向尺寸为：

$$L_{P1} = 2\pi R''_{P1}(\frac{\alpha_1}{360°}) = 706.858583mm$$

因此，印版滚筒衬垫减少 $0.05mm$ 后，图文在凸缘面 1 和凸缘面 2 上的周向尺寸变化量为：

$$\Delta L_{P1-2} = L_{P1} - L_{P2} = 0.0002359mm$$

但是表现在承印物上图文的周向尺寸变化量为：

$$\Delta L_{I1-2} = L_{I1} - L_{I2} = \frac{2\pi R''_1}{360°}(\alpha_1 - \alpha_2) \approx 0.236091421mm$$

因为已知：纸张厚度 $h_I = 0.1mm$，压印滚筒筒体半径 $R'_1 = 150mm$，

所以 $R''_1 = R'_1 + h_1 = 150.1\text{mm}$，则

$$\Delta L_{I1-2} = +0.236091421\text{mm} \approx 0.236\text{mm}$$

反之，如果印版衬垫增加 0.05mm，使 R''_{P2} 由 150mm 变为 $R''_{P3} = 150.05\text{mm}$ 时，图文对应的中性层 $L_{中}$ 仍是一个常数，但此时对应的包角 α_3 为：

$$\alpha_3 = \frac{L_{中}360°}{2\pi R_{中3}} = \frac{L_{中}360°}{2\pi(R''_{P3} - 0.5h)} = \frac{706.1514887\text{mm}(360°)}{2\pi(149.9\text{mm})} = 269.90994°$$

此时凸缘面图文周向尺寸为：

$$L_{P3} = 2\pi R''_{P3}\left(\frac{\alpha_3}{360°}\right) = 706.8581114\text{mm}$$

印版滚筒衬垫增加 0.05mm 后，图文在凸缘面 3 和凸缘 2 上的周向尺寸变化量为：

$$\Delta L_{P3-2} = L_{P3} - L_{P2} = -0.00023572\text{mm}$$

此时承印物上图文的周向尺寸变化值为：

$$\Delta L_{I3-2} = L_{I3} - L_{I2} = \frac{2\pi R''_I}{360°}(\alpha_3 - \alpha_2) = -0.235933713\text{mm} \approx -0.236\text{mm}$$

由式（5-17）也可得到相同的值。但是，上述计算只考虑了印版衬垫增减对承印物上图文在 L 方向尺寸变化的影响，尚未考虑橡皮布在转印图文时的变形影响。当橡皮布表面速度大于印版表面速度时，在橡皮布与印版的对压区域，橡皮布形成后凸包，产生挤伸变形，将使橡皮布表面从印版表面所获得的图文在 L 方向的尺寸偏小于印版上的值。

当橡皮布表面速度小于印版表面速度时，在对压区域形成前凸包，产生潜进变形，将使橡皮布表面从印版表面所获得的图文，在 L 方向的尺寸略大于印版上的值。

当橡皮布的后凸包出现在橡皮布与压印滚筒的对压区域时，将使承印物获得的图文在 L 方向的尺寸，略大于橡皮布上的值。

反之，当橡皮布的前凸包出现在橡皮布与压印滚筒的对压区域时，将使承印物获得的图文在 L 方向的尺寸略小于橡皮布上的值。

所以当印版滚筒自由半径 $R''_{P2} = 150\text{mm}$，变为 $R''_{P1} = 149.95\text{mm}$，并把这 0.05mm 衬垫加到橡皮布滚筒上时，承印物上图文在 L 方向上的增长值将大于上述计算值。这是因为橡皮布和印版之间的转印压力不变，但使橡皮布与承印物之间的转压压力增加，使橡皮布在与承印物接触时产生的后凸包明显于橡皮布与印版接触之时的缘故。

（2）上述分析对印刷生产的指导意义　为使套印准确，必须使用伸长率小的橡皮布。安装橡皮布时，要严格注意经纬方向，其经向线（上下方向的线，在橡皮布的背面有这个标记）只能与橡皮布滚筒的轴线空间垂直，以防橡皮布伸长率过大。因为橡皮布经向伸长率小于纬向伸长率。

为使各色图文套准，橡皮布的绷紧程度应保持

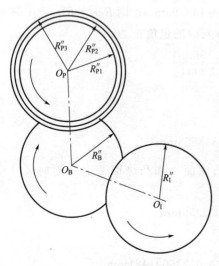

图 5-10　速比为 1 的平版胶印机三滚筒印刷时的示意图

不变。由橡皮布的性质可知，凡是改变橡皮布绷紧程度而发生的印张图文周向尺寸的变化，是平均分配的，因此，套准精度高的产品若有微量的周向偏差，无法用拉版来解决时，调节橡皮布的绷紧程度，可以得到满意的效果。但是，只能在微量范围内调节，否则会使图文印迹模糊，严重时甚至会出现重影。

（3）橡皮布局部松紧不一　橡皮布局部松紧不一，会使图文局部处的周向尺寸发生变化，造成橡皮布局部松紧的因素通常有：

① 橡皮布裁切、打洞或安装夹板时，未成矩形。

② 橡皮布夹板的螺栓未拧紧。

③ 橡皮布局部起泡或撕裂。

④ 橡皮布夹板弯曲。

2. 橡皮布扭曲变形对套印的影响

相滚压的两滚筒如轴线空间不平行，见图 5-11 所示，将使橡皮布不仅受到周向摩擦力，还受到轴向摩擦力的作用，使橡皮布发生扭曲变形，结果承印物获得的不是印版矩形规线框之内的图文，而是近似平行四边形的规线框及其图文。这对一般要求不太高的单面印刷品来说，影响不大。但是，对套准精度要求高的产品，或者双面印刷套准的产品来说，就成了次品，"周向"（上下方向）和"轴向"（来去方向）的套准无法兼顾。

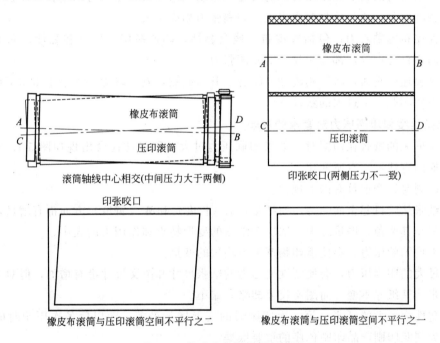

图 5-11　橡皮布扭转变形示意图

由滚筒不平行产生的套印不准，必须和其他因素（如印版规格不准等）引起的类似的套印不准加以区别。滚筒不平行时，有以下几种特征：

（1）滚筒不水平（针对图 5-11 中的右侧第一种不平行）。

（2）滚筒齿轮或轴承发生单面磨损。

（3）两滚筒筒体间隙不一，或者中间间隙小于两侧的间隙。

（4）橡皮布咬口的其中一角和相对角的拖梢一端，有较明显的塑性形变。

八、纸张剥离张力与形变

1. 剥离张力和剥伸形变的关系

纸张在有水平版胶印过程中，多次地被"水"所润湿，又在印刷压力和剥离张力等作用下，使印张产生变形，影响套印精度。

印张经过压印，在从橡皮布上剥离下来的过程中，由于压印滚筒咬牙咬力的作用（只要咬力足够），迫使承印物与橡皮布脱离接触，但橡皮布对印张具有很大的黏着力，因此使印张受到剥离张力的作用，并产生剥伸形变，使大多数承印物，尤其是塑性变形较大的纸张在 L 方向增长。

由图 4-5 可知，纸张由 A 点起，受印刷压力作用，同橡皮布上的印迹墨层、润湿液接触，在 B 点附近受到的印刷压力最大，过 B 点印刷压力逐渐减小，到 C 点印刷压力几乎为零。但 CD 弧段之内，纸张仍粘在橡皮布上，只是在压印滚筒咬牙作用下，使印张从橡皮布上剥离下来，不过有一部分纸张与压印滚筒筒体不贴合，存在剥伸形变。

一般来说剥离张力越大，CD 弧长以及剥离角 θ（θ_1 或 θ_2 等）也越大，见图 4-5，剥离张力之大小，主要取决于：

（1）印刷压力的大小和压印时间的长短。印刷压力越大，压印时间越长，印张与橡皮布之间的接触越充分，相互的黏着力也大，剥离张力相应也大。

（2）橡皮布的黏着力，包括橡皮布的残余黏性，印迹墨层的厚度和黏性，润湿液的多少，图文面积百分率等，都会明显影响剥离张力。

（3）剥离速度越大，将使剥离张力略有上升。显然，剥离张力必须小于压印滚筒咬牙的咬力，又不使印张产生过大的塑性变形。

2. 纸张丝缕和印刷压力对套准的影响

塑性变形大的纸张在印刷时，如果印刷压力过大，印张往往会出现如图 5-12 所示的情况，纵、横向直线尺寸有所变化。

纸张印刷时，变形具有以下规律：

（1）纸张从咬口起全面受力，使纸张在 L（长度）和 W（宽度）方向都有增量，尤其在纸张的拖梢及其两角，增量之大小取决于纸张的变形特点和作用力的大小。

（2）不均匀的压力，会使承印物产生不均匀的变形。

（3）过大的印刷压力，会使塑性变形大的纸张尺寸和图文尺寸都有增加，但对于弹性变形大的纸张，其纸寸不变，而图文尺寸却略有缩小。

（4）塑性变形大的纸张，第一次印刷时的变形增量最多，而以后各次压印时的变形逐小。这成为判断印刷产品印刷色序的重要依据。

（5）变形和纸张的丝缕有密切关系。由于印刷时对图文周向尺寸的偏差有较多的纠正措施，但对拖梢两角来去方向的偏差却难以解决。又由于干燥的植物纤维，润湿后其直径方向可增大 30%，而长度方向仅增长 1%～2%。所以，对于套印精度要求高的产品或大面积的印张，应尽量使用丝缕平行于滚筒轴线的"长丝"纸，见图 5-13 所示。

（6）同一产品不允许采用不同丝缕的纸张印刷。

（7）纸张的伸缩率是决定纸张在印刷时变形程度的重要参数。印刷前，预作测定，并根据印刷产品的质量要求（包括套准要求），选用适宜的印刷用纸。

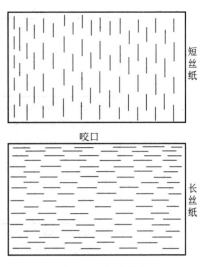

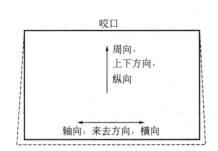

图 5-12　纸张在印刷时的变形特点　　　　　图 5-13　纸张丝缕

九、咬牙咬力和咬牙交接对套印的影响

1. 递纸牙、传纸滚筒（或链条）咬牙以及压印滚筒咬牙咬力对套印的影响

（1）咬牙咬力与剥离张力的平衡　印张在剥离时，会受到逆压印滚筒运转方向力的作用。如果剥离张力保持一定，根据滚筒咬牙咬力的大小，会产生以下两种不同的结果。若咬牙咬力为 N，欲使印张从咬牙中位移出来的剥离张力为 T，则有：

① $N<T$。如果 N 明显小于 T，而且各个咬牙都是如此，则将使整个印张发生套印不准。但是，大多数的情况却是，各个咬牙咬力不可能绝对均匀。如果有个别咬牙的咬力 $N<T$，就会使该处图文发生局部的套印不准。因此，必须严格控制咬牙的咬力，使之都满足 $N>T$ 的要求。

② $N>T$。印张在咬牙控制下，不发生位移。

为了使 $N>T$，控制咬牙咬力的方法有两种：

a. 凸轮大半径控制咬牙咬纸的强制性闭牙方法。

b. 通过撑簧在凸轮小半径控制咬牙咬纸的方法。前者咬力大，后者咬力受弹簧压缩量的限制，不如前者大。

（2）咬牙咬力不均匀和印张的局部变形　图 5-14 是由于咬牙咬力不均衡引起纸张变形的四个实例。为了避免出现上述情况，在印刷时必须做到：

① 流水套印的各机台，或者多色机的各色组的滚筒咬牙要严格地保持咬力相同。

② 滚筒咬牙、递纸咬牙的调节，应在白纸投印前进行，一般不得在套印中途改变咬力。

③ 正反面自套的产品，印刷时滚筒咬牙的咬力尤其要均匀一致。

如果压印滚筒咬牙咬力相差悬殊，纸张在全面受压过程中会产生弓皱，尤其是纸张位移变形较多的部位。由于这种弓皱往往和纸张的"荷叶边"引起的弓皱相似，必须严格区别。

如果图文在印张拖梢部位套印不准，又无常规办法有效解决时，可调节个别咬牙的咬力来达到套准的目的。

此外，滚筒咬牙如有以下现象时，也会影响套印准确：

a. 个别咬牙垫不平整，造成咬力不均匀或咬牙线不成一直线。

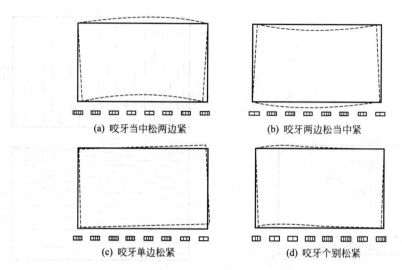

(a) 咬牙当中松两边紧　　　(b) 咬牙两边松当中紧

(c) 咬牙单边松紧　　　(d) 咬牙个别松紧

图 5-14　咬牙咬力不均造成的印张变形

b. 咬牙轴的撑簧有裂缝或产生了弹性疲劳，而影响咬牙咬力的稳定。

c. 咬牙轴或轴套有磨损，使咬牙轴在咬纸时处于不稳定状态，造成咬纸距离的改变。因此，要根据机器使用说明书的规定，按时按类润滑，以免机件不正常磨损。

d. 咬牙轴的紧圈没有固紧，使咬牙轴产生轴向移动。

2. 咬牙交接对套准的影响

经过敲纸处理的纸张咬口呈现波浪形，纸张的直线尺寸这时会按敲纸的深度和疏密有不同的缩短。

在多色套印过程中，一旦发生了印张咬口边直线长度的变化，就会造成套准的困难。轻则引起印张咬口部位的套印不准，重则使印张中间弓皱，甚至纸张撕裂。因此，对于上摆动式递纸牙机构，递纸牙牙垫、给纸铁台（前规处）与压印滚筒三者之间应保持一定的间距（一般为印张厚度的 3 倍），间距过小会碰撞已定位的印张，造成套印不准；间距过大会使印张交接时咬口边成过大的波浪形，引起套印不准或者咬口边撕破。见图 5-15。下摆动式传

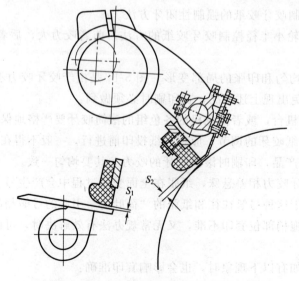

图 5-15　递纸牙垫与给纸铁台、滚筒面的间隙

纸机构传纸时也应该和上摆动式一样，力求同一个咬牙轴的各个咬牙的咬纸线处于同一平面的同一直线上；力求咬纸咬牙轴与接纸咬牙轴的两个咬纸线处于最小间距（以不碰撞为限度）的各自平面上，并相互平行。见图 5-16。

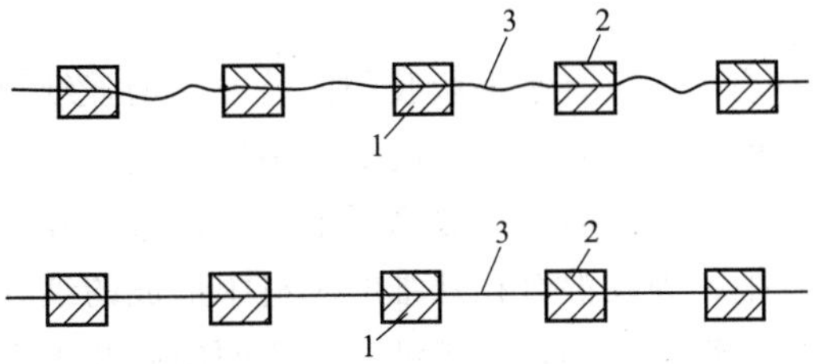

交纸和接纸应该在这两个机件运动轨迹的公法线和公切线的交点附近完成，不然也

图 5-16　下摆动咬牙接纸情况的对比
1—"交"牙；2—"接"牙；3—纸张

会影响印准精度。压印滚筒咬牙的张牙时刻应该是在印张（最大尺寸印张印刷时）的拖梢完全离开压印区域后，否则交接在印张压印中途，不利于套印准确。对于同样色组数的多色平版胶印机来说，纸张交接次数越少，越有利于套印精度的提高。

交接时间、交接位置和交接顺序必须严格按机器使用说明书的机件动作分配表的数据作调节和校验。

十、纸张伸缩与套印准确的关系

平版胶印的承印物有纸张、纸板、塑料或铁皮等。在纸张、纸板上印刷与印铁有较大的差别：

（1）纸张与纸板是吸水性物质，它们自身也含有一定的水分。

（2）纸张与纸板的含水量又要和环境温湿度相平衡。随着环境温湿度的改变，纸张与纸板的含水量也随之变化，同时它们的直线尺寸和面积相应地也发生变化。

（3）平版胶印不得不用润湿液，而且又是以多色套印为主，在以纸张或纸板为承印物的工艺条件下，减少水分、环境温湿度以及印刷压力对纸张和纸板几何尺寸的影响，保证套印准确，是必须注意的。

1. 纸张的含水量和纸张的变形

到目前为止，纸张的主要组分是植物纤维和其他主要用作填料的亲水物质，如黏土、高岭土、石膏粉、碳酸钙、氢氧化镁和硫酸钡，它们的物理化学性质，都使纸张具有吸水性能。

纸张是由纤维和填料，按造纸机的抄造方向制成的。定向排列的纤维和纤维、以及纤维和填料之间形成了许许多多毛细吸附中心，极性吸附和毛细吸附的存在，决定了纸张是吸水的材料。所以，纸张不但会从润湿液中吸水，在干燥箱（烘箱）中放水（脱水）；而且能从潮湿的空气中吸取水分，或者向干燥的空气散发水分。

植物纤维是由纤维素、半纤维素以及木质素等组成。纤维素是天然高分子化合物，它的分子式为 $(C_6H_{10}O_5)_n$，从结构式看，它的长链式聚合分子中的每一个葡萄糖根中含有多个羟基。半纤维素也是天然高分子碳水化合物，和纤维素相近，其水解的结果为多缩戊酯和多缩己醛，也同样含有许多羟基。这就决定了植物纤维是极性很强的亲水物质。

纤维素吸收水分时，水分子均匀地吸附在纤维素分子之间，因此纤维发生膨胀。不同纤维的膨胀情况各有不同，但是，通常纤维膨胀时，其直径增大 30%，而长度方向仅增大约 1%～2%。纤维膨胀的结果是使纸张变形，几何尺寸变大，面积扩大；反之，直线尺寸和面积相应缩小。

纸张的丝缕反映了纤维的排列方式，丝缕不同的纸张，在 L 和 W 方向上的伸缩率会有较大的差别。

为了适应有水平版胶印的需要，增强纸疏水性能，以利于套印准确，胶版纸都经过"施胶"处理。施胶的胶料的分子中以非极性基为主，故属于非极性物质，它能减少平版胶印用纸的吸水性，同时也提高了纸张对油墨的吸附能力。

把松香胶混合在纤维的浆料中形成的纸，当然比一般的表面施胶纸具有更大的疏水性。根据用途的不同，胶版纸还有双面施胶和单面施胶两种。不同施胶度的纸张，吸水变形的状况也不同。

涂料纸（铜版纸）也具有一定的吸水性，这是由表面的涂料和胶料的性质所决定的。近代涂料纸已采用合成树脂作为胶料，大大降低了它的吸水性，提高了吸墨性能，使其印刷适性明显优于干酪素、淀粉作为胶料制成的传统的涂料纸。

有些涂料纸还经过轧光或轧纹处理，封闭了纸面上的一部分毛细孔，显著改善了涂料纸的印刷适性，提高了涂料纸抗变形的能力。

为了保证平版胶印的套印准确，特别是大面积多个图案拼排的印刷产品，必须事先了解承印物的性质，严格控制纸张的含水量。

（1）相对湿度对纸张含水量的影响　由于气候的变化，空气中湿度相应要发生变化。因此，只要纸张与空气接触，就会不断地和环境湿度保持新的平衡，使同一张纸在不同的环境湿度下，具有不同的含水量。

任何纸张的含水量均随空气相对湿度的提高而增加；随相对湿度的降低而减少。而且在同一相对湿度的条件下，不同纸张的含水量也不尽相同，如表 5-1 所列。

表 5-1　相对湿度对某些纸张含水量的影响

种类 \ RH	45%	50%	55%	60%	65%	70%	75%	80%
单面胶版纸	6	6.5	7.0	7.5	8.1	8.8	9.7	10.8
双面胶版纸	5.1	5.6	6.1	6.6	7.1	7.6	8.0	8.6
单面涂料纸	4.4	4.9	5.4	5.8	6.3	6.7	7.1	7.6
双面涂料纸	5.6	6.1	6.6	7.1	7.5	8.0	8.5	8.9

图 5-17 所示的曲线，表明在不同相对湿度情况下，胶版纸含水量的变化规律。空气相对湿度每变化 10% 与纸张含水量变化 1% 相对应，但是当相对湿度超过 80% 时，纸张含水量变化的幅值增大，一般为 1.5%～2%。

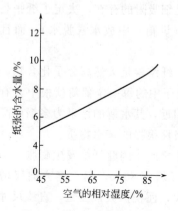

图 5-17　胶版纸含水量变化与
空气相对湿度的关系

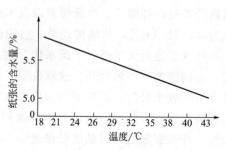

图 5-18　相对湿度 45% 时，温度变化和
纸张含水量变化关系曲线

（2）温度对纸张含水量的影响　　在空气相对湿度一定的条件下，纸张的含水量和温度的变化成反比。即随着温度的升高，纸张含水量减少；随着温度降低，纸张含水量增加。由图 5-18 可以看出，空气相对湿度稳定在 45％时，温度由 18℃到 43℃范围内变化的情况。

温度为 43℃，纸张含水量为 5％；温度为 38℃时，纸张的含水量变为 5.25％，温度下降到 29℃时，纸中含水量增加到 5.5％；温度在 21℃时，纸张含水量为 5.75％。

根据图 5-18 得，在相对湿度为 45％的前提下，温度每变化±5℃，纸中含水量的变化平均为干0.17％。在多色套印过程中，纸张的含水量变化不能超过±0.1％，否则会影响套印准确，因此车间温度的变化必须控制在±3℃范围之内。

2. 纸张含水量不均匀的原因及变形特点

一张纸的含水量容易和环境的温湿度保持平衡，但是，整垛纸在存放过程中，只有四边能与空气接触，中部则接触机会较少。因此，往往会因周围环境温、湿度的变化，引起纸张含水量的不均衡。再加上纸张结构或版面"水"分等因素的影响，易产生含水量不均匀的情况，这些现象都对套印准确不利。

（1）纸张四边与中部的含水量不均匀　　纸垛四面同环境接触，当环境湿度增高时，纸张四边因吸收水分而伸长，但中部仍保持原来的含水量，造成同一张纸的中部和边缘几何尺寸的不一致；边缘伸长，但受到中部的牵制，使纸张失去原有的平整状态，纸边呈现"波浪形"，又称为"荷叶边"。

反之，环境湿度降低时，纸边放出水分而收缩，产生"紧边"现象。

纸张的强度和抗形变能力又同纸张本身的含水量有关。当纸张含水量较高时，在一定程度上会削弱纸张的抗压强度。

如果同一张纸含水量不均匀，那么在承受印刷压力之后，会具有不同的受压形变。

如果纸张在印刷前，已有少量的"荷叶边"或"紧边"，压印后纸张表面所获得的图文印迹就无法同印版一致，套印时即使不产生弓皱，也会套印不准。

因此，在多色印刷时，半成品突然因周围湿度变化而产生"荷叶边"或"紧边"时，纸上已印的图文必然会发生变化，造成套印误差，见图 5-19 所示。

（2）纸张正、背面含水量不均匀　　纸张正、背面含水量不均匀，使纸张正、背面直线尺寸产生差异，形成卷边（卷曲），见图 5-20 所示。造成纸张卷曲的原因很多，主要有：

① 单面施胶纸或者正、背面施胶有明显的轻、重。

② 单面涂料纸。

③ 纸张正、背面吸湿后变形值不一（如复合纸或者单面上光贴膜的纸）。

④ 纸垛上部未采取保护覆盖措施，放在过干或过湿的环境中，使纸垛上部的纸张卷曲。

⑤ 水墨平衡失控，与橡皮布接触的纸面吸收了过多的水分而卷曲。

⑥ 纸张含水量过少，使纸张在 W 和 L 方向发生紧缩，纸张沿平行于丝缕方向朝比较干的一面（成为凹缘面）向上卷起。

⑦ 印张单面墨层厚实，图文面积又相当大（如实地等），也会使印张卷曲。

在印刷过程中，卷曲的纸张对输纸、定位、套印以及收理齐印张，都极为不利。为了避免纸张卷曲，应做到：

a. 印刷前后，纸张含水量要均匀。

b. 严格控制版面"水"分。

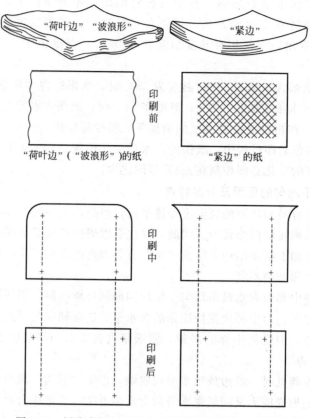

图 5-19　纸张中部与四边含水量不均匀对套印的影响

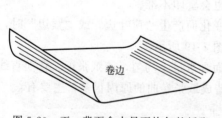

图 5-20　正、背面含水量不均匀的纸张

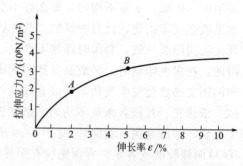

图 5-21　纸张的拉伸曲线

c. 妥善存放半成品和白纸。

d. 收纸处设置纸张真空矫直装置，使其矫平整。

e. 出现轻度卷曲现象时，可敲勒纸张或在收纸台上加放压纸板、输纸台上加压纸片。

3. 纸张受力变形的特点

纸张在印刷过程中，受到印刷压力和剥离张力的作用，会使纸张产生压缩变形和拉伸变形（剥伸变形），见图 5-21。

在印刷压力的作用下，纸张会产生变形见图 2-24 所示，图的纵坐标表示相对变形 ε，横坐标表示压力消除后，形变消失所需的时间 t。

纸张一经压印，就有 $\varepsilon_{敏}+\varepsilon_{滞}+\varepsilon_{塑}$ 的存在。印刷压力消除后，$\varepsilon_{敏}$ 部分形变迅速消除；但自 B 点起，形变衰减就变得缓慢起来，到了 C 点之后，变形就不再减小。在压力撤除后，

能迅速消失的变形 $\varepsilon_{敏}$，称为（敏）弹性变形；需较长时间才能消除的变形 $\varepsilon_{滞}$，称为滞弹性变形；变形无法消失的部分 $\varepsilon_{塑}$，称为塑性变形。

图 5-21 表示了纸张伸长与所受拉力之间的关系，即纸张伸长率随所受拉力的增大而增大，拉伸曲线可分为以下几个部分：

（1）$0A$ 段基本是一条直线，纸张此时受到弹性拉伸，产生弹性变形，变形符合虎克定律（即变形与作用力成正比例线性关系）。拉力撤除后，变形也消失，纸张迅速地恢复到原来的尺寸。

（2）AB 段为曲线，此时纸张产生三种性质的变形：弹性变形、滞后弹性变形和塑性变形。拉力撤除后，纸张无法恢复到最初的尺寸，其中一部分成为永久性变形而伸长（塑性变形）。

（3）外力继续增加，超过 B 点后，纸张发生纯塑性变形，并开始损坏。

由于外力超过 A 点后，纸张开始产生永久变形，故 A 点称为弹性极限。外力超过 B 点后，纸张开始损坏，故 B 点称为强度极限。

对于卷筒纸胶印机来说，纸卷张力的控制对套印准确关系重大。因为，如果没有足够的稳定的张力使纸卷处于张紧状态，就不可能使图文套印准确，也无法保证折页质量。但是，如果纸带张力过大，超过弹性极限时，纸带变形增加，不利套印准确；若超过强度极限，则发生断纸。因此，印前对纸卷作拉伸检测是十分重要的。

通过上述分析，说明了控制印刷压力的重要性，因为印刷压力和印张剥离张力（拉力）之间存在着同向增值的关系，随着印刷压力（压缩变形）的增大，剥离张力也相应增加。同时，剥离张力还与图文面积、墨层厚度、油墨黏性、印刷速度等因素有关。

由图 2-24 和图 5-21 可知，纸张在印刷过程中既产生压缩变形，又存在拉伸变形，印刷压力越大，永久变形也越明显，由于印张咬口部位在压印时被咬牙牢牢固定，因此造成印张在 L 方向（上下方向）和拖梢二角的来去方向存在塑性变形，形成"扇子"形状，如图 5-12 所示。而变形的大小与纸张的含水量以及丝缕方向等因素有关。在同样的印刷压力作用下，纸张含水量越高，其变形值也越大。

因此，平版胶印印刷强调"三小"和使用丝缕与咬口平行的纸张印刷，使压缩变形和剥伸变形尽可能最小，以利于套印准确。

对于确系纸张因素引起的待印色图文 W 方向尺寸略小于先印色图文 W 方向的尺寸时，可以通过敲击加工纸张来解决，或者在印张进入压印滚筒之前，人为地使纸张的拖梢略为鼓起，使拖梢部位的图文轴向套印准确。

十一、纸张的调湿处理

1. 纸张调湿的含义

要确保套印准确，纸张与环境湿温度的相互关系，应该具备以下两个条件。

（1）纸张付印前，含水量要均匀，并且同环境湿温度相适应。

（2）印刷过程中，使环境湿温度保持稳定（恒温恒湿），减少其他因素所造成纸张含水量的变化。

纸张从造纸厂制造出厂，通过运输、长期存放，即使有严格的防潮包装，周围气候的变化，加上地区之间平均温、湿度的差异也会使其含水量发生变化；而且拆包时，纸张的含水量不可能总都与印刷车间的温湿度相适应。同时，含水量往往也不均匀。用这类纸张来印刷时，不但变形大，易造成套印不准，而且会产生纸张弓皱。因此，这类纸张在印前要作调湿处理。

所谓纸张的调湿处理，是使待印纸张的含水量均衡，并和印刷车间的温湿度相适应。经过调湿处理的纸张，对环境温湿度及版面"水"分变化的敏感程度大大降低，有利于印张含水量和直线尺寸的稳定，达到套印准确的目的。

纸张的调湿过程不一定只限于纸张放出水分。根据纸张含水量要和印刷车间（或晾纸间）温湿度相适应的原则，纸张调湿时，可能是放出水分，也可能是吸收水分。

如果纸张原有的含水量比较均匀，并同车间温湿度基本适应时，产品的套印要求又不太高，或者纸张本身对周围温湿度的变化不敏感、疏水性也强，当然不一定非经调湿处理不可。

2. 调湿方法

调湿方法一般有如下三种。

（1）在印刷车间或晾纸间内进行调湿，利用车间或晾纸间的温湿度，使纸张的含水量与之适应。

（2）在比印刷车间相对湿度高5％～8％的晾纸间内进行调湿。

（3）先把纸放在较潮湿的地方加湿，然后再到印刷车间或与印刷车间温湿度相同的晾纸间内进行解湿平衡。

上述三种方法所处理得的纸张，在印刷中含水量的稳定程度是各不相同的。

图5-22是以吸湿法调湿时的示意图，其中线条Ⅰ是在车间相对湿度为45％的情况下，纸张进行调湿后的含水量为5％，用这种方法调湿处理的纸张，由开始印刷一直到印完为止，始终是在吸收水分，因此纸张在不断地吸湿伸长，套印也不可能准确。线条Ⅱ，是在比车间相对湿度高6％（即50％～53％的相对湿度）情况下进行调湿，这时纸张的含水量为5.4％上下。用这种方法调湿处理的纸张，由开印到印毕，始终也是在吸收水分，因此套印精度也不会高，但是比第Ⅰ种调湿处理的纸张要好得多。第Ⅱ条线条的纸张，开始印刷时的含水量与印完时的含水量的差数比第Ⅰ条线条的纸张的差数要小。所以，第Ⅱ种处理的纸张比第Ⅰ种的具有更好的套准条件。

图5-23表示解湿法调湿处理的情况，线条Ⅲ它是在较湿的地方对纸张加湿，然后再到车间或与车间温、湿度相同的晾纸间内进行平衡，这时所得纸张的含水量为6.5％，处于解湿平衡点附近。这时不会再吸收水分，而且放出水分也是很有限的，于是纸张在印刷中处于

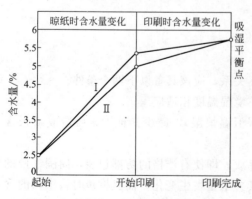

图 5-22 纸张的吸湿过程与含水量关系

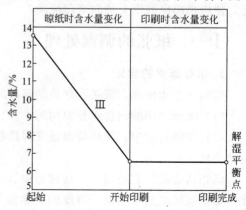

图 5-23 纸张的解湿过程与含水量关系

吸湿平衡和解湿平衡之间。因此，从开印到印完，纸张含水量几乎不变，减少了纸张的伸缩，对套印准确十分有利。

所以，三种调湿方法，以第Ⅱ、Ⅲ种对套印准确最为有利。

此外，还有采用翻印冷水的方法来调湿纸张。翻印冷水的纸张处于向空气散发水分的状态。正式印刷时，虽然它还要吸收一些水分，但比未处理的纸所吸收的水分要小得多，而且此时所吸收的水分几乎等于它在输纸传送过程中所散发的水分。同时，翻过冷水的纸张，对湿度的敏感性降低了，结果使纸张的含水量差不多保持恒定，纸张尺寸变化极少。

但这种方法也不是最理想的，因为花费大，并且处理前的纸张应无明显含水量不均匀的情况，不然翻印冷水时纸张会产生弓皱造成废品。

3. 滞后效应和解湿法调湿

为什么解湿法调湿后的纸张在各次印刷中能保持含水量稳定或变化小呢？这是因为纸张的滞后效应。

(1) 滞后效应　图 5-24 表示吸湿和解湿曲线。在相对湿度为 34% 时，原先含水量为 4% 的纸张因处理方法不同，在相同的相对湿度下，会有不同的含水量。

由图 5-24 最小吸湿曲线可以看出，当纸张在周围相对湿度升高到 55% 时，相对湿度的增加，使纸张处在吸湿的过程中，纸张的含水量变为 5.5%。如果不让纸张中止吸湿，就必须继续提高相对湿度，直到纸张吸湿达到 B 点为止。然后再使纸张解湿（放出部分水分）到同 55% 的相对湿度相适应的位置，此时纸张的含水量已不是 5.5%，而是 6.3% 了。

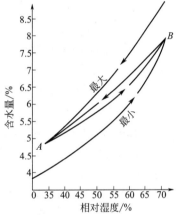

图 5-24　在空气的各种相对湿度下胶版纸的平衡湿度

从图 5-24 的最大解湿曲线可以看到，把湿的纸张解湿到 A 点，然后再把它吸湿到所需要的含水量范围，同样也可以使纸张的含水量变化减小。纸张的上述这种现象称之为纸张的滞后效应。

(2) 产生滞后效应的原因　所谓纸张的滞后效应，就是纸张通过再度调湿不能再恢复到原先含水量的现象。此时，纸张对水分的敏感程度大大减小，纸张尺寸趋向稳定。同时，纸张调湿后再干燥也无法恢复到最初的几何尺寸。其原因一般是由于：植物纤维是纸张的主要组分，纤维的主要成分是纤维素，纤维素分子是由许多葡萄糖分子聚合而成，纤维素的分子式为 $(C_6H_{10}O_5)_n$，当纸张在高湿度环境下，植物纤维中的亲水基团羟基就吸附水分子，在以后的干燥过程中，一部分羟基因纤维收缩变形的缘故而重新排列，而相邻分子链上的羟基仍互相吸引，并还吸附一定的水分子。这时若再使纸张吸水，则首先能吸水的只是表面游离的羟基，虽然这时还具有对水分子的吸引力，可使一些羟基活化，但羟基的活化程度已不如原先的羟基。所以，再度调湿的纸张因羟基吸水能力降低，敏感程度降低，纸张含水量变化趋小，因此纸张尺寸趋向稳定。

纸张在制造过程中，都经过压光处理，在压光力的作用下，纤维和纤维之间的毛细吸附作用相对降低，使纸张厚度减小，长度和宽度有所增加，而不是原先的几何尺寸。

如果纸张经过再度的吸水作用，然后干燥，纤维在极性吸附力的作用下，欲恢复到最初的纸张所处的状态。因此，纸张润湿后再干燥，长、宽尺寸要缩小些。

在印刷前，要让纸张的滞后效应充分显示出来，如果在印刷中才显示出来，则对套印准确极为不利。

纸张的调湿（吊晾）处理，实质就是让纸张的滞后效应在印刷前充分显示的过程，使纸张处于稳定的直线尺寸，使它对水的敏感性大大降低，含水量均匀并与印刷车间的温、湿度相适应，以达到套印准确的目的。

纸张制造期与印刷使用期越接近，印刷时，纸张伸缩就较大；间隔时间越长，印刷时伸缩就趋小；调湿（吊晾）时间越长，伸缩则越小。其原因是在长期的存放和调湿过程中，纸张的滞后效应已充分显示出来。如果存放和调湿（吊晾）的时间较小，虽然滞后效应也开始显示，但不彻底，在印刷过程中再度显示，纸张尺寸变化就偏大。

（3）调湿（吊晾）注意事项　为了促进吊晾效果，达到调湿的目的，调湿（吊晾）操作时要注意以下几个问题。

① 每夹挂纸不能太多，视纸的厚薄，一般以 30～50 张为佳。

② 纸在吊上和收下时，要动作一致、顺向进行，防止正、背面搞错。

③ 吊晾到一半时间后，应尽可能调头再晾。

④ 纸张吊晾时间之长短的根据：

a. 气候是否有急剧变化。

b. 纸张制造日期。

c. 纸张的面积和定量（g/m^2）。

d. 未吊晾前，纸张含水量的不均匀程度。

e. 纸张的平均含水量和车间相对湿度的平衡情况。

f. 纸张的性质和类别，以及对湿度的敏感程度。

g. 印刷产品质量要求。要求不太高的，通常吊晾 2～3 天，已基本满足要求了。套印要求高的纸，需吊晾 3～5 天。如果静止吊晾后，再用冷风鼓风吊晾 2 小时左右，不但能提高调湿的效果，而且能达到清洁纸张的目的。

十二、车间温湿度的控制

纸张经过调湿处理，含水量和调湿环境相适应了，对环境水汽的敏感性有所降低，但是印刷车间的温湿度稳定与否，仍必须注意。因为，纸张在调湿后的存放及印刷过程中，如果车间温湿度变化剧烈，则纸张的含水量和几何尺寸还会发生变化。同时，还会对印迹的干燥、油墨的传递和润湿液用量产生影响。

理想的印刷车间应该恒温恒湿，把温湿度控制在一定的范围之内。由于各地区、各季节的自然气候不同，可以因地、因时制宜，确定并定期转换车间的温湿度，并保持相对稳定。

1. 绝对湿度和相对湿度

空气中所含水汽的多少，随环境的自然条件变化而变化。在一定的温度下，一定体积的空气里含有的水汽越少，则空气越干燥；水汽越多，则空气越潮湿。空气的干湿程度叫做湿度。衡量空气湿度的方法有两种。

（1）绝对湿度　以空气中实际含有水汽的密度来度量。通常用 $1m^3$ 空气内所含水汽的克数来表示。由气体定律得知：气的压强是随气密度的增加而增加。因此，空气中的绝对湿度之大小，可用水汽压强来表示，如表 5-2 所示。

表 5-2　不同温度下的水汽压强和密度对照表

温度/℃ 〔对照项〕	压强/mmHg	水汽密度/(g/m³)	温度/℃ 〔对照项〕	压强/mmHg	水汽密度/(g/m³)
0	4.58	4.84	20	17.54	17.3
10	9.21	9.4	30	31.82	30.3

注：1mmHg=0.133kPa。

　　水汽密度的克数和以毫米高水银柱表示的同温度饱和水汽压强的数值很接近，因此，为了方便起见，可以用水汽压的毫米高水银柱数值表示空气的湿度，从而也把空气中的含有的水汽的压强也表达了出来，这就叫空气的绝对湿度。

　　（2）相对湿度（RH——Relative Humidity）　仅了解绝对湿度还是不够的，因为它不能全面地反映空气的干湿程度。空气的干湿程度只和空气中所含有的水汽量是否接近饱和的程度有关，同空气中含有水汽的绝对量没有直接的关系。

　　例如，当空气中所含的水汽的压强同样等于 12.79mmHg＝1.701kPa 时，在 35℃ 的夏天，人们不感到潮湿，而在 15℃ 的秋天，人们却会感到潮湿，这因为这时水汽量已达到了过饱和，水分不但无法蒸发，而且还要凝结成水滴。因此，把空气中实际所含有的水汽密度 p 和同温度时饱和水汽密度 P 的百分比 $p/P\times100\%$ 称为相对湿度。

　　则相对湿度 RH 为：

$$RH=\frac{p}{P}\times100\%=\frac{d_1}{d_2}\times100\%$$

　　式中，d_1 为单位体积空气中，实际所含的水汽密度；d_2 为同温度下饱和的水汽密度值。

　　这样，测知空气的温度和水汽压强就可求得相对湿度，其中常温下的饱和水汽压 P 可由表 5-3 查得。

表 5-3　　不同温度时空气的饱和水汽压

t/℃	P/mmHg	t/℃	P/mmHg	t/℃	P/mmHg	t/℃	P/mmHg	t/℃	P/mmHg
−30	0.3	14	11.99	22	19.83	30	31.82	38	49.69
−20	0.77	15	12.79	23	21.07	31	33.70	39	52.44
−10	1.95	16	13.63	24	22.38	32	35.66	40	55.32
0	4.85	17	14.53	25	23.76	33	37.73		
10	9.21	18	15.48	26	25.21	34	39.90		
11	9.84	19	16.48	27	26.74	35	42.18		
12	10.52	20	17.54	28	28.35	36	44.56		
13	11.23	21	18.65	29	30.04	37	47.07		

　　因为同样的空气中的水汽含量，在低温环境中可能达到饱和、甚至超饱和，而在高温环境中，却低于甚至大大低于饱和值。

　　因此，对纸张存放和印刷有直接关系的参数不是绝对湿度，而是相对湿度。正是相对湿度对纸张的含水量起着决定性的作用。由于纸张含水量与温度以及相对湿度有着密切的关系，所以对车间的温湿度要加以控制，被控制的湿度应是相对湿度。

　　实际上，生产中不必从水汽压强来求得相对湿度，可以利用仪器直接测得空气的相对湿度，常用的是干湿球温度计和毛发湿度计。

　　干湿球温湿度计是用两个同样的温度计，在其中一个温度表头上包有纱布，并沾吸清水，空气中温湿度大时，则纱布上的水蒸发得慢，湿球的温度下降少；反之，空气中湿度小时，则纱布上的水蒸发得快，湿球的温度下降多。根据干、湿球的不同温度和温差，查表可知相对湿度值。

毛发湿度计是利用脱脂的人发，根据人发的物理特点：吸水伸长、放水缩短，按其不同伸缩状况带动指针，由指针所指的刻度值直接表示出空气的相对湿度。它比干湿球温度计使用方便，结构简单，但不够精确。

以上两种仪器的读数都必须由使用者定时观察，记录，费时费力。因此可采用温湿度自动记录仪，它的温湿度指针头上设有墨水书写装置，另有一只包绕了记录纸的自转滚筒，记录纸每天调换一张，纸上的曲线直接记录了全天的温湿度变化情况。故准确、自动、对比性强。

2. 车间温湿度的控制

为了套印准确。平版胶印车间应有空调设备，严格地控制温湿度。如果有专门的晾纸间，那么晾纸间的温湿度也应该控制。

要求晾纸间的相对湿度比印刷车间高 $5\%\sim6\%$，同时又因为印刷车间中许多设备在运转中要放出热量（包括墨辊交变应力，电动机、风泵及机械摩擦都会使温度升高）；还有版面、橡皮布表面等水分的蒸发，都会增加环境的湿度。因此，控制生产环境的温湿度对于印制高质量印刷产品来说，是十分重要的。

为了充分发挥空调设备的作用，提高经济效益，既要防止湿度过高而引发纸张的强度降低、印迹干燥延缓的问题，又要防止湿度过低所引起的纸张的静电问题。因此，根据不同季节，规定温湿度的控制范围是合理的。表 5-4 是上海地区印刷车间温湿度控制范围推荐值。

表 5-4 上海地区印刷车间温湿度控制范围

温 湿 度	季 节		
	夏 季	冬 季	春秋两季
温 度 /℃	26～30	16～20	21～25
相对湿度 /%	60～65	45～50	53～58

要使纸张含水量稳定，并不是要求一年四季车间温湿度都一致。所要求的只是每一批印品，从白纸投入到印刷完成，车间温湿度不应有超规定的变动。

当季节变化，需要转换表 5-4 所示的控制范围时，要注意到车间的半成品投放情况，分级转换，不要一次性大幅度转换。否则温湿度变化太大，使正在印刷产品的几何尺寸伸缩超过允许值。

没有空调设备的工作场地，其窗户必须按需启闭，加装排气风扇。如果梅雨季节或外界气候不正常时，半成品应用塑料薄膜罩起来。比较积极的办法是采用局部空调的办法：把经常印刷高质量产品的机器连同周围的适当空间与外界隔开，加装窗式空调机和去湿机、加湿机，把该区域的温湿度控制起来。

新厂房设计建造必须采用科学的方法，从厂房结构到空调设置，周密设计、严格管理，使印刷车间具备恒温恒湿的理想条件，但厂房设计不要过于高大，以免能源浪费。

3. "露点"对纸张含水量的影响

在冬天或初春，深秋季节，往往会发生刚拆箱拆包的纸张原本是十分平整的，但是相隔一二小时，发现纸张产生"荷叶边"，纸张含水量严重不均匀。还有，已经吊晾、裁切好的纸张，存放在白纸准备车间里仍是平整完好的，但是搬运到印刷车间不久，也会发生"荷叶边"，使纸张无法投印，甚至印刷时发生弓皱。检查两场所的相对湿度，没有明显的差别，这究竟是什么原因呢？

上述种种纸张不正常地吸水使含水量不均衡的现象，是由于纸张温度与环境温度明显存在过大温差的缘故。因此，必须控制这个温差。

为了说明上述原因，要从空气的"露点"温度谈起，由饱和水汽的性质可知，降低温度能够使具有一定质量和体积的原未饱和的水汽变为饱和水汽。因此，若保持空气中水汽含量不变，降低气温到某个值，空气里的未饱和水汽就会变为饱和水汽，而这个温度称为"露点"温度。

根据已知空气的相对湿度和温度，可测算出温度下降多少时，即达到了"露点"。

[**例题 5-3**]　已知环境气温是 25℃，相对湿度为 60％时，现气温下降到多少度时才会达到"露点"？

先求知 25℃时的绝对湿度，由表 5-3 查得 25℃时的饱和水汽压是 23.76mmHg。则 25℃时，与相对湿度对应的绝对湿度为：

$$P=23.76×60％=14.256mmHg$$

再由表 5-3 找到 14.256mmHg 所对应的温度，它处于 16～17℃之间。因此"露点"，也就是说温差在 25℃－（16～17℃）＝8～9℃时，就会出现"结露"。

要了解"露点"对纸张含水量的影响，可以从日常生活中的一些现象来触类旁通。在夏天，可以看到放有冰水的杯子外壁，凝结了许多水珠；在冬天，戴眼镜的人，从气温低的室外进入温度高的室内，眼镜片很快凝结上水珠。印刷打样的 JY203 型平版胶印打样机，利用冷冻印版的方法，使印版不必揩水，能从空气中获取足够的水分来润湿版面，这些都是由于器物、版面的温度低于环境气温，而且温差达到"露点"的缘故，周围环境未饱和的水汽接触了冷到"露点"的器物，就会变成饱和水汽、结露成水珠于器物表面。同理，冷的纸张进入到气温高的车间，如果温差达到"露点"，就会在纸垛边缘大量地凝结水珠，水珠很快被纸垛边缘吸收，使纸张边缘含水量大于中部的含水量，形成"荷叶边"。

为了避免出现上述情况，在冷天，如果已估算出温差达到了"露点"值，就不要急于把过冷的纸张在气温高的车间里拆包，先让整箱纸在车间内放几天，使温差低于"露点"值就没有问题了。

解决白纸从准备车间进入印刷车间时的现象，最妥当的办法是使两个车间的温度相近，绝对不能使温差达到"露点"。

如果条件限制，无法缩小白纸准备车间和印刷车间的温差，那么可以先测出纸垛温度，并算得两者温差，在未达到"露点"温差的时间内，把纸垛运到印刷车间。例如，不要一清早就运纸，而在中午两者温差较低时运送纸张，就可避免"露点"而出现的纸张边缘凝水现象。

第六章 计算机集成印刷概述

计算机集成印刷是指在印刷企业的整个生产流程中，借助计算机网络技术、自动控制技术和软件技术，将印前、印中、印后以及印刷经营管理连接成一个系统，相互之间传递相关信息、数据、指令等，作全过程的闭环运行，进行智能测控和生产调度的运作过程。

在并行工程、精良生产、智能化生产、虚拟生产和虚拟企业理念的构架下，实施计算机集成印刷，可使整个印刷生产流程、时效度、整合度及产成品的品质度更科学、更高效、更合理和更优秀；计算机集成印刷是印刷生产向数据化、规范化和标准化发展的必然趋势；是实现远程印刷、按需印刷、高保真印刷和数字化印刷的必然结果。

计算机集成印刷以 JDF 为中心，涉及 PJTF、IFRATrack、PtintTalk 和 PPF 等相关标准和软件。

计算机集成印刷主要体现在数字工作流程软件的使用上，软件使用的基础是对 JDF 作业构成的全面了解，其中以过程和资源最为重要。实质上，这是一系列相关的标准、规定、格式的文件和指令的协调、注释、确认和执行。

对现有印刷企业来说，为了实现计算机集成印刷，应该作以下前期工作：了解计算机集成印刷的全过程和相关资源，其中掌握与计算机集成印刷相关的印前、印中和印后加工的工艺知识是十分必要的。对于印刷工作者来说，积累相关资源的数据和信息，熟悉和把握印中与印前、印中与印后之间的关系；了解印刷设备、承印物、橡皮布、印版、润湿液、着色剂（油墨、墨粉和墨水等）等资源的适性匹配和性能要求是相当重要的。

第一节 印刷物料的匹配与检测

一、承印物的匹配与检测

（1）承印物的类别：涂料纸、非涂料纸或其他类别的承印物等，均和成本核算、印刷品的用途及客户的要求相关。

（2）承印物幅面尺寸上下限：关系规格尺寸和套印准确。

（3）定量：是成本核算的重要依据。

（4）数量：确认实际数量和工艺流转单规定数量的依据，也是和印后交接的凭据。

（5）厚度：确定印刷包衬和调节滚枕合压时间隙 J_{BI} 的根据。

（6）色度值：色彩管理和色彩再现的基础。

（7）含水量及均匀性：作业适性和质量适性的重要参数。

（8）平整度：作业适性的基本要求。

（9）吸收性：印刷适性的重要方面。

（10）临界拉毛速度及 VVP 值：高速印刷时印刷适性的基本要求。

（11）丝缕：印中和印后质量适性的重要方面。

（12）挺度：印中和印后作业适性的重要方面。

（13）耐折度：与印后加工以及印刷产品受力耐性密切相关。

（14）抗张强度与伸长率：印刷作业适性和质量适性的共同要求。

（15）平滑度：印刷质量适性所要求的重要数据。

（16）光泽度：印刷质量适性所要求的重要数据。

（17）撕裂度：与印刷过程作业适性及产品使用寿命有关。

（18）耐破度：与制盒、制袋需要的材料强度密切有关。

二、油墨的匹配与检测

（1）油墨的干燥类别：应与承印物的印刷适性相匹配，但有时由客户指定。

（2）色别：是色彩还原的基础，也是印前色彩管理必需的基本数据。

（3）光泽：是印刷质量适性的基本要求，也是印前色彩管理必需的基础数。

（4）油墨和润湿液的匹配性：涉及印刷时乳化程度、变色程度和干燥受影响程度，也是印刷质量适性的基本要求。

（5）油墨和承印物的环保性和印迹牢度：选用绿色、环保的油墨和承印物等，往往是客户特别要求的事项，更是社会发展的必然要求。

三、润湿液的匹配与检测

（1）润湿液的类型：是印刷产品档次、印刷设备所限定的选项。

（2）导电率：是确认润湿液浓度的重要数据。

（3）表面张力：涉及水墨平衡的重要参数。

（4）pH 值：关系印版耐印力、印迹墨层干燥和图文质量的重要因素。

（5）色度值：也是涉及印前色彩管理和印刷色彩再现的重要因素。

（6）硬度：润湿液印刷适性的重要数据。

（7）沉淀量：循环润湿装置能否正常工作的重要因素。

（8）泡沫量：润湿液作业适性的一个方面。

（9）润湿液与润湿装置的匹配程度：着水辊是否包水辊绒布套，是否具有循环供液和自动补加及显示功能等等，是印刷作业适性的一个选项。

（10）液温：与印版版面温度和印迹墨层流变性能有关的重要因素。

第二节　印刷质量检测与控制

一、印刷质量的主观评价与控制

所谓印刷质量的主观评价与控制，是指印刷工作者通过视觉感受，从自身文化知识、艺术修养、情感和社会理念出发，凭借印刷生产实践经验，对照付印样（标准样张），对抽样样张作出判断和调整的过程。通常，主要关注以下诸方面。

（1）规格尺寸：印张尺寸，图文尺寸（翻身约定、咬口大小，来去尺寸和侧规位置、帖码、折页线、裁切线、角线、规矩线等）。

（2）条痕：印刷不均匀性的体现。

（3）水迹：润湿液过量或者润湿液（或结露水）滴落在印张上。

（4）油迹：润滑或传纸失误，印张接触润滑油脂。

（5）吸墨纸未干：工艺操作与吸墨纸管理失误。

（6）斑点墨皮：印刷油墨使用不规范显现的印刷缺陷。

（7）套印不准：印刷时，图文在二维坐标系的承印物上定位失误。造成套印不准的原因是多种多样的。例如，输纸、定位或者交接过程失误；把二次色、三次色或者黑色的文字分色成二个原色或者三个原色甚至四个颜色叠印，才能获得清晰视觉效果的印前工艺，也是造成印刷套准困难、甚至不可能套印准确的原因。

（8）重影：造成清晰度下降的印刷弊病。

（9）透印：印刷油墨和承印物适性匹配失误。

（10）背面沾脏：印刷物料匹配不当或工艺操作失误。

（11）打空滚：输纸、压印及相应监测装置失误。

（12）漏印：输纸、压印及相应监测装置失误。

（13）起脏：印刷品上不该有该色油墨的部位有了该色油墨的弊病。

（14）印迹模糊：未及时清洗橡皮布、印版或压印滚筒等原因引发的清晰度差。

（15）倒顺毛：印刷包衬测算失误。

二、印刷质量的客观评价与控制

所谓印刷质量的客观评价是指借助专用的仪器设备对印刷品的特定部位，例如彩图 6-1 布鲁纳尔（Brunner）测控条或者印张整体作规定的测算，对比标准值，自动作出相应的调控和必要提示的过程。

（1）实地密度 D_V：反映印刷产品各色版墨色深浅的重要数据，也是间接反映各色版印迹墨层厚度的一个窗口。

（2）相对反差 K：表达印刷产品阶调层次还原状况的重要数据。

（3）网点扩大值（网点变化值）Z_D：反映加网印刷品网点转移的实际状况。

（4）叠印率 T：三原色油墨叠印效果优劣的数据（是反映二次色、三次色或四次色叠色效果的重要物理量），是间色和复色能否真实再现的重要数据。

（5）灰平衡 B：是实际反映三原色油墨印刷时的非彩色再现状况的物理量。

（6）套印精度 TC：是印刷质量最基本的数据之一，表现印刷品清晰程度的重要方面。

（7）同色密度偏差 D_S；表现同色实地密度波动程度的重要数据。

（8）同批同色色差 ΔE：反映同批印刷产品的平均质量优劣程度（反映前后印张色彩还原一致程度物理量）。

（9）色偏 CS：如实反映彩色油墨在印刷过程中的色彩变化情况及原因。

（10）灰度 G：真实反映彩色油墨在印刷过程中的饱和度变化程度及原因。

第三节　印刷工序的衔接和参数

印前（20 世纪 70 年代之前被称之为照相制版）、印刷（现在也有称之为印中的）及印后加工（主要是装订和包装装潢）之间，以往主要是通过施工单（工艺流转单）以及人员之间的直接交流（通过电话、传真或业务调度会），来传递指令、反馈情况、修订计划等。但是，被交换的信息量小、信息类型少、受地域跨度影响明显、信息交流费时。今天交换的信息流量巨大、信息类型越来越齐全、并且几乎不受地域跨度影响、信息交流速度快。通过因特网、局域网及数码技术使计算机集成印刷完全实现了信息瞬间交换的要求。现在，关键是明确印前、印中、印后工艺参数之间的衔接关系。

一、印刷与印前的衔接和参数

（1）像素（网点）转移曲线和像素（网点）变化值；

（2）印刷油墨的色度值和 ICC 文件；

（3）印刷色序和叠色效果；

（4）承印物的色度值和 ICC 文件；

（5）干退密度变化值；

（6）光泽要求等；

（7）印品名称、数量、规格尺寸、印刷方式（平印、凸印、凹印、孔版印刷、静电印刷或者喷墨印刷等）、装订方式（骑马钉、铁丝钉、无线胶钉、锁线钉、缝纫钉、三眼钉、金属夹钉、螺旋钉和塑料线烫钉等）等；

（8）图文质量要求的系列数据。

二、印刷与印后的衔接和参数

（1）印品名称、数量、规格尺寸、装订方式；

（2）帖数、帖码、联数、套版数、翻身方式（大翻身、小翻身或自翻身）、定位边（先推后拉还是先拉后推）等；

（3）印迹牢度要求（耐磨、耐晒、耐化学物品等等）；

（4）上光、贴膜、烫金、刷金、模切、压痕、压凹凸等的区域和参数。

三、衔接与参数的格式和传输

计算机集成印刷是计算机集成制造（Computer Integrated Manufacturing）发展的一个分支和实例。计算机集成制造（CIM）出现于 20 世纪 70 年代初期，目的是引导企业从分散和孤立的生产方式过渡到集成和系统化，而后形成的 CIMS 计算机集成系统（Computer Integrated Manufacturing System）正是 CIM 概念的具体体现。

CIMS 构架的核心是信息流和系统集成两大要素，其中信息流的形成是系统集成的基础，系统集成是信息流有序传递的保证。信息流的组织和管理依赖数字工作流程，系统集成不仅仅和工作流程有关，还和设备、商务模式、控制方法和物流管理等因素有关。其关键是：合理组织数据信息，安排数据信息的流向，选择合适的数据信息类型。

组织数据信息包括采集、归纳整理、加工和利用。这里不仅仅有数字图像、版式文件还有集合了图像、图形和文本的 PDF 文档；经过预飞检查的预飞检查样本文件，色彩管理需要的 ICC 样本文件，根据页面或印张预视而得到的墨区计算结果文件等等。

数据信息类型包括工艺技术信息和管理信息两大类。

工艺技术信息包括水墨平衡数据、灰平衡数据、网点扩大变化数据、光学密度数据、色度数据、色彩管理和控制数据、传递函数曲线、补漏白和叠印数据、分色数据、生产环境数据、裁切数据、版式和印张数据、墨区计算数据、质量控制数据、装订准备数据和其他印后加工数据等等。

管理信息包括承印物价格、油墨价格、辅料价格、固定资产折旧数据、水电煤费用、场地费用、报价和定价数据、运输费用、材料损耗数据等等。

工艺信息的采集大多可从印前工艺得到。因而数据采集应该在印前作业完成后进行，再补充其他在印前作业中无法采集到的数据（例如网点转移曲线等）。

管理信息的采集一般通过积累获得，并应该及时组建管理信息数据库。

确认有用信息，删除无用信息，界定和消除重复劳动。例如，印刷机供墨控制的数据不应该在印版上机后才产生，而应该在数字化工作流程中，从印前作业的结果中直接采集。即从拼版或拼大版产生预视图或者印版时，通过预视图或者印版预读计算墨区数据和印刷现场相应数据的少量调整，从而避免重复劳动（减少停机时间）和色彩大幅波动。这就需要在实施计算机集成印刷之前，在印前、印中和印后整个生产流程之中，直至印刷产品的最终效果，进行大量的、长期的相应数据的采集、归类、处理和存储工作。

数据库技术；数据标准化技术；网络技术；数据采集技术和支持数据标准的生产系统都主要由相应软硬件供应商完成，并与相应国际组织的规定和标准衔接和兼容。

1. PPF 和 JDF

由 Adobe、Agfa、Fuji、Kodak、Man Roland 和 Heidelberg 等 15 家印前、印刷和印后加工的设备生产商、供应商和软件开发商在 1995 年 2 月正式组成联盟，该联盟被命名为"印前、印刷和印后加工集成国际合作组织"，其英文全称为：

"International Cooperation for Integration of Prepress，Press and Postpress"，简称为 CIP3。

CIP3 联盟所制定的 PPF 格式自 1997 年 6 月起陆续在其成员单位使用。

PPF 规范是一个以 PostScript 技术为基础的延伸格式，并支持通用格式编码标准 Unicode。由于时间和技术上的原因，那些产生在 PPF 格式前的 PostScript 解释器（RIP）不能完全解释 CIP3 制定的 PPF 格式，因为这些 RIP 会忽略 PPF 格式中超过 PostScript 的部分内容。

PPF 是面向印刷生产流程的标准格式，可实现印前、印刷和印后加工的垂直集成，其内容是和这三个流程相关的信息，包括必要的管理信息，例如印刷机油墨控制键预设值和版面预视信息；控制软片输出网点扩大的传递函数；套印标记和咬口尺寸信息；页面色彩与密度信息；和书籍装订有关的折页及裁切数据；配帖、装订、三面裁切等印后加工数据。

PPF 格式还支持在文件中专辟软件开发商的专用信息区，以使软件用户准确了解其他相关内容。

JDF 的全称为 Job Definition Format，即为作业定义格式。

JDF 联盟由 CIP3 联盟成员中的四家公司 Adobe、Agfa、Heidelberg 和 Man Roland 另行组成的。他们试图把与印刷生产流程相关的管理信息、工艺流程信息与软硬件设备结合起来。在对印前、印刷和印后加工的垂直集成基础上，达到三个工艺过程的水平集成，并尝试将生产过程和因特网相结合。使整个印刷生产过程具有更高的集成度。

JDF 是一个以可扩展标记语言 XML（Extensible Markup Language）为基础的格式。由于组版的需要，XML 超过标准通用标记语言 SGML（Standard for General Markup Language）。

为了使 JDF 格式具有良好的兼容性，此格式在制定时考虑了与 Adobe 公司制定的便携式生产作业传票格式 PJTF 和 CIP3 联盟制定的 PPF 格式间的关系，它对作业（Job）的定义包括描述生产特征的节点和过程（Processes）、为生产过程提供参数和细节的资源（Resources）、用于沟通工艺过程的信息（Message）以及网络环境（Network）。

JDF 把生产过程定义为能够由设备、器材（包括原材料）执行特定任务的工作链，同一个生产过程可以通过不同的途径实现；组成生产过程的工作链由各生产环节组成，通过特定的手段可以组合和连接；对每一个生产过程而言，可以采用多重工作链的组合。

JDF 节点组成生产过程工作链中的每一个环节称为生产节点（Nodes），完整的称呼是JDF 节点，他们是对印刷品特征的描述或对生产工艺过程的描述。

组成工作链的节点称为主节点，每一个主节点中又可以包含多个子节点，这些子节点对过程的完整描述是必不可少的。节点被组织成倒放的树状结构，每一个节点树的"根"是对产品节点，这类节点是对产品特征的基本描述；对各个生产节点的描述包括软件开发商和使用者对经验的运用和修改以及创造必要的资源。在处理作业时可以采用灵活的机制，例如将作业分开或合并处理等，形成分离节点或者组合节点。当生产节点处于严格的顺序系统中时，只有在完成了前一节点之后才能执行下一个节点。

2. 相关的硬件和软件

（1）印前　在印前生产流程中，最突出的是印前的作业方式正逐步从以 PostScript 或者 EPS 为基础的工作流程转移到以 PDF 为基础的工作流程。

① 以 PDF 为基础工作流程

PDF 是一种与设备无关的数字文件交换标准，在 PDF 工作流程中接收到的文件均可能在工作流程的前端经预飞检查（Preflight）后作 RIPpin 处理，转换为 PDF 格式，切断 PS 文件或者 EPS 文件的页面相关特性。每一个 PDF 文件中的页面与设备无关，它们被用作输出时的数字"底版"（Master Plate）。在工作流程前端已经解释好的 PDF 文件可以在输出前的最后一分钟察看、编辑、修改、重组和打样，在效果满意后再输出。

PDF 这种开放的作业方式不同于专用工作流程，后者是在流程的前端把接收到的 PostScript 文件转换为专用格式，这种在工作流程的前端把文件转换为专用格式将失去 PDF 的可贵优点（例如在输出和记录介质上的灵活性）。

② 颜色管理技术的作用

印刷品和原稿颜色和层次变化的一致性是所有印刷生产共同的追求，也是人类对视觉产品的共同要求。

ICC 样本文件格式的制定及与色彩管理配套使用的各种软、硬件技术和设备不断市场化，意味着色彩管理不再是抽象的概念。而成为数字工作流程中的一个重要环节。颜色管理技术保证印刷过程中颜色传递和沟通的准确性，保证复制结果与设计意图和原稿的一致性。

③ 数字打样技术的成熟

数字加网技术不断改进和完善，加上专用色彩管理软件的普遍采用，使得传统印刷机作为复制工具的数字工作流程成为现实。

印前是数字工作流程实现最早的地方，但是印前工艺仍然有不少环节有待改进，印前要进一步纳入整体数字工作流程中，使得印前作业产生的数据能为后端采用。

（2）印刷（印中）

① 印刷机械的现代化

印刷机自动化、智能化程度提高，配备了自动套准、自动换版和自动清洗橡皮布及水、墨辊，缩短了印刷准备时间，操作方便，调节和控制精度大大提高并通过接口与整个数字化工作流程系统连接和互动。

② 水墨平衡数据和数字工作流程

由于陆续采用"墨斗键遥控装置"和"印版预读装置"，获取各色印版油墨供需数据和水墨平衡数据，预先校准各色墨斗键和预先输入水墨平衡数据和图文油墨需求分布状态，为迅速开印和相关数据的调整、确认和保存提供了方便。

③ 印张自动测量系统

自动检测在印样张和标准样张之间的差异（套印精度、色差、各色实地密度、网点扩大值、阶调层次、灰平衡等等），并反馈和提醒机组人员及时作出应对措施、甚至相关机件能自动调整解决。

（3）印后加工

目前印后加工所实施的加工工艺十分繁杂、差异很大，不论是书刊装订还是包装制盒所使用的设备种类繁多，独立性强，数字化串、并困难颇多，即使在线、连线设备也是整合程度十分有限，成为整个数字工作流程的瓶颈所在。

同时，市场需求的标新立异又使书刊装帧设计和包装制盒外观造型千姿百态、别出心裁，又大大增加了装订和包装的难度和流程的多变性，承印材料与包装材料的多样性，更是数字工作流程在印后加工面临的课题。

四、PPF 应用举例

1. 客户要求

骑马钉；规格 A4（21cm×29.7cm）幅面，共 48 面的产品总目录；其中第五帖（内帖）采用轻涂纸（$45g/m^2$）在 M600 卷筒纸印刷机上，正反面各印刷四色（黄、品红、青和黑），其余各帖采用亚光涂料纸（$150g/m^2$）印刷，除第 1、2、47 和 48 页面要求四色印刷（黄、品红、青和黑）外，其他页面均为双色印刷（黑色和青色），版式文件及有关的图像和图形等非文字页面对象由客户提供，印数 3000 份。

2. 接业务和工厂设备条件

若某一印刷公司接到这一笔产品目录的印刷业务，该公司的设备条件和系统配置如下：

（1）印前　公司设有自己的印前部门，配有计算机直接制版系统，因此印前作业无需外发。

（2）印刷　公司拥有幅面 52cm×36cm 的双色平版胶印机一台，规格为 74cm×52cm 的双色平版胶印机一台和印刷尺寸为 74cm×52cm 的四色平版胶印机一台，M600 卷筒纸平版印刷机一台。

（3）印后加工　公司配有切纸机、折页机、配帖机、骑马钉装订联动机和平装装订联动机等印后加工设备。

3. 作业分析

本印刷公司拥有规格为 74cm×52cm 的四色和双色平版胶印机，考虑到裁切纸边的情况，采用在 62cm×45cm 的印张上印刷 8 个 A4 页面（正、反两面）；产品目录总页码数是 48 面，故分成 5 帖印刷，前 4 帖每帖 4 页 8 面，印刷的损耗率（伸放率）为每色 40‰，（包括装订的损耗率）。第五帖（内帖）采用幅面 88cm 的轻涂纸（$45g/m^2$）在 M600 卷筒纸印刷机上，正反面各印刷四色（黄、品红、青和黑）。

（1）每帖的允许损耗量为：

第一帖（正反面各四色）→（3×8）×40＝960 张；

第二帖（正反面各二色）→（3×4）×40＝480 张；

第三帖（正反面各二色）→（3×4）×40＝480 张；

第四帖（正反面各二色）→（3×4）×40＝480 张；

第五帖（正反面各四色）→（3×8）×40＝960 份；

每份 63cm，共允许损耗 63×960＝60480cm 长，幅面 88cm 的卷筒纸。

（2）每帖投放白纸数量是：

第一帖（正反面各四色）投放白纸数量→3000＋960 张＝3960 张；

第二帖（正反面各二色）投放白纸数量→3000＋480 张＝3480 张；

第三帖（正反面各二色）投放白纸数量→3000＋480 张＝3480 张；

第四帖（正反面各二色）投放白纸数量→3000＋480 张＝3480 张。

总数：14400 张。

第五帖（正反面各四色）→[（3×8）×40]＋3000 份＝3960 份；

每份（帖）63cm×88cm，共需要长度为：63×3960＝249480cm 的 88cm 幅面的卷筒纸。

（3）每帖页码编排是：

（外帖）第一帖（正反面各四色）页码分布→1，2，3，4，45，46，47，48；

（二帖）第二帖（正反面各二色）页码分布→5，6，7，8，41，42，43，44；

（三帖）第三帖（正反面各二色）页码分布→9，10，11，12，37，38，39，40；

（四帖）第四帖（正反面各二色）页码分布→13，14，15，16，33，34，35，36；

（内帖）第五帖（正反面各四色）页码分布→17，18，19，20，21，22，23，24，
25，26，27，28，29，30，31，32。

页码分布见图 6-1 至图 6-10。

根据印刷正品为 3000 份，其中前四帖，共需要规格 62cm×45cm、150g/m² 亚光艺术纸 4306 张。

第五帖，需要幅面为 88cm 的轻涂（低涂纸）卷筒纸，长度达 249480cm。

4. 生产计划安排

（1）印后加工 根据客户要求，此印件采用骑马钉，工作流程可预先设定把折页机设置成二次直角折纸，纸张原始尺寸 62cm×45cm，分成四帖，每帖 3000 份。

因此要准备五个配帖工作平台，规格为 A4；配帖、装订、裁切数量 3000 份，包装 3000 份。

（2）印刷 根据纸张尺寸采用 74cm×52cm 双色和四色平版胶印机，封一、封二、封三和封四（最外帖）正反面均为四色印刷，其他均为双色印刷。由于客户要求骑马钉，将产生

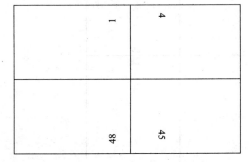

图 6-1 第一帖正面

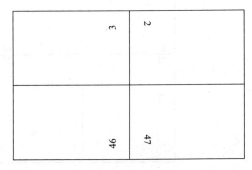

图 6-2 第一帖反面

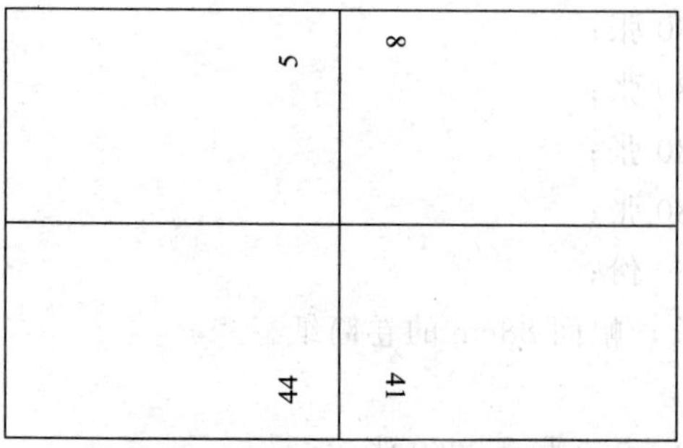

8 5

44 41

图 6-3 第二帖正面

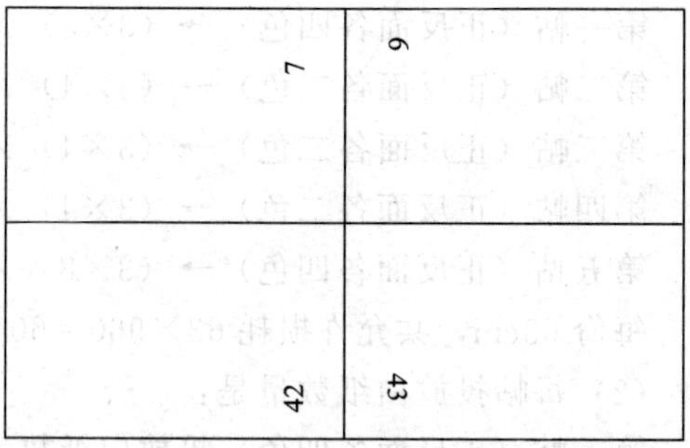

6 7

42 43

图 6-4 第二帖反面

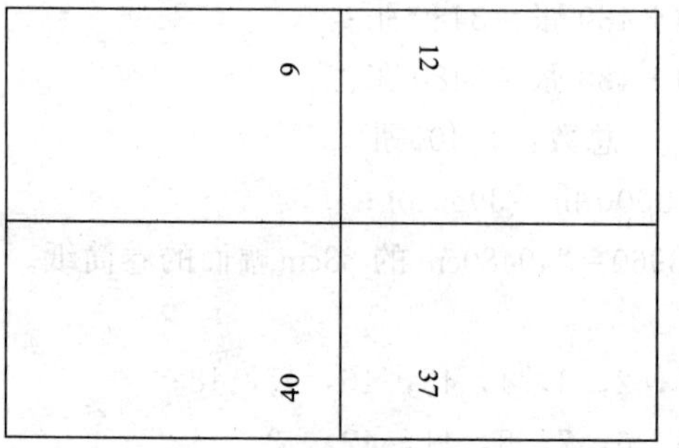

12 6

40 37

图 6-5 第三帖正面

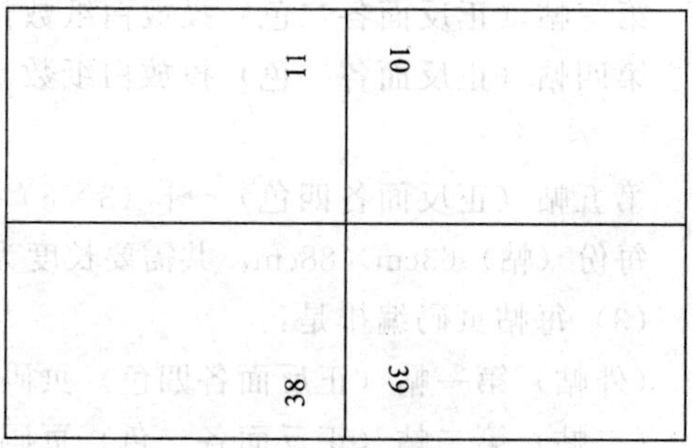

10 11

38 39

图 6-6 第三帖反面

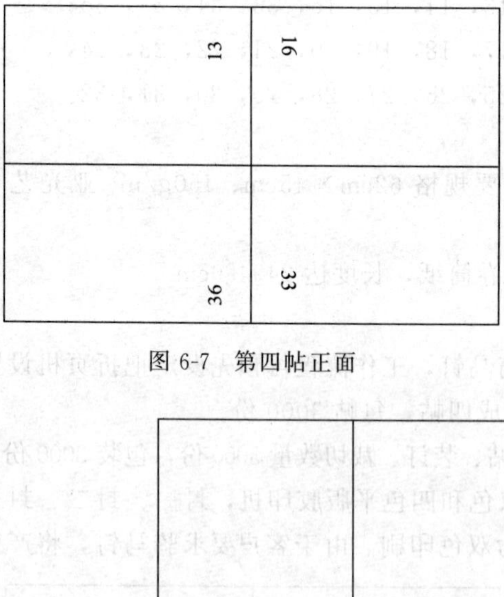

16 13

33 36

图 6-7 第四帖正面

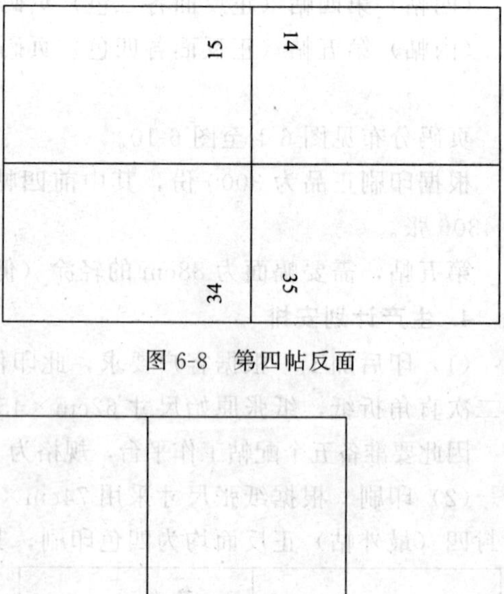

14 15

34 35

图 6-8 第四帖反面

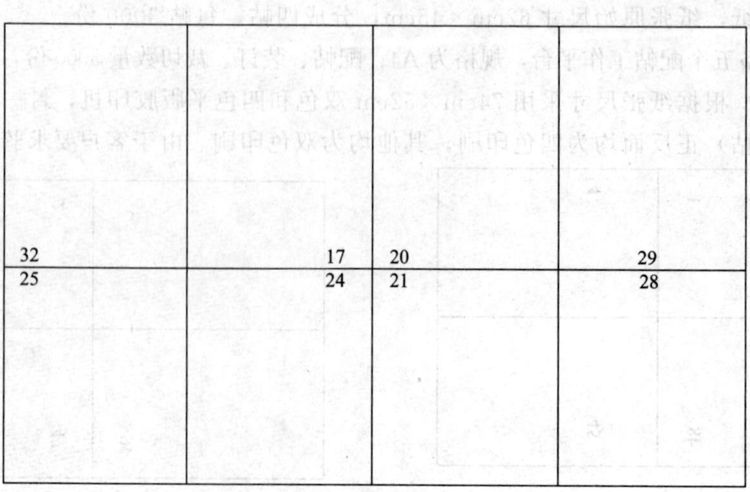

32 17 20 29
25 24 21 28

图 6-9 第五帖正面

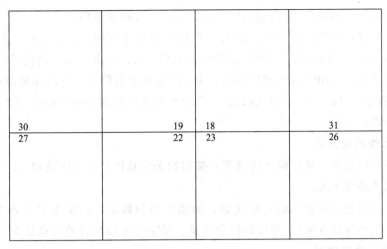

图 6-10 第五帖反面

双面各四色书帖一份（第一帖），双面各双色书帖 3 份（第二、三、四帖）。

5. 作业流程计划 （图 6-11）

（1）印前：按骑马钉要求排版，每帖包括 8 页（正、反两面），考虑三面裁切的纸边放量，在每帖上设置折页标记和裁切线，供印后加工操作；设置套印标记和测控条，用于印刷质量控制。根据客户要求，产品目录以每厘米 70 线加网，选用和印刷机规格一致的 PS 版。

（2）四色印刷：由 74cm×52cm 规格的四色平版胶印机印刷第 1 帖；正面 3960 印（四

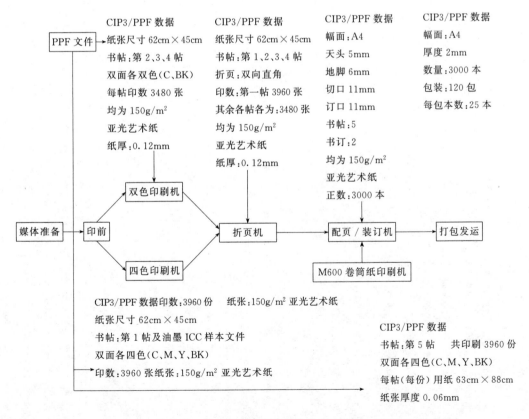

图 6-11 数字化工作流程中的设备衔接和数据传输（CIP3/PPF 数据）

色）；反面 3960 印（四色）；共拆装印版 2 次，每次一套四块色版。

（3）双色印刷：由 74cm×52cm 的双色平版胶印机印刷第 2、3、4 帖；每帖正面 3480 张印（双色）；反面 3480 张印（双色）。共拆装印版 6 次，每次一套二块色版。

（4）卷筒纸正、反面同时均四色印刷：由 M600 商业卷筒纸平版胶印机印刷第 5 帖；正面 3960 印（四色）；反面 3960 印（四色）；需用纸卷长度约为 249480cm，共拆装印版 1 次，上、下套各为四块色版。

6. 数字工作流程系统

根据上述数据要求，从印前工作流程中抽取相关信息供后续工序使用。

7. 印刷工艺要求数据

纸张尺寸，四色和双色印刷每帖印数，油墨类型和数量，油墨 ICC 样本文件（油墨在所印纸张上的色彩特性数据）；使用的机器设备、纸张等原辅材料消耗数量等。

8. 印后加工要求数据

纸张尺寸，书帖数，折页版式，装订和切纸类型，使用的机器设备，产品正数，纸张等原辅材料消耗数量，包装和发运信息等等。

第七章　印刷弊病的分析与排除

在印刷术语中，印刷故障被认定为：在印刷过程中影响生产正常进行或造成印刷品质量缺陷的现象之总称。印刷弊病正是印刷品质量缺陷的体现。

第一节　思路与推理

一、思路与推理的依据

印刷弊病种类繁多，而造成这些弊病的原因往往更是扑朔迷离、错综复杂，面对这些情况必须遵循自然辩证法则的基本原则，采用排除法（分步澄清法）、类比对照法、反证法、模拟法等，借助树状图（鱼刺图）来寻找出造成这个具体弊病的真正原因（原因有可能是一个、也有可能是多个）。因此，及时获取存在印刷质量缺陷的印张（往往还不止一张）是非常重要的。在生产现场根据这些实物样张，分析产生这些弊病的原因所在，思路正确与否变得十分关键，思路准确事半功倍，否则事倍功半甚至徒劳无功、一无所获。

显然，工作经验越丰富，对印刷弊病的诊断越能对症下药和立竿见影。但是，随着电脑软、硬件技术的发展，自动诊断印刷弊病已成为可能，然而它也是根据诸多印刷弊病分析的规律和方法，编制出相关软件、控制相应硬件设备处理的过程。

对立统一，量变到质变，否定之否定，具体事物具体分析是指导我们由表及里、由此及彼、由浅入深地分析问题，排找原因，对症下药解决问题的思路。

所谓排除法，就是在每一次分析中，结合具体条件、环境和现象，逐个排除非可能因素的方法。例如，飞墨也是造成起脏的因素之一。但是在排查时，如果发现这种脏在印版上的位置是固定的，那么就可认定，飞墨引起起脏的因素在这里是非可能因素，而予排除。

如果在某种条痕的样张上，发现条痕的间距和传动齿轮的齿距类比对照吻合的话，就可基本认为是齿轮传动不稳造成的齿轮条痕，这就是所谓的类比对照法。

对于弓皱来说，它的发生可能有多种情况，褶皱处存在已印刷到的颜色和没印刷到的颜色的差别。这就从反面提示我们：此处的弓皱正是在已印色后发生，并发生在所缺色的印刷之中的。这就是反证法的运用事例。

所谓模拟法，就是人为选定若干个因素，通过实验模拟的方法，看看最终产生的结果是否就是预期的弊病，从而确认造成此弊病的真正原因。例如可分别确认由咬牙因素或纸张含水量不均匀因素所造成的弓皱等等。

二、思路与推理的流程

1. 思路和推理的流程框图（图 7-1）

2. 思路与推理的列举

（1）双张、多张；空张、断张；歪斜、歪张等都属于输纸故障，如果不及时排除会引发印刷品的质量缺陷。例如，在输纸检测装置失灵的时候，歪斜（歪张）会引发套印不准或者

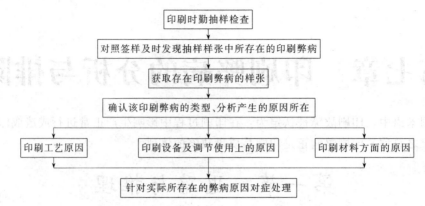

图 7-1　印刷弊病分析思路和推理的流程框图

剥纸；空张（断张）会引起打空滚；双张、多张会造成漏印和最面上一张套印不准的印刷弊病等。印刷时的输纸故障转化成了印刷品上的质量缺陷。

（2）荷叶边、紧边和卷曲通常是纸张的含水量严重不均匀所造成的，如果未及时处理解决就会引发弓皱、套印不准或者折角。印刷时的纸张适性的缺陷演变成了印刷品上的质量缺陷。

（3）不上墨（不着墨）：表现为印版不着墨、橡皮布不上墨，最终表现为印刷品上图文像素及印迹残缺和空虚。只需找出最初不上墨（不着墨）发生在哪个环节（着墨辊？印版？橡皮布？承印物？相关的接触压强？润湿状态？水墨平衡？等等）就能针对性地加以解决。

（4）印刷油墨的早期干燥：印刷油墨干燥过快，干结在墨斗、墨辊、印版及橡皮布表面，致使而后的油墨传递不下，越印越浅。因此，对于已干结的油墨必须彻底清除。如果发现印刷油墨有早期干燥的迹象（墨辊上传墨的声音由低趋响，而后又趋低；电流表电流值超过规定值等）时，应及时加入适量的止干剂或新墨解决之。

（5）闷车（轧停）：由于多张或某些零件松脱，进入压印区域而轧停印刷机，造成滚筒表面及包衬损伤、甚至滚筒轴线发生微量弯曲或者离让值增大。对此，要脱开滚筒（拉开中心距），取出轧入的印张或零件，修补损伤的滚筒表面（最好检查一下各滚筒轴线的直线性和水平度）。有时，由于轴承润滑不良、发热过度而轴承热抱刹，也会引起闷车。因此，要经常关注机器的润滑情况（尤其是关键机件的润滑，例如滚筒轴承、传动齿轮等）和发热的程度，并针对性地改善润滑状态。如果还有其他不正常情况（例如，零件有松脱的征兆，防护装置失效，擅自撤除保险设施等等），应及时离压和停止印刷，检查出原因，并针对性地解决，否则，都会成为引发印刷品质量缺陷的隐患所在。

（6）拉毛、掉粉和剥纸：它们都是纸张 Z 轴方向表面组分结合牢度不足，无法与剥离张力相抗衡而发生的印刷质量缺陷。三者的区别在于，拉毛发生在非涂料纸印刷场合，掉粉发生在涂料纸印刷场合；不论是拉毛还是掉粉发展到最严重就是剥纸。

第二节　案例分析

一、套印不准（见彩图 7-1）

套印不准是指套色印刷过程中，印迹重叠的误差超出允许值的弊病，其表现形式一般有下述几种：

1. 轴向（来去）不准（拉纸不准）

（1）拉不到和拉过头；

（2）推不到和推过头；

2. 周向（上下）不准（前规不准等）

（1）走不到；

（2）走过头；

3. 局部不准

4. 正反面套印不准

5. 间隔性套印不准

套印不准有多种表现，其原因盘查也十分复杂，比较简捷的方法是通过树状图来醒目地提示我们，这是比较行之有效的做法，见图7-2。

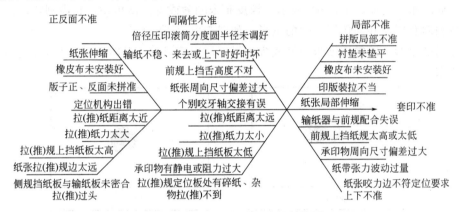

图 7-2　套印不准相关因素的树状图

二、透印

透印是指图文油墨渗透到印张背面的一种印刷弊病。

这是因为纸张薄、吸收性又强，印刷时印迹墨层加压渗透深度与自由渗透深度之和超过或等于印张厚度时出现的弊病。对于这一类纸张，应作预测，如果会发生透印，可事先用白墨、白油、维利油打底。同时，印刷油墨的流动度不要太高，干燥要及时。要注意透印，背面沾脏和打空滚三者之间的区别，尽管都发生在印张的背面。透印容易发生在第一色印刷和油墨直接印在白纸上的时候，而不是色墨叠印处的背面。背面沾脏最容易发生在印迹墨层厚、墨层层数多、印张堆垛偏多偏重时候。打空滚发生后，印张背面着墨的程度则是逐张变浅直至消失。

三、背面沾脏（见彩图 7-2）

背面沾脏是指印在承印物上的图文油墨，（堆垛时）沾在上一印张背面而造成的蹭脏。产生背面沾脏的原因很多：印迹墨层偏厚，墨层层数偏多，印品堆叠过厚，承印物过于平滑。为此，应严格控制印迹墨层厚度，选用着色力高的油墨印刷，采用非彩色结构或底色去除印前工艺，都能在保证印刷质量的前提下，减少印迹墨层厚度和墨层层数，有助于避免背面沾脏的发生。对于平滑度高、吸收性弱的承印物，应该选用与其匹配的油墨（如 IR，UV，EB 干燥形式的油墨）进行印刷。印刷时，严格控制水墨平衡，适当喷粉和晾夹板，都能减少和避免背面沾脏的发生。

四、打空滚（见彩图 7-3）

由于某种原因，印刷时压印滚筒表面没有承印物，或者承印物有窟窿造成橡皮布上的印迹墨层转印到压印滚筒的表面，致使后续正常输纸的印张背面沾有该色的印迹墨层，其特点是打空滚的第一张最明显，而后逐渐趋淡。要剔除破损的承印物，使断张检测器正常工作，校正输纸器、使空张不发生。

五、重影（见图 7-3）

重影是指印刷品上同一色像素（网点、线条）或文字近旁出现一深一浅的双重轮廓的弊病。根据发生的方向不同，它可分为：

（1）轴向重影　如图 7-3(a) 所示。橡皮布滚筒的轴向止推轴承失效。

（2）周向重影　如图 7-3(b) 所示。橡皮布未绷紧或者滚筒传动齿轮齿侧隙过大。

（3）轴向和周向共同作用产生的重影　如图 7-3(c) 所示。

（4）局部重影　通常是纸张伸缩或含水量不均匀造成的。及时调整纸张的含水量使其符合印刷要求。

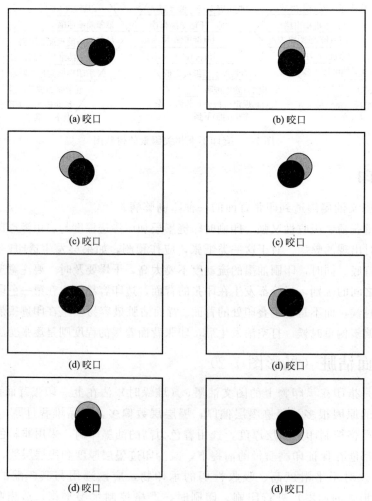

图 7-3　重影示意图

（5）AB重影　间隔性出现一前一后或一左一右如图7-3（d）所示的重影，通常发生在倍径压印滚筒或倍径传纸滚筒的印刷机上。应使各个咬牙咬力及咬纸线均匀一致，并足以与剥离张力相抗衡。

六、弓皱（见彩图7-4）

由于纸张含水量不均匀或者滚筒咬牙（咬力不均匀，咬牙牙垫不平，咬牙线波浪形等等）均会产生程度不同、位置不同和形状不同的弓皱。可通过模拟对照法和排除法，寻找出真正的原因，然后采取针对性的措施解决之。例如，凡由于咬牙咬力不均匀引起的弓皱，通常其位置是固定的，因此它不受纸张翻身的影响。如果压印滚筒表面没有及时清洗，污垢堆积到一定程度，印刷时由于压印滚筒表面的起伏不平，也会产生弓皱。

七、水迹

由于局部或整体的版面水量过大，造成相应的局部或整体的水迹（见彩图7-5），只要减小对应处的过大的水分就可解决这类弊病。因水斗回水管堵塞，造成润湿液溢出而形成的水迹，只需疏通回水管就可解决。由于水斗、水管绝热海绵破损造成结露水滴下的水迹（见彩图7-6），必须及时修补破损的绝热海绵。

八、油迹

通常是由于润滑油加注过量或者加6$^{\#}$调墨油于印刷油墨中调和不当，滴落所致。

九、条痕

条痕一般有固定的位置，并总和咬口平行。但它们形状各异、深浅不一，通常根据其外形有以下几种划分。

1. 根据条痕颜色的深浅区分

（1）白条痕（水辊条痕）：条痕颜色浅于正常的颜色。一般是由于水辊圆度不合要求（水辊轴线不直）、水辊压力未调节好、水辊表面不平或吸水、传水性能不一等因素造成的，见图7-4（a）。

（2）黑条痕（墨辊条痕）：条痕颜色深于正常的颜色。一般是由于墨辊圆度不合要求（墨辊轴线不直）、墨辊压力未调节好、墨辊表面不平或吸墨、传墨性能不一等因素造成的，见图7-4（b）。

2. 根据条痕的根数区分

（1）单根条痕：单根条痕和印刷机运行时负荷突变有关，因此，单根条痕发生的位置总

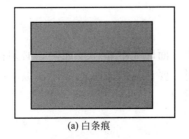
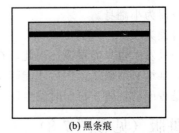

(a) 白条痕　　　　　　　　(b) 黑条痕

图7-4　条痕示意图

和此时的某处凸轮或咬牙等机构的受力突变有关。

（2）多根条痕：解决办法同上。

（3）齿距条痕：由于齿轮啮合传动时，侧隙偏大或者齿轮磨损过量等因素的存在，均会造成与齿距相吻合的间隔性出现的齿距条痕（又称齿轮条痕）。

3. 根据条痕的位置是否固定可分为

（1）固定条痕：位置固定，一般为齿轮条痕等。

（2）变动条痕：位置不固定，一般为墨辊条痕或水辊条痕等。

十、粉化

印迹墨层不耐磨统称为印迹不牢。印迹不耐磨有程度上的区别，通常将印迹轻轻一碰就掉的称之为粉化。把某些印刷品因印迹牢度不符合印后加工要求而出现的问题，也称为印迹不牢。从广义上看，印迹不牢可分为以下三种类型：耐磨性不够的印迹不牢；耐晒性不强的印迹不牢；耐化学性不足的印迹不牢，又总称为印刷品印迹墨层抗理化性能差。

（1）由于承印物表面吸收性过强（通常在无光泽涂料纸上印刷容易发生），使印迹墨层中过量的连接料渗透到承印物的毛细结构之中，造成印迹中的颜料没有足够的连接料来结膜保护，形成印迹一擦就掉的耐磨性很差的粉化（印迹不牢）。

（2）由于印后加工中，某些机械（如糊合机等包装机械）运行时有多处高摩擦场合，使印张印迹牢度显得不够。

对于以上两种情况，可采取上光、贴膜或在印刷油墨中适度添加耐擦剂，以及适当提高印迹墨层干燥速度的办法来解决。

（3）由于印迹墨层不耐晒而（在强烈日光照射下或 UV 光环境中）出现褪色。解决办法是选用耐晒的印刷油墨，或用耐 UV 光照的上光油或上光膜覆盖其上，加以保护。

（4）由于印迹墨层耐化学性不足出现的印迹变色或印迹不牢。例如，与被包装的酸、碱、盐、皂、油脂、醇类等化学物品接触而发生的褪色。解决办法是选用耐化学性强的印刷油墨，或用化学稳定性高的上光油或薄膜覆盖其上，加以保护。

十一、印颠倒

1. 正反面颠倒

（1）单面涂料纸或单面胶版纸印颠倒。

（2）图像在印前发生左变右、右变左的差错，如彩图 7-7 所示。

一旦发生这种颠倒，所印出的印刷品就只能报废。因此事先仔细确认单面涂料纸和单面胶版纸的正、反面以及图像的正、反，是十分重要的。

2. 定位边颠倒

（1）大翻身误为小翻身。

（2）小翻身误为大翻身。

这类错误一旦发生也只能报废。因此，在一面印完准备印反面时，必须搞清究竟是大翻身还是小翻身；堆纸必须确认无误后才能印刷；要认真检查输纸故障时取下的半成品以及看样台上的样张是否颠倒，防止再印时发生印颠倒。

十二、脏版（见彩图 7-8）

脏版是指由于印版非图文着墨造成印刷品非图文区域着墨的印刷弊病（又称为油腻、起脏、油脏、挂脏、醒龊等），即印版空白部分着了墨，这可以是局部脏版，也可能是全面脏版。根据脏版在印刷过程中发生的时段、原因和有无固定的脏点，可分为以下三种。

（1）新版一上墨就有的脏版。这种脏版有两种可能。

① 新版空白部分有残留的亲油的感光胶膜，造成新版一上墨就有的脏版。这要用专用的 PS 版修版膏或 PS 版修版液来清除，使用时务必注意，不能把修版膏、液涂在图文上，因为它们对图文感光膜层有很强的清除作用。

② 新版空白部分本身并没问题，只是新版上墨时，空白部分没有润湿液来保护，造成新版一上墨就有脏版。因此新版上墨时，空白部分应有适度的润湿液来保护之。

（2）新版印刷一段时间后才有的脏版，一般是该处给水过少或者润湿液组分不妥或者该处的砂目已基本磨损所致。解决办法是对于前二种应该及时调整供水量以及润湿液的组分，起脏的版面要用 PS 版洁版膏清洁之；对于最后一种必须及时更换印版。

（3）油墨乳化过量，造成微小墨点漂浮在印版非图文区域引起的脏版。由于印刷的油墨内聚力偏小，印刷时油墨乳化值偏大（造成印刷的油墨内聚力更加偏小），致使漂浮在空白部分水膜上的细小墨点无法被着墨辊收清。因此这种脏版在版面上没有固定的脏点。解决办法是适量加入 0 号调墨油或燥油来提高油墨的内聚力，或者换上内聚力足够的新墨并适当减小版面供水量。

要排除由于飞墨引起的印刷品非图文区域的脏点。

十三、掉版（花版）

所谓花版是指印版图文部分高调处的网点、线条逐渐丢失。其原因通常是润湿液组分不当、版面剩余墨层不足、表面摩擦过大或版面水量偏大所致。解决办法是适当降低润湿液的酸性，适度提高版面剩余墨层的数量，正确地调整着水辊、着墨辊以及橡皮布与印版的接触压力，做到"三平、三小、三勤"。

十四、鬼影（见图 7-5）

解决方法一般有以下几种。

（1）选用着墨率设计合理（即前两个着墨辊的着墨率占总量的极大部分，起供墨作用；后两根着墨辊起多收少补的作用）的印刷机印刷这类周向需墨悬殊的印刷品。

（2）从印前工艺着手，由版面设计上解决。例如，将图 7-5 中的图文转过 90°，安排成双联印刷。

（3）严格控制版面水分，保持良好的水墨平衡，不使水、墨过多是避免和减少鬼影的重要的工艺措施。

十五、吸墨纸未干

吸墨纸上的墨层未干就被使用，造成印刷品上显现与吸墨纸上未干墨层相同的图案。因此，湿与干的吸墨纸必须分开放置，以免用错。湿的吸墨纸必须干后才能重新使用。

十六、斑点墨皮（见彩图 7-9）

产生的原因有以下几种。

（1）油墨中的墨皮未剔除干净，混入印刷油墨中；

咬口（正常状态）

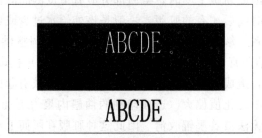

出现鬼影对称为幻影

图 7-5　鬼影（幻影）示意图

（2）由于软质墨辊表面老化而开裂、剥落到印刷油墨中；

（3）因承印物表面强度不足造成承印物中的某些组分（如纸粉、纸毛及杂物颗粒等）混入印刷的油墨中；

（4）墨辊上沾有纸片、纸毛、水辊绒毛等，未及时清除而被打烂所致。

要及时清除在墨辊、印版、橡皮布以及印刷油墨中的斑点墨皮。认真清除纸张上的纸粉、纸毛、纸屑和纸片等杂物。印版上的斑点墨皮可由专用的刮板在规定的地方清除之。而墨辊或橡皮布上的斑点墨皮，需停机清除。

十七、拉毛

产生拉毛的原因有以下几种。

（1）纸张（通常为非涂料纸）表面强度不够，印刷时纸毛（植物纤维）被拉起或拉出，造成印迹有纸毛被拉起或拉掉的痕迹（从纸张的侧面观察容易发现）；

（2）印刷时油墨的黏性过大，造成印刷时植物纤维被拉起或拉出，形成拉（纸）毛；

（3）有水平版印刷时，因版面水分过量，造成纸张表面强度下降，从而使植物纤维被拉起或拉出，产生拉（纸）毛。纸张质量越差，越容易拉（纸）毛。对于这类纸张，一般先用白油、维利油打底来遮盖原先表面强度不够的纸面，然后进行彩色印刷。同时，严格控制水墨平衡，以免版面水分过大或墨层过厚、过稠。印刷时，务必使用理想压力。在油墨中加入适量的去黏剂，以降低油墨的黏性，减少拉毛的发生。

十八、掉粉（见彩图 7-10）

掉粉通常发生在涂料纸上。

（1）涂料纸的表面强度不足，印刷时涂料层的涂料脱落，造成印迹墨层上有细小的白点，称为掉粉。

（2）印刷时油墨的黏性过大，造成印刷时涂料粉末（纸粉）被拉起或拉出，形成掉粉。

（3）有水平版印刷时，因版面水分过量，造成纸张表面强度下降，从而使涂料粉末被拉起或拉出，产生掉粉。涂料纸质量越差，越容易掉粉，对于这类纸张，一般先用白油、维利油打底来遮盖原先表面强度不够的纸面，然后进行彩色印刷。同时，严格控制水墨平衡，以免版面水分过大或墨层过厚、过稠。印刷时，务必使用理想压力。在印刷的油墨中加入适量的减黏剂，以降低油墨的黏性，减少掉粉的发生。

十九、剥纸（见彩图 7-11）

所谓剥纸，是指纸张表面强度不够，在印刷时发生分层，纸张一分为二，一部分粘在橡皮布上、另外一部分由压印滚筒咬牙咬住的故障。它与印刷时，整张纸被粘在橡皮布上是不同的，后者没有发生分层；而剥纸则必须有分层现象。

对于上述情况，一般采取加适量的减黏剂于印刷油墨之中，以降低黏着性和剥离张力，并保持良好的水墨平衡。通过印前预测，选用表面强度合适的纸张与印刷油墨相匹配，并达到"三平、三小、三勤"工艺规范的要求。

整张纸被粘在橡皮布上的故障称为粘橡皮布，原因是印刷油墨黏性过大，致使印张所承受的剥离张力过大，咬牙咬力不足或咬牙咬纸太少（或者因输纸歪斜引起咬纸偏少）。因此，解决的办法是适当降低油墨的黏性，调节好咬牙的咬力和咬纸量。对于高速多色平版胶印机，又是大幅面的印刷面积，这类平版胶印机的压印滚筒咬牙应该选用高位咬纸的方案才是合理的。

二十、色差

产生色差的原因很多，有同色墨印得深淡引起的色差；前、后批同色油墨的色彩差异产生的色差；不同系列四色版油墨的色差；油墨的流变性能未调整好，墨斗供墨量未调节好或油墨的温度变化过大造成印迹墨层厚薄不均匀；色序更换，尤其是浅色换深色，墨辊上原有的深色没清洗干净等等。表现形式有以下两大类。

（1）同页色差 如彩图 7-12 所示，一般有以下两种情况。

① 周向（上下）色差：前深后淡或前淡后深。

② 轴向（来去）色差：左右深淡或中间与两侧深淡。

（2）跨页（包括正反面）色差 通常有以下三种情况。

① 前淡后深：越印越深。

② 前深后淡：越印越淡。

③ 忽深忽淡：时深时淡。

色差不论发生在同页还是跨页、局部的还是整体的，都表现为色差 ΔE 值超标。应在标准光源条件下，消除环境色的影响，了解前后批同色油墨的色彩差异情况，通过勤抽样、细查对，并通过测色仪器的测量，控制好水墨平衡，使色差 ΔE 值控制在质量允许的范围之内。屈服值高、触变性大、丝头短的油墨在墨斗中，往往不容易下墨也会引发色差，只需坚持勤掏墨斗的规范操作，即可解决这个问题。千万不可为图省事而不掏墨斗，反而擅自往油墨中大加稀释剂，从而节外生枝产生更多的弊病。

二十一、漏印

双张或多张输纸；滚筒未合压；输墨装置不输墨等均可能引起漏印。也可能是印张上跟有碎纸，一起压印，产生局部漏印。漏印的色数可能是一色、二色甚至所有的颜色。

二十二、不干

印迹墨层长期不干。原因有，印迹墨层过厚；印刷油墨干性太慢；油墨乳化过量；纸张酸性过强；印刷油墨干燥形式与承印物或干燥条件未匹配好等。

二十三、糊版

产生糊版的原因有印刷压力不足或过大；印版、橡皮布或压印滚筒未及时清洗；油墨细度不够；包衬性质与承印物未匹配好（例如，表面粗糙的承印物使用硬包衬印刷）等。

二十四、折角

折角的印刷品往往出现正面图文不完整（折角处），使后续的印张背面出现上一张未印刷上的图文。

（1）白纸未堆到输纸台就有的折角（白纸在裁切或检剔时出的问题）。

（2）纸张堆到输纸台时出现的折角（堆纸失误）。

（3）印刷时（或者印刷若干色后）才出现的折角（侧规位置不妥或咬牙交接失误等）。应检查折角处缺色情况，判断折角产生的原因。

应针对上述情况和原因，对症解决之。

二十五、破损

（1）单张纸印刷时，根据破损的原因分为以下几种。

① 咬口破损：承印物咬口原先就破损的或承印物交接不当出现的破损。

② 印张破损：印张原来就有的缺角、破损（空洞）或者因敲击、抖松、堆叠不当出现的破损。

③ 传纸破损：传纸失误，印张与某些机件碰擦造成破损。如输纸器分纸吹嘴（压纸吹嘴）、毛刷处形成的破损。

④ 某些零件松脱，轧坏印张、橡皮布、印版，甚至滚筒壳体，造成图文残缺，如彩图 7-13 所示。

对于上述四种破损应该区别对待。破损的白纸应如数取出，对于因咬牙交接不当、与某些机件碰擦或操作失误或松脱等造成的破损，确认后应及时针对性地排除。

（2）卷筒纸印刷时，根据纸张损耗的外观分为两种情况。

① 白破：这是卷筒纸印刷时，纸张损耗的一种形式。即还未印刷，白纸就有的损耗。纸卷在生产、搬运、装卸和换卷、上卷时的白纸破损或废弃，均称为白破。

② 黑破：这是卷筒纸印刷时，纸张损耗的另一种形式。印刷时由于套印不准、脏版、花版、断带等原因使白纸出现污损的统称。卷筒纸在高速印刷状态下，应作好"三平、三勤、三小"规范操作，控制好纸带张力，使走纸平稳。

二十六、瞎眼字

字号小、而笔画又多的字，其笔画多的空白处容易糊并而分不清笔画，被称为瞎眼字。它分为两大类。

（1）新版一上墨就有的瞎眼字，这种脏版有两种原因。

① 新版上字号小、而笔画又多的字，笔画之间有残留的亲油的感光胶膜，造成新版一上墨就有的瞎眼字，一般通过修版笔来修正或者重新晒版来解决。

② 新版空白部分没问题，只是新版上墨时，笔画之间没有足够的润湿液来保护，造成新版一上墨就有的瞎眼字。这要及时用润湿液、阿拉伯树胶液或 PS 版洁版膏处理此处。

（2）新版印刷一段时间后才有的瞎眼字，一般是该处给水过少或者油墨过于稀薄造成笔画多的地方成为瞎眼字。这要及时调整供水量和印刷油墨的流变性，并用 PS 版洁版膏处理该处。

二十七、断笔缺画

这是书刊印刷时容易发生的弊病，尤其是笔画修长、细短的小号字更容易发生。因此，对此类文字更应关注。一经发现，应及时修补或重新晒版。中、硬性包衬印刷时，要经常检查橡皮布的平整度，是否凹瘪、破损。

二十八、倒顺毛（见图 7-6）

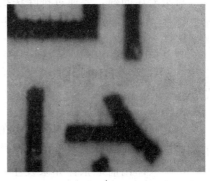

图 7-6 倒顺毛

（1）顺毛：彗尾（拖毛）指向拖梢，由于 $R_P'' \gg R_B''$。

（2）倒毛：彗尾（拖毛）指向咬口，由于 $R_P'' \ll R_B''$。

合理安排 R_P'' 和 R_B'' 的大小就可解决。圆压圆的平版胶印机可把 $2/5\lambda_{PB}$ 放在 h_P 中，$3/5\lambda_{PB}$ 放在 h_B 中来解决。

二十九、堆墨

由于油墨中固体组分悬浮分散在连接料中的稳定性差，造成油墨中固体组分聚成大颗粒，堆积在墨辊、印版或橡皮布上，致使油墨传递和转移的困难，使堆积处相对应的图文墨色变得比标准样张浅淡，成为废品。为此，必须及时清除墨辊、印版或橡皮布上的堆积物；掌握好水墨平衡和选用油墨细度高、悬浮稳定性好的油墨。

三十、擦脏

印张表面的印迹墨层还未干，其表面碰到某些机件而被擦脏（例如，卷筒纸平版胶印机收纸折页处的三角板等）。仔细检查传纸路径，找出该机件解决。对于图文面积大、墨层厚的印件，最好选用全气垫传纸、收纸方式的平版胶印机来印刷。

三十一、拼版错

（1）拼晒错：晒版拼晒成大版时出的差错。

（2）拼拷错：小底片拷贝成大底片时出的错误。

一般，在晒蓝图或者打样时应检查出这类问题，印刷前应再作检查。拼版错的印刷品一旦付印出来，只能报废，损失惨重。

三十二、规格不准

一般有以下四种形式。

（1）咬口规格不准：因版位（周向）不准或走动，输纸或快或慢，前规上挡纸舌太高，前规前挡纸板磨出深槽，纸张周向尺寸时大时小，纸张周向定位不稳（时有回弹或超越），咬牙交接不稳等因素造成的。

（2）轴向（来去）规格不准：因版位（轴向）不准或走动，拉纸距离忽近忽远，侧规上挡纸舌太高，侧规挡纸板磨出深槽，拉纸力时重时轻等因素造成。

（3）图寸规格不准：印前制作有误，印刷包衬不当，印刷时承印物伸缩变形等因素造成的。

（4）承印物规格不准：承印物裁切不准，送料送错或印刷时承印物伸缩变形等因素造成。

对于上述问题，要通过排除法找出产生印刷故障的真正原因，印刷前应对施工单中有关印刷规格的具体要求，仔细察看，核对承印物的定量、规格、数量、质量是否与施工单一致等。

三十三、印半张

一般有以下四种形式。

（1）只印出后半张：如果发生在开印的第一张，是由于合压（机构）动作迟缓所致。如果是印刷一段时间后才发生，通常是橡皮布下的衬垫向拖梢逐渐位移的缘故。

（2）只印出前半张：如果发生在印刷的最后一张，是由于离压（机构）的动作迟缓所致。如果不是印刷的最后一张发生的（而是在输纸正常，仍然处于合压状态下发生的），这通常是橡皮布下的衬垫向咬口逐渐位移的缘故。

（3）只印出右半张：不论是只印出右半张还是只印出左半张，原因是三滚筒空间不平行；滚筒离合机构有问题；橡皮布吸墨传墨性能明显不均匀（例如左右侧）等等。

（4）只印出左半张：同上。

三十四、静电

一般发生在天气干燥，纸张在输送过程中，因摩擦产生的静电积聚所致。因此，控制好工作环境的温湿度，使用静电消除器消除纸上的静电，或者使输纸板处于良好的接地状态。纸张存在静电时，表现为以下一些情况。

（1）输纸困难：表现为歪斜、断张、多张、与定位机构的相对位置时快时慢，而输纸线带运行是正常的，引起套印不准。

（2）滋墨：由于静电的存在，使网点或文字边缘产生向外散发的毛刺。

三十五、甩角

所谓甩角，是指印张拖梢两角向各自外侧延伸，形成倒梯形的，造成套印不准（尤其是正反面要求套准的产品）或图寸变形。这是由于咬牙咬力不足或不均匀；也可能是纸张伸长，并在印刷压力作用下，产生扇状塑性变形。有些印刷机的印版装夹装置就有针对甩角的套准结构，从而解决了由于甩角而引发的套印不准问题。

三十六、印不上

合理安排印刷色序，确认最佳套印时间（投印批量），预作印刷油墨和承印物之间的适性匹配工作，就能避免下述情况的发生。

（1）干的印不上。通常发生在单色机印彩色（湿叠干时），先印的色墨已经晶化，后印色墨表面张力高于先印色墨的表面张力，造成后印色墨印不上。

（2）湿的印不上。通常发生在多色机印彩色（湿叠湿时），先印的色墨未及时固着干燥，后印色墨的表面张力高于先印色墨的表面张力，造成后印色墨的印不上。

（3）逆套印（或混色）：由于先印的印迹墨层未及时干燥，待印的油墨黏性高于承印物上的印迹黏性，反使承印物上的印迹墨层转印到后续色组的橡皮布、回墨路、甚至墨斗中，出现称之为逆套印（或混色）。应妥善安排印刷色序，使后印色墨的黏性低于先印色墨的黏性，选用干燥形式适宜的油墨印刷，并使先印色墨及时干燥，即可解决。

三十七、装版错

这类错误一般有两种形式。

（1）正反两面的印版不是同一帖。

（2）印版的色别搞错。

避免方法是严格检查印版的色别、页码和内容是否与打样样张或蓝图本一致。

三十八、飞墨

如图 4-3 所示。通常是由于印刷速度高，印刷油墨丝头偏长，工作环境的相对湿度又偏低的缘故。由于飞出的墨点带同性电荷，墨点虽小、却飘浮得很远，还会沾污印张、机器、工作场地和工作人员。因此，在输墨装置设置防护罩，防护罩带有与飞墨墨点同性的电荷或换用丝头合适的油墨印刷均能取得较好的效果。

第三节　印刷页面图文的逼真再现及检测

一、影响页面图文色调准确再现的要素

由于网点是印刷复制过程的基础，是构成图文的最基本的单位，在印刷效果上担负着色相、明度和饱和度的任务；是图像传递的基本元素；在颜色合成中是图像颜色、层次和轮廓的组织者。所以，网点大小的变化是影响图文色调准确再现的最主要因素。控制图像印刷的质量，实质上就是控制印刷品上网点的印刷质量，只有研究网点变化的原因和规律，才能为印刷质量控制提供依据。

1. 制版阶段影响图文准确再现的要素

（1）图文扫描输入时，分辨率大小的设置，会影响图文色调采样的精细程度，黑白场定标的设置，会影响图像输入时色彩的表现和阶调的范围。

（2）图像处理时，图像的调整方法及程度，都会影响图像的色彩和阶调信息的表现。

（3）发菲林时，软片线性化调整的准确性，会影响到图文色调的表现。

（4）胶片晒版时，PS版的光学扩散作用和漫反射光会减小版上最细微层次的宽度，使版上的网点面积比胶片上的网点面积小。阶调值减少量与晒版工艺参数相关，在同样的条件下，阶调值减少量与网线数近似成正比。

2. 印刷阶段影响图文准确再现的要素

印刷阶段影响印品质量的主要参数有实地密度、网点增大值、相对反差、油墨叠印率等因素。

（1）实地密度　实地是指印张上网点面积覆盖率为100％，即印张上被墨层完全覆盖的部分。随着墨层的增厚密度值也增加。

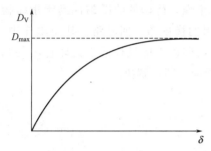

图 7-7　实地密度和墨层厚度的关系

实地密度随着墨层的增加，并不是无限增大的。当墨层厚度增加到一定值，再继续增加墨层厚度，实地密度已达到最大值，不再增大。大量的实验表明，各种油墨的实地密度和墨层厚度的关系，都和图7-7所示的曲线相似。

油墨的最大实地密度也叫饱和密度，受印刷方式和纸张的制约。一般凹版印刷品密度值最大。例如：报纸凸版印刷为0.90～1.10（黑墨），平版印刷为1.20～1.70（黑墨），圆压平凸版印刷为1.40～1.70（黑墨），凹版印刷为1.10～1.80（黑墨）。

（2）网点扩大　实地密度只能反映油墨的厚度，不能反映出印刷中网点大小的变化。在打样或印刷过程中，网点大小是印刷图文质量的又一决定因素，平版胶印过程中，通常都会发生网点扩大的现象。网点适当的增大是正常现象，但是一定要控制以允许的范围内，否则将影响印张的阶调再现性和色彩再现性。因此，我们所能做的就是两个方面：一是在制版阶段对阶调再现曲线进行调整补偿，使网点增大控制在标准范围内；二是在印刷阶段通过合理控制墨膜的厚度来控制网点的扩大。

网点增大值，是指印刷品某部位的网点覆盖率和原版上相对应的网点覆盖率之间的差值。不同形状的网点，边缘长度的比是不相同的。网点之间搭角引起阶调跳跃的网点区域也不相同。例如50％的方形网点，其边缘长度最大，网点搭角后四个角连接，网点面积跳跃的部位在50％网点区，如图7-8(a)所示。50％的椭圆形网点，网点边缘长度相对较短，网点面积跳跃的部位约在35％～65％的网点区，如图7-8(b)所示。50％圆网点搭角网点面积跳跃的部位约在78％网点区，如图7-8(c)所示。无论哪种点形的网点，在亮调和暗调的网点边缘都趋向圆形，因网点扩大引起的阶调变化都较小。

控制中间调哪个部位的网点增大，有利于印张对原稿阶调的还原，目前还不统一。一种

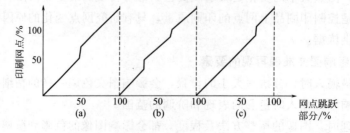

图 7-8　不同形状网点引起的网点跳跃部分

是以印张网点不搭角为原则，控制 40% 网点区的网点增大值，另一种以对方形网点有利而控制 50% 网点区的网点增大值，但是在这两个网点区的密度都较低，约在 0.25～0.4 之间，不容易观察密度的变化，因此用的较少。目前用得最多的是控制 75% 网点区的网点增大值。德国印刷标准中规定 75% 网点面积区为测试区。日本对 75% 网点的增大值也做了规定。我国印刷行业标准推荐 50% 网点增大值。

（3）相对反差　相对反差也叫印刷对比度，简称 K 值，是控制图像阶调的重要参数。测定出印刷品上或测控条上的实地密度 D_V 和网点积分密度 D_R，代入下列公式即可计算出 K 值。

$$K=(D_V-D_R)/D_V$$

如实地密度 $D_V=1.6$，网点密度 $D_R=1.0$ 时，相对反差为 K 为 0.375。

K 值在 0～1 之间变化，K 值愈大，说明网点密度与实地密度之比越小，网点增大值也越小，影响 K 值的因素很多，例如纸张、墨层厚度等。

图 7-9 的 K-D_V 关系曲线，是用晒有 75% 网点和 100% 网点区段的 PS 版，在打样机上改变印版供墨量，采用天津 8 字头四色平版胶印油墨进行印刷，然后测定印张网点区的干密度，计算 K 值后，绘制的相对反差-实地密度曲线。曲线表明，黑、品红、青、黄的 K 值随最大实地密度顺次减小而减小。铜版纸的 K 值比胶版纸的 K 值大。

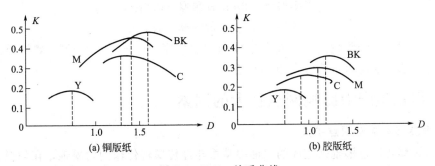

图 7-9　K-D_V 关系曲线

图 7-10 是相对反差与油墨厚度的关系曲线。墨层厚度为 δ_0 时。供墨量合适，K 值最大；当墨层厚度 $\delta<\delta_0$ 时，网点虽然不增大，但墨量不足，网点不饱满，实地不够实，K 值小；当墨层厚度 $\delta>\delta_0$ 时，墨量过大，网点增大十分严重，K 值下降。

在稳定的印刷压力和良好的印刷作业条件下，K 值最大时，网点增大值最小，此时印张上的墨层厚度达到最佳值。

（4）最佳墨层厚度的确定　实地密度、网点增大值、相对反差是影响印刷质量的主要参数，它们都和墨层厚度有关。

墨层厚度是指附着在纸张表面上的墨层，在与纸张垂直方向上的平均厚度。印张上的墨层太薄，墨色浅淡且不能均匀地覆盖纸面；墨层太厚，印张上的实地密度达到油墨的最大实地密度后，质量不仅不能提高，反而造成网点严重增大，引起糊版或层次并级等印刷故障。因此，在油墨转移过程中，要确定最佳墨层厚度并进行控制。一方面使印张上的墨色饱满，另一方面使网点增大值最小，实现层次的最佳还原，并使批量印刷品的质量稳定。

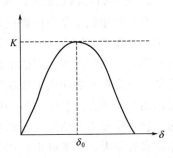

图 7-10　相对反差与墨层厚度的关系曲线

对于铜版纸，其墨层厚度应控制在 $0.7\sim1.1\mu m$ 之间，若墨膜厚度超出了这个范围，则所需要复制的色彩空间就缩小了。一般而言，较为先进印刷机，配置了联机或手动的密度计可不断地进行墨层厚度进行监控，根据需要而做出调整。

（5）最佳墨层厚度的确定　影响印刷质量的第四个主要参数是油墨叠印率，它和印刷顺序有密切的关系。当油墨印在白纸上，或者叠在已经印有油墨并且快要干燥的墨膜上时（干式叠印或湿叠干），或者两色、四色油墨湿压湿叠印时，其印刷质量均有不同。一般认为叠印率高，色彩能够正确再现；如果叠印率低，则不能获得所要求的色相。如果色彩再现的范围缩小了，色彩的某些浓淡阶调也不能复制出来。

在实际的印刷过程中，不同的叠印顺序对叠印率影响很大，因而造成色彩还原的差异。例如，尽管品红印版和青印版上的着墨量是相同的，而且只印一色时，在纸张上墨膜厚度也相等，但是，把两种油墨叠印在一起时，所印刷的第二色油墨不能被第一色油墨很好地接纳，因此，两色叠印形成蓝色时，如果叠印顺序是青→品红，合成的蓝色就会偏红；如果叠印顺序是品红→青，合成的蓝色就偏蓝。

为了尽可能的消除套印时印刷顺序对印刷质量的影响，打样的顺序和印刷作业时的顺序，应采用标准化的套印顺序进行。印刷色序按墨层厚度由小到大的顺序排列是有益的，一般情况下是：

$$黑墨厚 = 0.8\mu m \quad 青墨厚 = 0.9\mu m$$
$$品墨厚 = 1.0\mu m \quad 黄墨厚 = 1.1\mu m$$

因此，根据生产经验我们通常安排这样的印刷色序：K→C→M→Y。如果原稿对色彩再现有特殊要求，还应该重新考虑印刷的色序。

二、印刷生产中影响网点扩大的因素

1. 油墨转移影响着网点扩大

油墨的转移要通过墨辊来完成的。油墨从墨斗经传墨辊传输到匀墨辊，在匀墨辊的剪切作用下，发生触变现象，结构被充分破坏，延展成均匀的薄膜，通过着墨辊传递到印版的表面。墨辊上墨膜的分布有严格的规律，只有输墨系统保证其高精度的供墨，才能不断地、均匀地向印版传递油墨。油墨经过印版与橡皮布之间的挤压，再经过橡皮布与纸张之间的挤压，两次挤压后形成的墨层通常是很薄的。如果墨层较厚就会发生网点扩大的问题。同时胶辊的硬度要符合要求，胶辊的表面不能有玻璃化的现象，要具有良好的传墨性能，使印版的网点有足够的吸墨量。

2. 橡皮布与网点扩大的关系

在平版印刷中是利用橡皮布来传递油墨网点的，所以也称为平版胶印。在印刷压力的作用下，油墨会向网点的四周扩展。同时由于橡皮布有弹性变形，使得印版和橡皮布之间，橡皮布和纸张之间产生相对的滑移。由于上述扩展和滑移的结果，无可避免地产生网点的扩大现象。这是在平版印刷中造成网点扩大的一个重要因素。为了使网点的扩大值控制在最小的范围内，使网点的密度均匀，周边光滑，就要调试正确的印刷压力，选用印刷适性好的橡皮布。橡皮布分为气垫橡皮布和普通橡皮布。气垫橡皮布在结构上具有优良的印刷适性，它的印刷宽容量大，变形量小。产生相同的压缩量时，使用气垫橡皮布比使用普通橡皮布滚筒所承受的压力小，所以网点扩大值也小。如果使用气垫橡皮布，就要采用硬性包衬，因为硬性包衬弹性模量大，压缩变形量和压印区宽度比较小，网点再现性好。有了印刷性能良好的橡皮布和正确的包衬，还要经常注意保持橡皮布表面的清洁。防止橡皮布表面老化结膜和氧化结膜，使其表面光滑化，影响橡皮布表面胶层中的亲油疏水性能。在印刷过程中，橡皮布表面被纸张的纸毛、纸粉、油墨中的颗粒残留、润版液的沾附、喷粉等遮附，以及高速运转中的摩擦，大大降低了橡皮布的传墨性能，造成网点模糊，实地虚浮等现象，直接影响到印刷品的质量，因此必须经常清洗，保持橡皮布表面的清洁，发挥其最佳的效果。

3. 印刷压力与网点扩大的关系

网点的还原需要通过印刷压力的作用，印刷压力直接影响着油墨的转移，正确地调节印刷机的工作压力是十分重要的。印刷压力偏小时，各印刷面之间不能充分接触，油墨和纸张间的分子作用力很小，只有少量的油墨可能转移到纸面上来，油墨的转率很低，印刷出来的产品墨色浅淡，而且出现"空虚现象"，甚至图文残缺不全。如果印刷压力偏大，油墨就会被挤到图文以外的空白处，一方面造成网点扩大、阶调并级、图像模糊不清；另一方面，油墨的转移还呈现下降的趋势，使印刷品出现浓淡不清，实地与网点的部分都无法再现原稿的色彩。印刷压力不稳定，油墨转移时而过量，时而不足，印刷品的阶调再现和色彩再现均无法达到预期的要求，只有在适当的印刷压力范围内才能得到高质量的印刷品。选择正确的印刷压力就成了印刷工艺过程中一个十分重要的环节。印刷压力的确定，除了机器本身的结构性能之外，还和印刷过程中使用的油墨、纸张、润湿液、橡皮布、墨辊、印刷速度等因素有关，因为这些印刷条件的微小变化都会对色调产生影响。因此在印刷过程中，必须根据实际的印刷条件进行调节，以得到理想的印刷压力。

4. 纸张与网点扩大的关系

纸张的印刷适性取决于纸张的表面特性，如对油墨的吸收量和接受力。吸收的速度越快，印刷品网点扩大的程度就越大。纸张对油墨的吸收速度在网点扩大程度上起关键作用。纸张平滑度越高，网点扩大值越小；纸张平滑度越低，网点扩大值越大。在印刷用纸中，涂料纸比非涂料纸的吸收性低，非涂料纸具有高吸收性能，高吸收性的结果是网点扩大百分比很高。即使同是涂料纸，由于产地不同，纸张的平滑度也有很大差异，解决这一差异带来的质量问题，只有通过对印刷压力的调整才能实现。

5. 印刷速度与网点扩大的关系

印刷速度的变化直接影响着产品的质量。当印刷压力调定在一定范围之内时，印刷速度减慢，印刷面之间的接触时间变长，印刷面的接触就充分，油墨的转移率就高，网点吸墨饱满，图像墨色鲜艳。当印刷速度增加时，相对印刷面之间的接触时间变短，印刷面得不到充分的接触，油墨的转移率就低，网点吸墨不足，图像花白。如果在一批印刷产品中印刷速度不稳定，就会造成前后墨色不一致。

6. 网点的线数多少与边缘的长度关系

由于网点变化发生在印刷网点的周围部分，因此单位面积的网点数越多，网点的周围部分也越多，从而网点的变化量也就随之越大，由此可见，细网线的网点扩大就大一些，而相应粗网线的网点扩大就小一些。

印刷网点根据不同的用途有粗网点和细网点之分，近距离观看的精细印刷产品都要采用细网点，如期刊、画刊、商标、包装装潢印刷产品。远距离观看的印刷产品一般情况下都要用粗网点，如大型广告贴画、宣传画等。因此，在选择加网线数时，应该根据具体印刷要求确定线数，同时在印前阶段应该对网点扩大进行适当的调整补偿，以保证色调正确还原。

三、保证图文色调准确再现的工具、手段

1. 保证图文准确再现的工具

（1）GATF 数码信号条

① 网点扩大部分：该部分由 0～9 十个数字组成，数字均由 200lpi 的网点构成，且每个数字的网点面积不同。这十个数字的底衬为 65lpi 的平网，无论阴图还是阳图 6 号数字的网点面积与底衬的网点面积相同。从 0～7 数字，网点面积按 3%～5%减少；7～9 数字，网点面积依次按 5%递减。

在拷贝、晒版、打样或印刷过程中，网线越细，越容易受到微小变化因素的影响。相反，网线越粗，对微小变化的反应很小。由 200lpi 组成的 0～9 号数字的不同网点层次，对拷贝、晒版或印刷中的微小变化反应很敏感，一有异常情况出现，数字部分网点面积容易扩大或减少。而由 65lpi 组成的粗网底衬层次，即使复制条件出现微小的变化，它也几乎没有反应或反应很小。这样，可以根据数字变深或变浅来判断拷贝、晒版、打样或印刷过程中的网点变化。如正常时，2 号数字的网点面积应与底衬的网点面积相同，若出现了 4 号数字与底衬相同，那么，此时的网点就扩大了 6%～10%，若 1 号数字与底衬相同，那么，此时的网点就缩小了 3%～5%。

网点允许扩缩的范围，应根据具体条件而确定，一般情况下，晒版网点缩小小于 5%（即在 50cm 距离处观察 1 号数字网点与底衬网点面积相同），打样网点扩大 10%左右，印刷网点扩大小于 15%。

② 网点重影和变形部分：该部分由相同面积比例的纵线和横线组成，以纵线作为底衬，横线组成"SLUR"文字（SLUR 是英文，意为网点变形）。

印刷过程中，若印刷机的圆周方向和轴向处于稳定状态，则"SLUR"与底衬的密度相同，人眼视觉就感觉不到二者的差异。老印刷机的圆周方向和轴向处于不稳定状态，则横线或纵线就会往外扩大而变粗，人眼视觉就会感到"SLUR"变深或变浅，这样，就能很快地区别打样或印刷时有无方向性的网点扩大和因变形而引起的网点扩大。如果"SLUR"变深，则说明是纵向变形；如果"SLUR"变浅，则说明是横向变形。

当发生重影时，"SLUR"也会显示出来，若用放大镜观察，可以发现双重网点，这与网点变形有所不同。

③ 星标部分：星标是由 36 条黑白相等的放射线条块等分一圆，此线条往圆心方向逐渐缩小，中心部分形成一个小白点。它主要是利用放射线条对印刷条件的敏感性来反映网点扩大、变形和重影的信息，还可测量复制品的分辨力。

在打样或印刷中，只要观察一下中心部分放射线被油墨堵塞的情况，就能知道网点扩大量和扩大方向，以及是否有重影现象。当印刷条件稳定，网点无异常时，随中心而去的放射线逐渐收敛，中心形成一个小白点，线条扩大很小，可以清楚地分辨出来。当网点扩大时，星标的中心部分被油墨填满，并扩大成圆状，从其直径的大小可以知道网点的扩大程度。一般应根据具体条件确定允许网点扩大量，亦即星桥中心圆状的直径。有了该标准，当观察印品上星标扩大圆时，就可知道网点扩大是否合适。

当网点发生变形时，星标的中心部分被油墨堵塞的圆形就变成了椭圆形，网点的变形方向与椭圆的长袖相垂直。当打样或印刷中网点发生重影时，星标的中心部分就变成了"∞"形（纵向重影）或"8"形（横向重影）。发生网点重影与网点变形都有明显的方向性，因

此，两者在星标上不太容易区分。这时就需要放大镜检查印品上的网点来加以区分。

（2）布鲁纳尔第二代测试条　布鲁纳尔系统于 1973 年研制成功了第二代测试条。该测试条是在第一代（三段）测试条的基础上，增加了两段 75% 的粗、细网段（即五段），并可和晒版细网点控制段、中性灰段、叠印段等相结合，构成多功能测试条。

该测试条的组成与计算如下。

① 晒版细网点控制段：在 5mm×6mm 的面积内分为 6 格，格内以 150lpi 网点的 0.5%、1%、2%、3%、4%、5% 的细点平网依次排列。晒版时，可根据各单位标准，控制细网点再现的百分比，若晒版或印刷中出现误差，用放大镜观察该控制段即可辨明。

② 灰色平衡观察段：在 15mm×6mm 的面积内，每色分三段排列，即 Y、M、C 各为 150lpi 的 25%、50%、75% 网点组成，用以鉴别打样和印刷品灰色平衡的复制效果，测试条在印刷时，从叼口至尾部的长条分段监测中，就可以发现有冷调蓝灰或暖调红灰的误差。

③ 叠印及色标检测段：在 30mm×6mm 的面积上分为六种色相，即 Y、R、M、B、C、G 每色均为实地密度或叠印色标，用以测定各色油墨的叠印百分比，另外，还可测定油墨的单色密度。

④ 黑色密度三色还原段：在 16mm×6mm 面积上分成三段，即 Y、M、C 实地叠印三色黑；Y、M、C、BK 实地叠印四色黑；单色黑色实地。用以观察三原色合成黑还原色相和叠印密度。

⑤ 五段粗、细网点测试段：在 25mm×6mm 的面积上分为五段，即 50% 细网点（150lpi）测徽段；50% 粗网点（30lpi）段；75% 细网点（150lpi）段；75% 粗网点（30lpi）段；实地段，主要功能与三段测试条近似。

⑥ 五段测试条 75% 网点扩大值的计算法：五段测试条比三段测试条多增加了 75% 的粗、细网段，其作用与 50% 的粗、细网段近似，因此，75% 细网密度减去 75% 粗网密度后除以 2，即可得到 75% 网点面积的扩大值。

例如：若测得 75% 细网密度为 0.88，75% 粗网密度为 0.7。

则 75% 网点扩大值为 $(0.88-0.7)\div 2=0.09$。

根据布鲁纳尔的研究，50% 网段的密度范围在 0.3～0.5，就是细网和粗网扩大值的密度差；如果密度在 0.15～0.25 的范围（约 20% 网点面积），两者的密度差乘之就是扩大值；如果密度在 0.6～0.9 的范围（约 75% 网点面积），两者的密度差除 2 就是扩大值，布鲁纳尔的计算方法是以 6 线/毫米为基础的，因此单位长度内，不同的网线要进行换算。线数增加了，扩大值相应增加；线数减少了，扩大值相应减少。

⑦ 根据 FOGRA 的提议，研究网点扩大量的最简单的方法是计算相对反差 K。

K 值越大，说明网点密度与实地密度之比较小，网点扩大就小；相反，网点扩大就大。另外，K 值也反映了人的视感对比度，亦即反应人眼看到色调的差别。K 值大，反差大，层次就丰富，实际上 K 值既控制网点密度，又控制网点扩大，是数据化、规范化管理上不可缺少的一个基本数据。

用密度计测量五段粗、细网点测试段的实地密度值和 75% 细网点的密度值，即可求得 K 值。例如：若 $D_V=1.40$，$D_R=0.80$，则 $K=0.428$。

2. 控制网点扩大的措施

（1）平版胶印晒版掌握好曝光时间，显影时间　平版胶印晒版控制掌握好曝光时间、显影时间、显影液湿度、浓度的配比，是减少网点扩大和缩小的办法之一。分色出来的四色软片通过晒版的过程，将图文网点转移到印版上去，要求网点的扩大和丢失尽量的少，3％～5％网点不丢失，50％的网点不扩大，95％～98％的网点不糊版，网点结实，点子颗粒圆正整齐，网点没有白点，毛刺边，阶调层次丰富、齐全、清晰。这就要求准确配制好 PS 版显影液，按显影液说明书的配方比例进行，切勿多一下，少一下，曝光时间用灰梯尺，晒版信号条来数据化控制，印版晒出来后用 5～10 倍的放大镜检查在梯尺和信号条层次丢失和糊版、网点扩大的情况。

（2）合理地选平版胶印包衬材料，调节好印刷压力　平版胶印有硬性、中性、软性三种形式的包衬，究竟哪一种包衬最好呢？可以说各有各的特点，平版胶印是一种间接印刷方式，需要橡皮滚筒中间弹性体将印版图文网点转印到纸张表面上，橡皮布及其包衬材料是平版胶印中图文转移的中间媒介，没有包衬就没有印刷压力，不存在间接印刷，就没有平版胶印。通过对平版胶印机的包衬厚度的调整，从而可以得到合理最佳的印刷压力，增强印刷产品的墨色浓淡的均匀度和网点的清晰程度，另外，合理地装加包衬对减少网点扩大，提高印版的耐印力都十分有益。

印刷压力是通过包衬厚度和滚筒中心距调节两种方法来获得，总的来讲，印刷压力的适当与否，往往是通过印刷品的质量表现出来的。压力应当是以印品网点结实、图文清晰、色彩鲜艳和浓淡相宜为前提，并且施加得越小越好，控制网点扩大变形，调节准确的印刷压力非常关键，印刷的压力大，网点则扩大。在工作中准确计算和用千分尺测量橡皮滚筒包衬的厚度，调节的两滚筒间的中心距离，在网点扩大允许的范围内，印迹足够结实的基础上，均匀地使用最小的印刷压力。

（3）平版胶印控制好水墨平衡，减少网点扩大　平版胶印掌握控制好水墨平衡，才能提高印刷产品的质量，提倡在不脏版、糊版的前提下，使用尽量少的版面水分，从而减少油墨的乳化现象和纸张的伸缩变形，水墨平衡也是衡量平版胶印操作工的技术高低的标准，只有达到水墨平衡纸张伸缩变形小，套印准确性高，色彩鲜艳，色调、色相才能符合样张，一批的印品墨色深浅一致，印刷出来的网点颗粒圆正结实，平网线平服，同时也减少了网点的扩大。平版胶印时避免水大墨大，墨层过厚向外铺展的网点扩大现象，控制 3％～5％亮调区域小网点不丢失，50％的中间调网点不扩大，不伸缩，暗调区域 95％～97％的大网点不并糊，墨量的控制标准为：图文网点结实清晰、印迹墨色色相准确前提下，使用尽量少的墨量。

参 考 文 献

[1] 姚海根．数字加网技术．北京：印刷工业出版社，2000.

[2] 冯瑞乾．印刷原理及工艺．北京：印刷工业出版社，1999.

[3] 方振亚．印刷工艺与原理．上海：上海交通大学出版社，2003.

[4] 钟云飞，唐少炎．计算机排版原理．北京：印刷工业出版社，2005.

[5] 张逸新．分色制版新技术．北京：中国轻工业出版社，2001.

[6] 彭策．印刷品质量控制．北京：化学工业出版社，2004.

[7] 刘世昌．印刷品质量检测与控制．北京：印刷工业出版社，2000.

[8] 全国印刷标准化技术委员会．常用印刷标准汇编．北京：中国标准出版社，2004.

[9] 刘其红．调频加网技术及其应用．广东印刷，2004.

[10] 汤英莲．胶印网点扩大的控制．广东印刷，2004.

[11] 刘彩凤，戴俊萍．细说网点（一）．中国印刷，2003.